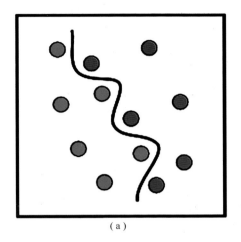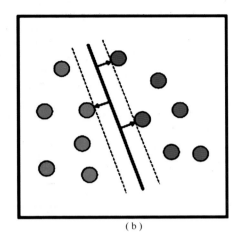

（a）   （b）

图 1.7

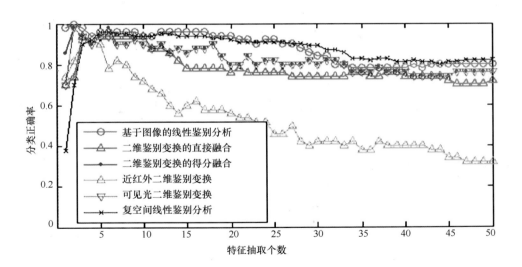

图 3.5

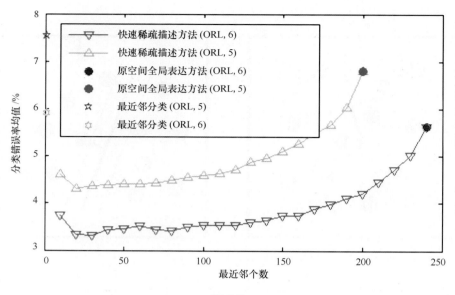

图 5.8

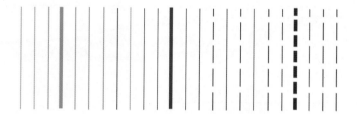

图 6.11

图 6.12

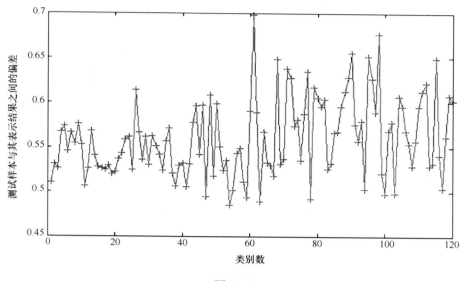

图 6.16

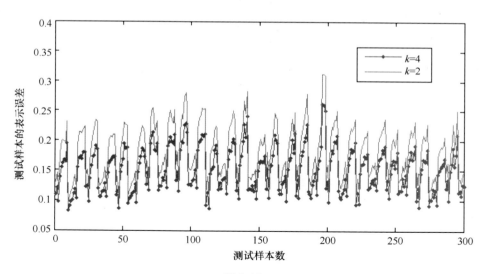

图 6.18

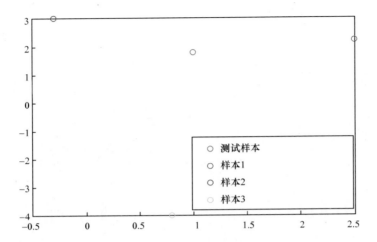

图 7.1

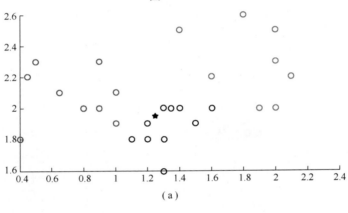

（a）

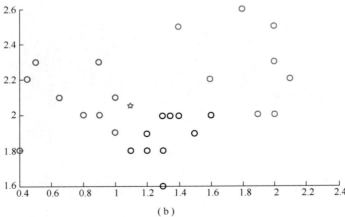

（b）

图 7.6

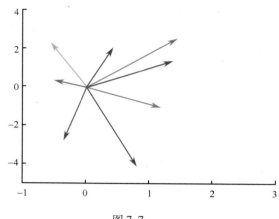

图 7.7

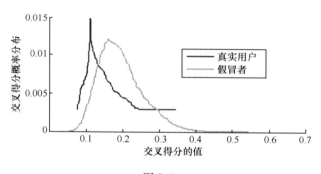

图 8.1

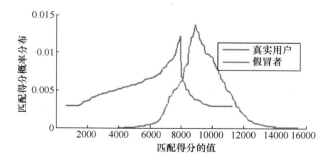

图 8.2

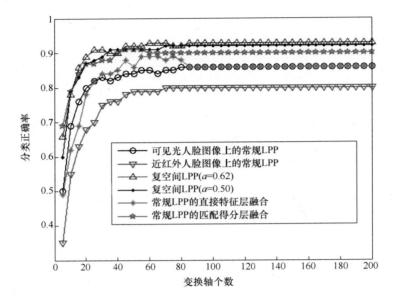

图 8.6

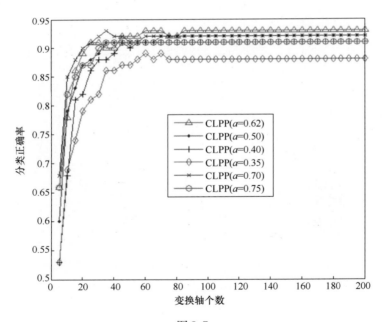

图 8.7

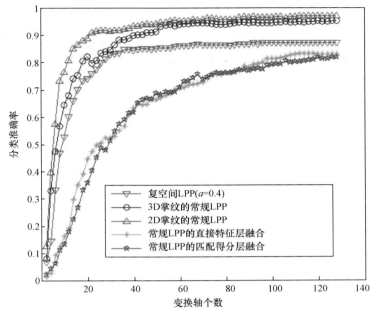

图 8.8

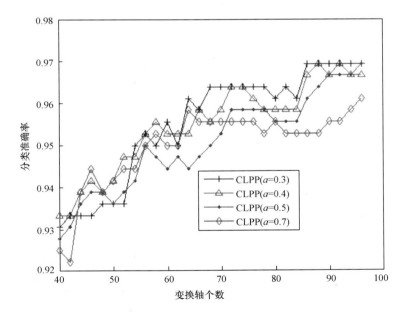

图 8.9

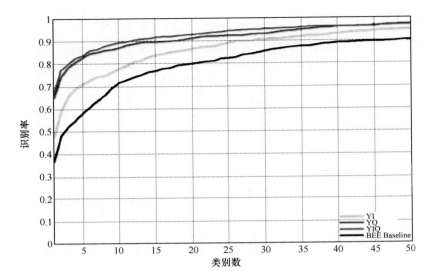

图 9.1

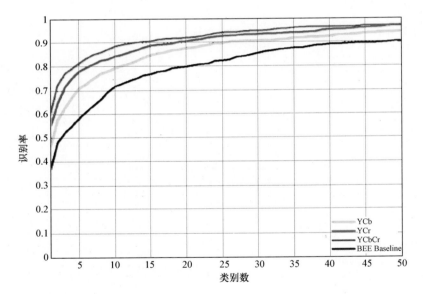

图 9.2

国防科技图书出版基金

基于稀疏算法的人脸识别

Face Recognition Based on Sparse Representation Algorithms

徐 勇 范自柱 张大鹏 编著

国防工业出版社
·北京·

图书在版编目(CIP)数据

基于稀疏算法的人脸识别 / 徐勇,范自柱,张大鹏
编著. —北京:国防工业出版社,2014.12
ISBN 978 – 7 – 118 – 09758 – 0

Ⅰ.①基... Ⅱ.①徐...②范...③张... Ⅲ.①面 – 机
器识别 – 研究 Ⅳ.①TP391.4

中国版本图书馆 CIP 数据核字(2014)第 261586 号

※

*国防工业出版社*出版发行
(北京市海淀区紫竹院南路 23 号　邮政编码 100048)
北京嘉恒彩色印刷有限责任公司
新华书店经售
*
开本 710×1000　1/16　插页 4　印张 15½　字数 284 千字
2014 年 12 月第 1 版第 1 次印刷　印数 1—4000 册　　定价 78.00 元

(本书如有印装错误,我社负责调换)

国防书店:(010)88540777　　发行邮购:(010)88540776
发行传真:(010)88540755　　发行业务:(010)88540717

致 读 者

本书由国防科技图书出版基金资助出版。

国防科技图书出版工作是国防科技事业的一个重要方面。优秀的国防科技图书既是国防科技成果的一部分,又是国防科技水平的重要标志。为了促进国防科技和武器装备建设事业的发展,加强社会主义物质文明和精神文明建设,培养优秀科技人才,确保国防科技优秀图书的出版,原国防科工委于1988年初决定每年拨出专款,设立国防科技图书出版基金,成立评审委员会,扶持、审定出版国防科技优秀图书。

国防科技图书出版基金资助的对象是:

1. 在国防科学技术领域中,学术水平高,内容有创见,在学科上居领先地位的基础科学理论图书;在工程技术理论方面有突破的应用科学专著。

2. 学术思想新颖,内容具体、实用,对国防科技和武器装备发展具有较大推动作用的专著;密切结合国防现代化和武器装备现代化需要的高新技术内容的专著。

3. 有重要发展前景和有重大开拓使用价值,密切结合国防现代化和武器装备现代化需要的新工艺、新材料内容的专著。

4. 填补目前我国科技领域空白并具有军事应用前景的薄弱学科和边缘学科的科技图书。

国防科技图书出版基金评审委员会在总装备部的领导下开展工作,负责掌握出版基金的使用方向,评审受理的图书选题,决定资助的图书选题和资助金额,以及决定中断或取消资助等。经评审给予资助的图书,由总装备部国防工业出版社列选出版。

国防科技事业已经取得了举世瞩目的成就。国防科技图书承担着记载和弘扬这些成就,积累和传播科技知识的使命。在改革开放的新形势下,原国防科工委率先设立出版基金,扶持出版科技图书,这是一项具有深远意义的创举。此举势必促使国防科技图书的出版随着国防科技事业的发展更加兴旺。

设立出版基金是一件新生事物,是对出版工作的一项改革。因而,评审工作需要不断地摸索、认真地总结和及时地改进，这样，才能使有限的基金发挥出巨大的效能。评审工作更需要国防科技和武器装备建设战线广大科技工作者、专家、教授，以及社会各界朋友的热情支持。

让我们携起手来，为祖国昌盛、科技腾飞、出版繁荣而共同奋斗！

国防科技图书出版基金

评审委员会

国防科技图书出版基金
第七届评审委员会组成人员

V

前　　言

　　人脸识别技术是公认的最不具"侵犯性"和最方便的生物特征识别技术。在人脸识别技术的发展历程中，人们不仅设计了一系列的人脸识别方法与算法，而且还提出了不同的技术方案来解决具体的人脸识别与分类问题。这些技术方案和手段包括基于人脸分类的身份识别、人脸表情识别、红外与近红外人脸识别、彩色人脸识别、3D 人脸识别和视频人脸识别等。可以说，各种人脸识别方法、技术方案与手段的重点均为寻求一个关于人脸图像的最优表达，并据此进行识别或分类。例如，对于传统的人脸识别问题，人脸图像的最优表达需能反映人脸最具区分性的特征，同时能最大程度地"屏蔽"表情、姿态与光照等变化信息对人脸分类的负面干扰。

　　为了追求人脸图像的"最优表达"，学者们已研究出了不同的方法。来源于统计分析的基于表象的方法(Appearance – based Methods)利用人脸图像的训练样本得出关于人脸的最佳表示。例如，基于主成分分析的人脸识别的主要目标是，提取出最能反映不同人脸样本差异的特征，并据此分类人脸。线性鉴别分析旨在提取出使不同人的人脸样本差异最大而相同人的人脸样本差异最小的特征。此外，为了克服一维的基于表象方法的缺点，人们还设计了二维的基于表象的人脸识别方法。基于表象的方法是使用最广泛的人脸识别方法之一，它的训练样本需在统计意义上反映所有样本(包括测试样本)的本质特征。换言之，作为一类基于统计学的方法，人脸识别性能取决于基于表象的方法得出的人脸的"统计特征"对样本总体描述的准确性和可靠性。

　　目前，基于稀疏描述的人脸识别方法得到了人们越来越多的重视。与一般的基于表象的方法不同，基于稀疏描述的人脸识别方法从一个全新的角度看待和处理人脸识别问题。其思想可理解为：人脸测试样本可由若干训练样本近似表达，且测试样本属于该近似表达中占比最大的类别的概率最大。该类方法之所以能取得优异性能，是在测试样本与训练样本架设了一个桥梁。该桥梁不仅能利用训练样本的线性组合为测试样本提供近似最优的描述，而且能恰当地评价不同类别的训练样本在形式化地表达测试样本中的作用，并依据作用大小来分类。

　　本书首先介绍了基于表象的方法及其应用。然后重点介绍了基于稀疏描述的人脸识别方法、稀疏方法的改进以及结合稀疏描述的思想与其他方法。此外，还介绍了彩色人脸识别与视频人脸识别。彩色信息能为人脸识别提供更多信息，彩色人脸识别技术已在实验评估中取得较优性能。视频人脸识别技术能利用视频序列的信息和多个人脸图像进行人脸识别，该技术非常适合实际应用。

本书还介绍了人脸伪装判识，可用在金融等行业。书中介绍了戴墨镜、戴帽与戴口罩等三类人脸伪装判识，是综合应用模式识别、图像处理及计算机视觉技术解决实际问题的一个范例。

本书介绍的人脸识别与分类系统是自主研发的，主要从系统分析、设计、实现与性能对比等角度展开阐述。

本书可供自动化、计算机科学与技术、信息技术、电子工程等专业高年级本科生、研究生使用，还适合从事模式识别，尤其是生物特征识别、机器学习、计算机视觉、工业自动化等研究开发的人员参考。

本书的研究工作得到了教育部新世纪优秀人才支持计划（编号：NCET－08－0156）、国家自然科学基金项目（编号：61071179 和 61263032）、深圳市杰青项目以及哈工大杰出人才培育计划的资助。本书的出版获得了国防科技图书出版基金的资助。作者一并表示感谢。由于作者水平有限，本书内容如有不妥之处，敬请读者批评指正。

目　　录

Contents

第1章 引 论

1.1 概 述

众所周知,生物特征识别[1,2]技术已越来越多地融入我们的工作与生活中,基于生物特征识别技术的考勤系统、门禁系统、智能锁已得到广泛应用。相比普通的密码、智能卡与银行卡等,生物特征具有不会遗忘与丢失的优点,也没有被盗用与复制的风险。总体来说,生物特征识别技术是一种便捷、安全与可靠的安全技术。人脸识别技术[3,4,5]在生物特征识别技术中占有非常重要的位置。人脸识别技术不仅具有非侵犯性,而且符合人们自身识别习惯,是一种非常"人性化"的技术。自动人脸识别在生物特征识别技术这一21世纪最受关注之一的技术中占有重要位置。

人脸识别技术具有广泛的应用前景,可应用于考勤、门禁、关口通行、社区安防、民航、保险、军事安全、银行金融系统、追辑嫌疑犯和反恐等。近年来,人脸识别算法以及相关系统的不断发展也为该技术的应用提供了强有力的支持。例如,"9·11"恐怖事件之后美国警方率先在波士顿机场、奥克兰机场、亚特兰大机场、休斯敦机场应用人脸识别技术,借助闭路监视系统自动搜寻恐怖分子目标。此后,其他国家也纷纷加大这一领域的投入。在我国,人脸识别系统曾用于北京奥运会开幕式的身份验证。此外,人脸与掌纹识别系统也已被用于2012年伦敦奥运会奥运场馆建筑工地的安全保护,建筑工人必须通过掌纹识别和人脸识别的双重生物特征识别系统才能进入建筑工地。系统有能力处理超过10000人的身份识别。

从系统实现的角度看,与其他生物特征识别技术一样,人脸识别系统包含人脸注册与人脸识别两个阶段[6]。其中,人脸注册阶段采集每一用户的多张人脸图像(这些图像也称为训练样本)并将其存储在系统中,系统为每个用户分配一个ID号。人脸识别阶段首先采集正在使用系统的用户的人脸图像,然后通过人脸识别判识其身份。

图1.1显示了人脸识别的一般步骤,主要包括人脸的检测与定位、图像的预处理、面部特征提取和人脸识别等[1]。虚线上方为人脸识别系统的训练部分(人脸注册阶段包含于其中),虚线下方为人脸的识别部分。特征提取之前一般需要进行几何归一化和灰度归一化。其中,前者是根据人脸定位结果将图像中的人脸变化到同一位置和大小,后者是指对图像进行光照补偿等处理,以克服光照变化的影

响。人脸识别过程通过将待识别的图像或特征与库里的特征进行匹配,确定用户的身份。

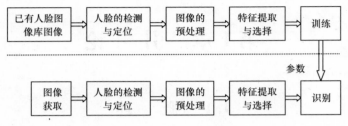

图 1.1　人脸识别系统框图

人脸识别的算法可建立在人脸辨识(Identification)与人脸认证(Verification)两种应用模式之一的基础上[6]。人脸辨识(也称人脸识别)的实现方式如下:人脸识别阶段,算法计算当前采集的人脸图像与系统注册阶段存储的所有用户的人脸图像间的相似性,并认为当前用户为注册阶段存储的与当前采集的人脸图像间相似性最大人脸图像对应的用户。因此,这种实现方式也可称为身份辨识。在身份辨识的实际应用中,为了防止未经允许的人员欺骗系统,可加入基于阈值的拒识步骤,并认为系统注册阶段存储的人脸图像与当前采集的人脸图像间的最大相似性大于阈值时才进行后续的人脸辨识,否则,认为当前用户为未经注册的非法用户,系统将不允许其"通过"。

人脸认证的实现方式如下:首先,人脸识别阶段除采集当前用户的人脸图像外,还接收用户输入的申明其身份的 ID 号。系统计算采集的人脸图像与所申明 ID 的训练样本间的相似性,当二者间的相似性大于给定阈值时,系统认为当前用户确实是所申明 ID 的用户并通过认证(也称判定为真实用户);否则,系统认为当前用户为非法用户,不允许其"通过"(也称判定为假冒者)。

对大多数人脸识别系统来说,既可按照人脸认证方式设计,也可按照人脸辨识方式设计。人脸认证常称为一对一的识别方式,而人脸辨识称为一对多的识别方式。人脸认证方式的性能一般会优于人脸辨识。然而,对用户来说,人脸辨识方式操作起来更简便,不需要输入 ID 号。这也是大多数民用生物特征识别系统采用辨识工作方式的主要原因。

1.2　人脸辨识与人脸认证评价指标

由于工作方式不同,人脸辨识与人脸认证需采用不同的评价指标。人脸辨识的最常用评价指标为正确识别率,其计算公式为

$$ac = \frac{n}{N} \tag{1.1}$$

式中:N 表示测试样本总数;n 表示被正确分类的测试样本总数。相应地,人脸辨

识的错误识别率为 $1 - ac$。在具有拒识功能的人脸辨识系统中，拒识率也是一个评价指标。拒识率定义为

$$rr = \frac{n_{rr}}{N} \tag{1.2}$$

式中：n_{rr} 表示被拒识的测试样本总数。

此外，累积识别率（Accumulate Recognition Rate）也用来评判人脸辨识性能。累积识别率定义如下：正确的辨识结果在前 M 个候选人中的比例。即将辨识结果按照匹配相似度从大到小排列，在前 M 个结果中被识别人的比例。显然，累积识别率的最大值为 1。图 1.2 给出了一个累积识别率的图示，图中横坐标代表 M 的值，纵坐标代表累积识别率。

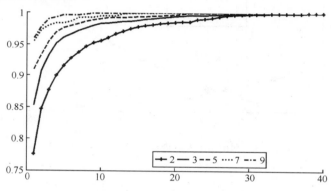

图 1.2 利用 ORL 人脸库得到的累积识别率

人脸认证的主要评价指标为错误拒绝率（FRR）和错误接受率（FAR）。FRR 与 FAR 又分别称为拒真率和认假率。FRR 表示将真实用户判定为"假冒者"的比例，而 FAR 表示将假冒者判定为"真实用户"的比例。FAR 与 FRR 的定义式为

$$FRR = \frac{m_{FRR}}{N} \tag{1.3}$$

$$FAR = \frac{m_{FAR}}{N} \tag{1.4}$$

式中：m_{FRR} 表示来自真实用户但被判定为"假冒者"的测试样本总数，而 N 仍表示测试样本总数；m_{FAR} 表示来自假冒者但被判定为"真实用户"的测试样本总数。

需要指出的是，FAR 和 FRR 随人脸认证的阈值而变化。因此，为了清楚而全面地给出 FAR 和 FRR 的信息，人们常绘制 FAR 和 FRR 随阈值变化的曲线，并称为 ROC（Receiver Operating Characteristic）曲线。值得注意的是，虽然系统同时取得极低的 FAR 与 FRR 将是非常理想的情况，但对实际的人脸认证系统而言，若通过调整阈值取得更低 FRR，则也将取得更高 FAR。如果系统要求非常高的安全性能，则会追求低 FAR，并不惜以相对高的 FRR 为代价。

等误率(EER)也是常用的人脸认证评价指标,其定义为 FAR 和 FRR 取得相同值时的 FAR 或 FRR。假如 FAR 和 FRR 在系统的性能评价中处于同样重要的位置,一般以系统的等误率作为其最佳性能,并将相应的阈值作为最优阈值。图 1.3 为利用 AR 人脸库得到的 FAR 和 FRR 图,横坐标为阈值,纵坐标表示 FAR 和 FRR 的值。每人的前两幅人脸图像做训练样本,而其他人脸图像被用做测试样本。显然,FAR 和 FRR 随阈值变化的趋势为 FAR 变小时 FRR 会增大。其中,FAR 和 FRR 曲线交叉点的纵坐标值为等误率,而相应的阈值可作为最优阈值。

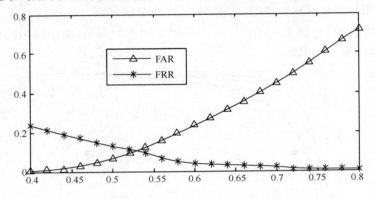

图 1.3 利用 AR 人脸库得到的 FAR 和 FRR 图

1.3 人脸识别方法

一般地,人脸识别的方法可大致分为基于几何特征的方法[7]、基于表象(Appearance – based)的方法 [8] 和基于模型(如马尔可夫模型等)的方法等[9]。此外,近年提出的人脸稀疏描述方法[10]属于一类新的人脸识别方法,它有着完全不同的方法学。基于几何特征的方法属于较早期的人脸识别方法。该类方法首先提取眼睛、嘴巴、鼻子等人脸重要器官的位置信息,然后利用它们进行人脸识别。基于表象的方法是一类广泛应用的方法。与将人脸图像分割为不同部分的基于几何特征的方法不同,它将人脸图像作为一个整体对待。这类方法一般首先利用人脸训练样本提取出人脸的一些"显著特征",然后依据提取出的特征进行人脸识别。

1.3.1 基于几何特征的人脸识别

人类能够在相距很远时识别出人脸。即使面部的细节(如眼睛、鼻子、嘴巴等)并不清楚时,人类相互之间也有很强的辨识能力,这表明人脸特征的整个几何结构已经为人类的识别提供了足够信息。事实上,眼睛、鼻子、嘴巴、下巴等器官在形状、大小和结构上的各种差异使得人脸图像千差万别,因此,可以将这些器官的形状和结构关系的几何描述作为自动人脸识别的特征。采用几何特征进行正面人脸识别,一般是通过提取人眼、口、鼻等重要特征点的位置作为分类的特征点[7]。常采用的特征有人脸五官(如眼睛、鼻子、嘴巴等)的局部形状特征、脸型特征以及五官在脸上分布的几何特征。特征点的选择是识别正确与否的关键。特征点的选择要能反映人脸识别中最重要的特征。所选的几何特征应该满足如下要求:特征对光照的依赖性应尽可能小;特征的估计应尽可能简单;特征对人脸的表情变化应不太敏感;特征信息应足够多,可用来识别人脸。在基于几何特征的识别算法中,识别过程也称为特征向量之间的匹配过程。

　　基于几何特征的识别算法常利用人的面部特征点之间的距离、比率和大小来作为特征。例如,可首先从人脸中找到眼睛、鼻子和眉毛等作为人的面部特征点,然后计算它们之间的距离、角度和几何关系,最后用这些参数来进行人脸识别。图 1.4 显示了几幅人眼定位的结果,图 1.5 显示了几幅人脸面部特征的定位结果图。

图 1.4　　人眼的定位结果

图 1.5　　人脸面部特征的定位结果

　　基于几何特征的人脸识别在侧影识别上也取得了较好的效果。应用中可首先找出侧影图像的轮廓曲线,然后提取特征点,利用这些特征点之间的几何关系来进行特征提取和人脸识别。实际环境中人脸图像常存在姿态变化,这增加了特征点提取的难度。如何得出具有姿态不变性的几何特征是一个有意义的研究课题。

　　图 1.6 给出了基于几何特征的人脸认证的流程图。其中,为了得出训练样本与测试样本的特征,需进行图像预处理、器官定位、提取特征点等步骤。计算出训练图像与测试图像的相似度后,通过与给定门限的比较即可完成人脸认证。

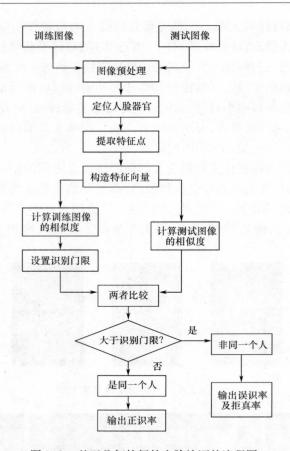

图 1.6   基于几何特征的人脸认证的流程图

1.3.2   基于表象的人脸识别

基于表象的方法将人脸图像作为一个整体对待,因此,相比将人脸图像分割为不同部分的基于几何特征的方法,它能利用人脸图像的全部信息进行识别。人脸识别中应用较多的基于表象的人脸识别方法有主成分分析[11]、线性鉴别分析[12]、二维主成分分析[13]、二维鉴别分析[14]、核方法[15]等。降维方法[16]是基于表象的人脸识别方法中应用最广的方法。从样本数据的角度分类,降维方法可分为一维降维方法、二维降维方法和高维降维方法。一维降维方法需首先将人脸图像变换为一个向量,然后利用训练集进行训练,最后对所有样本(包括训练样本和测试样本)进行降维(也称特征抽取)和对测试样本进行分类。二维降维方法和高维降维方法的实现步骤与一维降维方法相似,只不过它们的实现分别基于二维样本(即二维矩阵形式的样本)和更高维样本。一维降维方法的典型实例包括常规主成分分析、线性鉴别分析、核主成分分析、核线性鉴别分析等。二维降维方法的典型实

6

例包括二维主成分分析、二维线性鉴别分析等。高维降维方法的典型实例包括张量主成分分析、张量鉴别分析[17]等。一维降维方法具有可得到所需存储空间很小的样本特征的特点。由于在人脸识别应用中,二维降维方法的产生矩阵的维数大大低于一维降维方法,因此,在相同的训练样本集和样本数的情况下,其有望获得对产生矩阵的更精确估计。此外,同样由于产生矩阵的维数更低的原因,二维降维方法常能规避一维降维方法常出现的"小样本问题"[18]。

上述所说的降维方法都是将样本数据变换到另一空间,利用其在新空间中的数据作为其特征,因此,这些也称为变换方法。根据变换的性质,它们可分为线性变换和非线性变换两类方法[19]。本节所述的方法,除核方法外,都属于线性变换方法。在模式识别问题中,应用非线性变换方法具有如下优点:假如原始的两类样本线性不可分(即不存在一个能将两类样本完全分开的超平面),经过非线性变换方法的变换后这两类样本有望成为线性可分的。图 1.7 为一个经典的简单非线性变换[20],利用非线性变换,一般能将图 1.7(a)所示的原空间中线性不可分问题转换为图 1.7(b)所示的高维特征空间中线性可分问题。

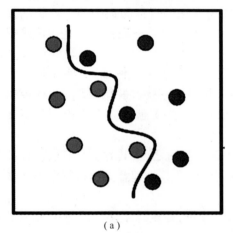
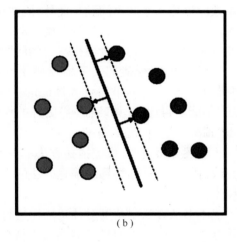

（a）　　　　　　　　　　　　　　　（b）

图 1.7　简单非线性变换的示意图

（a）原空间中线性不可分；（b）特征空间中线性可分。

1.3.3　基于稀疏描述的人脸识别方法

在应用于人脸识别之前,稀疏描述方法已广泛应用于信号处理领域的压缩感知问题。在 J. Wright 的基于稀疏描述的人脸识别论文发表后[10],稀疏描述方法的人脸识别研究得到迅速发展。到目前为止,不仅已经有大量的基于稀疏描述的人脸识别学术论文发表,而且关于应用稀疏描述解决图像去噪、图像恢复以及编码的文献也大量涌现[21-23]。J. Wright 的上述论文的 Google 引用已达数千次的事实也从侧面反映了稀疏描述方法受到广泛关注。

稀疏描述方法在大量的人脸识别实验中均取得了很好的性能。即使是在脸部存在遮挡等复杂情况下,稀疏描述方法仍能取得较好的人脸识别性能。也因为稀疏描述方法显著优于已有的大部分人脸识别方法的性能,该方法被评价为人脸识别领域的重大突破之一。

但是,稀疏描述方法也存在一些不足之处。例如,由于该方法计算复杂度太高,完全满足不了实际人脸识别应用的效率要求。稀疏描述方法计算效率低下主要源于以下因素:稀疏描述方法的目标函数限定了其不存在解析解而只能通过迭代计算的方式求解。具体地,因为该方法要求获得能较好表达测试样本的所有训练样本"稀疏"线性组合("稀疏"意指线性组合中的一些系数等于或接近于零,这些系数也称为"稀疏"系数),其目标函数包含了线性组合系数向量的 1 范数最小的约束,正是该约束使得稀疏描述方法不存在解析解。此外,稀疏描述方法对应的物理意义与直观意义上的合理性并不十分清晰。虽然"稀疏"能得到较好的人脸识别性能,但是人们并不清楚"稀疏"与识别精度间的具体关系。换言之,目前的研究结果并不能清楚地回答是否"稀疏"程度越高识别精度也越高以及究竟哪些系数应该为零系数等问题。此外,既然稀疏描述方法的目标函数中的 1 范数的使用使得其具有很高的计算复杂度,那么,是否可以结合其他的范数和一些手段来提高方法的效率也是一个值得探讨的问题。

另一方面,学者们关于稀疏描述方法还存在一些争论。例如,一些文献认为"稀疏描述"并不是取得优异性能的主要原因,并根据一些实验结果认为"稀疏描述"不能取得比"非稀疏描述"更好的性能。又如,一些文献认为人脸识别并不属于"稀疏描述"问题的范畴。

上述分析说明,稀疏描述方法本身有值得深入探讨之处,其方法与算法设计存在改进的空间;同时,稀疏描述方法的人脸识别应用及其物理意义也有待于进一步探索。

本书从方法学角度对稀疏描述进行了深入分析,并设计了多个改进的稀疏描述方法。这些改进的稀疏描述方法具有如下优势。首先,它们的计算效率大大高于原稀疏描述方法。其次,这些方法具有非常清晰的物理意义和直观的合理性。更重要的是,根据这些方法和实验,可得出如下结论。首先,书中详细的对比实验显示,"稀疏描述"确实有利于取得更高的人脸识别精度。其次,1 范数并不是取得稀疏描述的唯一途径。如本书第 5 章所示,结合一些技术手段的 2 范数能以非常高的效率产生稀疏描述。

原始的稀疏描述方法可称为无指导(监督)的"软"稀疏描述方法。此处"无指导"表示在方法的实现过程中没有利用任何先验知识去产生稀疏系数,"软"是指方法获得的系数的稀疏性主要体现为系数中存在一些接近零的数,而并非一定存在值为零的系数。本书中给出的除原始稀疏描述方法之外的稀疏描述方法可称为有指导(监督)的"硬"稀疏描述方法。此处的"有指导"表示,在利用所有训练样本的线性组合表达测试样本的过程中,我们根据一些方案去指定哪些系数应为零。"硬"是指这些方法获得的"零系数"具有真正的零值。

本书第 5 章的稀疏描述方法包含两个步骤:第一步确定出与测试样本最相似的训练样本;第二步,利用确定出的训练样本的线性组合表达和分类测试样本。这类方法不仅能取得较优的性能,而且具有如下合理性:第一步起到选择出那些与测试样本同类的可能性较大的训练样本的作用;第二步利用选择出的训练样本在表达测试样本中的竞争关系来分类测试样本。该类方法比直接利用所有训练样本的线性组合来表达和分类测试样本的"全局表达方法"取得更优效果的潜在原因如下。该类方法的第一步有效排除了那些与测试样本同类的概率非常小的训练样本对测试样本分类过程的干扰。与此相反,"全局表达方法"中由于所有训练样本都对测试样本的表达产生贡献,那些与测试样本不大相近的训练样本的参与,将削弱那些真正与测试样本同类的训练样本在表达测试样本中所占的分量,从而降低分类正确率。

我们也可认为稀疏描述方法具有以下与常规降维方法相似的目标:它们都希望为样本提供一个某种意义上的最优描述,以获得较高分类正确率。例如,与其他一维降维方法相比,在相同的变换轴个数这一条件下,主成分分析得到的所有训练样本的变换结果的反变换(也称为重构)与原训练样本间的均方差最小。在变换后所得的新空间中,线性鉴别分析将使得所有训练样本的类间距离与类内距离的比值最大化。实际上,大多数常规降维方法是利用所有训练样本来提取样本数据的统计特征的。从为样本提供最优描述的角度看,稀疏描述方法不同于常规降维方法的主要之处是:常规降维方法仅利用训练样本为全体训练样本产生最优描述,而其对测试样本产生的描述结果不一定最优。稀疏描述方法则同时依据所有训练样本与"当前"的测试样本为测试样本提供一个最优描述。常规降维方法仅有一个依赖于所有训练样本的训练过程,而稀疏描述方法拥有的训练过程与测试样本一样多(这些训练过程分别为每个测试样本提供最优描述)。

基于上述分析,本书第 7 章利用稀疏描述思想对常规降维方法进行了改进。这类方法既具有常规降维方法能利用所有训练样本提取样本统计特征的优点,又能借助稀疏描述为每个测试样本提供一个最优描述。

本书第 7 章介绍的稀疏描述方法的出发点为利用稀疏描述的思想改进 K 近邻分类。K 近邻分类方法不仅简单易用,而且具有在大样本情况下分类错误率有一个较低上界的性质。针对原始 K 近邻分类只能在测试样本的分类过程中粗略地应用测试样本 K 近邻的类别信息,而忽略了测试样本与其各近邻间具体距离这一重要信息,第 7 章介绍的方法对 K 近邻分类进行了合理的改进。由于这些方法利用稀疏描述的方案将测试样本表达为其各近邻样本的线性组合,各近邻样本与其对应的线性组合系数较好地包含了测试样本与其各近邻间的远近关系度量。

图 1.8 给出了本书中的不同描述方法与原始稀疏描述方法的关联示意图。该

图表示,其他(稀疏)描述方法都是受原始稀疏描述方法启发设计出的。其中,原空间中图像测试样本的全局表达方法与特征空间中图像测试样本的全局表达方法都是非稀疏的描述方法,因为它们都利用所有训练样本的线性组合来表达测试样本。二者的主要区别:特征空间中图像测试样本的全局表达方法,首先将所有样本非线性映射到特征空间,然后在特征空间利用所有训练样本的线性组合来表达测试样本。基于描述的多生物特征识别方法(参阅第8章)是原空间中图像测试样本的全局表达方法的直接扩展。具体地,如果我们首先将两个不同生物特征的样本表示为一个复向量,然后将原空间中图像测试样本的全局表达方法直接应用到这些复向量表示的样本上,这样的方法就是基于描述的多生物特征识别[24]方法。

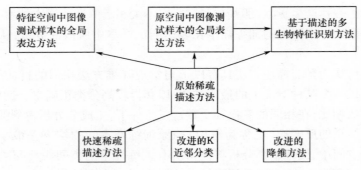

图 1.8　不同描述方法与原始稀疏描述方法的关联示意图

1.4　人脸识别技术的应用分析

人脸识别技术的应用可分为两大类。第一类是用于用户身份判定的人脸辨识与人脸认证技术,其典型应用包括考勤和门禁等。第二类是应用于非身份判定的其他人脸分类问题。这些问题包括人脸表情识别[25]、人脸姿态判别[26]以及人脸跟踪[27]等。此外,在实际应用中,人们开发出了视频人脸识别[28]、彩色人脸识别[29]、3D人脸识别[30]等多种人脸辨识与人脸认证技术。

人脸表情识别在人机交互中具有极其重要的价值。Darwin揭示的表情在不同性别、不同种族的人群中的一致性,为自动人脸表情识别的研究提供了科学依据。Ekman 和 Frisen 提出面部表情编码系统(Facial Action Coding System,FACS)[31],用40多个运动单元(AU)来描述人脸表情变化,并定义了6种基本情感类别:惊讶、恐惧、厌恶、愤怒、高兴和悲伤。这一基础性的研究已得到广泛认可。但是,FACS有如下两个主要弱点:一是运动单元是纯粹的局部化的空间模板;二是编码系统没有时间描述信息,只提供了一个启发式信息。人脸表情识别的特征提取步骤的主要目标也是提取出最能描述不同表情间差异的特征。在已有文献中,关于提取表情几何特征、频率域特征和运动特征的研究较多。几何特征主要是指能反映人脸表情的眼睛、眉毛、嘴巴等的位置及其变化的显著特征。几何特征的最大优点是特征数据量很小,但实际应用中由于该类特征丢弃其他与表情有关的特征,并不能取得非常优异的性能。人脸表情识别中应用得最多的是基于频率域特征是 Gabor 特征[32]。Gabor 变换能提取不同方向、不同细节程度的图像特征。由于 Gabor 变换对应的多尺度描述信息更适合反映人脸的特征,它往往能产生较高的表情识别正确率。

一般的人脸辨识与人脸认证方法只采用人脸灰度图像进行人脸识别。从信息论的角度看,彩色人脸图像包含了比灰度图像更多的信息,因此,关于如何利用人脸图像的彩色信息取得人脸识别较高正确率的彩色人脸识别已引起人们的关注。实际上,早在 1999 年,Torres 等人就对彩色人脸识别这一问题进行了探讨[33]。Torres 等人也利用改进的颜色信息做了一系列实验,他们的结果表明,将颜色信息嵌入到特征脸方法中,能取得更高正确识别率。而 Peichung Shih 等人曾提出一种将颜色信息用于改进人脸识别性能的生物实验环境(BEE)算法[34]。在 YIQ 与 YCbCr 彩色空间上,BEE 算法取得了非常优异的人脸识别性能。Chengjun Liu 提出了人脸识别的学习不相关颜色空间(UCS)、独立颜色空间(ICS)及判别颜色空间(DCS)[35]。这些颜色空间也能取得很优的人脸识别性能。除上述内容之外的大量其他研究也表明彩色人脸识别能取得优于基于灰度图像的人脸识别的性能。

以前的大部分人脸识别技术大都是依据 2D 人脸图像的二维人脸识别技术,而 2D 人脸图像实际上只是一个三维真实人脸在二维空间上的一种投影。因此,2D 人脸图像与真实人脸相比,缺失了很多信息。图 1.9 为 3D 人脸的示例[36]。2D 人脸图像只能提供人脸的颜色和纹理信息,而 3D 人脸图像能同时提供人脸的深度信息以及颜色和纹理信息。鉴于此,人们发展了 3D 人脸识别技术。该技术具有如下合理性:人的三维人脸比其二维人脸更具有鉴别性。因此,3D 人脸识别技术旨在通过提供真实人脸的三维描述来获得更可靠的人脸识别结果。除了大量算法和技术方面的研究外,3D 人脸识别技术也在逐步走向应用。例如,美国 A4Vision(简称 A4V)全球第一个推出了突破性的 3D (三维)人脸识别技术和产品。英国警察信息技术组织(PITO)已与 Premier Electronics 签订关于安装实时

图 1.9　3D 人脸的示例

3D 人脸识别技术的协议。自 2005 年 10 月,美国国土安全部的联邦安保机构(DHS FPS)总部使用的 3D 人脸识别系统来管理总部大厦二层的出入口,同时作为 A4V 的 3D 人脸识别系统在 DHS FPS 的其他地点应用的示范。

人脸伪装判识也可看作人脸识别技术的扩展和具体化应用。作为关于人脸的

两类判别问题,人脸伪装判识需判断出是否存在有伪装的人脸。和经典的人脸识别研究相比,尽管人脸伪装判识的研究非常少,但有着重要应用价值。人脸是人们相互之间进行身份辨认的最重要基础,在各种场合人们能根据无遮挡的人脸非常容易辨认出熟悉的人,而对遮挡人脸的辨认却非常困难。假若在需要记录用户的无遮挡人脸的场合,用户却遮挡了自己的脸,那么,该用户的这一异常举动非常值得关注。例如,在自助银行上安装读卡器以盗取他人银行卡信息的人员常用墨镜、帽子或者口罩遮挡自己的脸部。又如,进入居民区行窃的小偷也常用物品遮挡脸部。因此,出现了遮挡人脸的情况是一个需相关人员引起警觉或采取行动的情况。因此,自动发现遮挡人脸(人脸伪装判识)是一项极有应用价值和市场前景的技术。我们已在此方面进行了大量研究,并开发了应用于自助银行的人脸伪装判识系统。该系统借助自助银行 ATM 机屏幕内部安置的摄像头拍摄的视频自动侦测出存在脸部伪装的 ATM 机"用户",并发出提示信息以提醒相关人员通过视频监视此类"用户"的行动和采取进一步行动,以避免和减少损失。

综上所述,我们可用图 1.10 与图 1.11 总结人脸识别技术的分类与应用。

$$人脸识别技术分类 \begin{cases} 人脸辨识技术(一对多) \\ 人脸认证技术(一对一) \end{cases}$$

图 1.10　人脸识别技术分类示意图

$$人脸识别技术应用 \begin{cases} 用户身份判定:人脸辨识、人脸认证 \\ 非身份判定的人脸表情识别:人脸表情识别、人脸姿态判别 \\ 特殊和扩展的应用:人脸跟踪、人脸伪装判识、人脸检测 \end{cases}$$

图 1.11　人脸识别技术的应用分类示意图

其中用户身份判定属于需求最广的传统应用,人脸表情识别和人脸姿态判别也是直接基于人脸的分类问题。人脸伪装判识、人脸检测是关于区分正常人脸与其他类别问题的特殊应用。人脸跟踪并不只是一个一般意义上的识别问题,它需借助计算机视觉与模式识别等技术解决。

1.5　基于表情的人脸识别

人性化和趣味化的人机交互是人脸表情自动识别的主要应用需求之一。如果能自动判别人的表情,智能计算机就能与人进行更人性化的交流。此外,表情识别技术还可应用于智能机器人、人脸图像合成、智能监控等领域。

表情识别的早期研究主要为从心理学和生物学方面展开的研究。尽管表情分析和识别技术有重要应用价值,但准确和有效地提取表情特征是其主要难点。由于一些表情具有相似的特征,利用最有效的特征识别表情将是一个关键问题。典型的实例为哭、惊讶与笑这些表情动作都可能出现嘴巴张开这一相同特征。表1.1 给出了人脸表情对应的具体运动特征。

表 1.1　人脸表情的运动特征的具体表现

表情	额头、眉毛	眼睛	脸的下半部
惊讶	①眉毛抬起,变高变弯; ②眉毛下的皮肤被拉伸; ③皱纹可能横跨额头	①眼睛睁大,上眼睑抬高,下眼睑下落; ②眼白可能在瞳孔的上边和/或下边露出来	下颌下落,嘴张开,唇和齿分开,但嘴部不紧张,也不拉伸
恐惧	①眉毛抬起并皱在一起; ②额头的皱纹只集中在中部,而不横跨整个额头	上眼睑抬起,下眼睑拉紧	嘴张,嘴唇或轻微紧张,向后拉,或拉长,同时向后拉
厌恶	眉毛压低,并压低上眼睑	在下眼睑下部出现横纹,脸颊推动其向上,但并不紧张	①上唇抬起; ②下唇与上唇紧闭,推动上唇向上,嘴角下拉,唇轻微凸起; ③鼻子皱起; ④脸颊抬起
愤怒	①眉毛皱在一起并下压; ②在眉宇间出现竖直皱纹	①下眼睑拉紧,抬起或不抬起; ②上眼睑拉紧,眉毛下压; ③眼睛瞪大,可能鼓起	①唇有两种基本的位置:紧闭,唇角拉直或向下,张开,仿佛要喊; ②鼻孔可能张大
高兴	眉毛稍微下弯	①下眼睑下边可能有皱纹,可能鼓起,但并不紧张; ②鱼尾纹从外眼角向外扩张	①唇角向后拉并抬高; ②嘴可能张大,牙齿可能露出; ③皱纹从鼻子一直延伸到嘴角外部; ④脸颊被抬起
悲伤	眉毛内角皱在一起,抬高,带动眉毛下的皮肤	眼内角的上眼睑抬高	①嘴角下拉; ②嘴角可能颤抖

　　表情识别常用的特征主要包括运动特征、灰度特征和频率特征三类。人们认为不同表情会使得人脸的相应区域的灰度值也不同,因此,可利用灰度特征进行表情识别。但是,如何合理消除光照变化等因素引起的灰度变化,以使不同人脸灰度图像的差异确实主要反映不同表情之间的差异是一个技术上的难点。应用频域特征的合理性如下:不同的表情具有不同频率域特征。运动特征主要是指不同表情情况下人脸的主要表情点的运动信息的描述。具体的表情识别方法可分为全局识别法、局部识别法和形变提取法等。

　　全局识别法将人脸图像作为一个整体来对待。全局识别法也大量应用于一般的人脸识别问题。本书涉及到的特征脸方法、线性鉴别分析等方法都属于全局识别法。应用局部识别法进行表情识别时,需先提取眼睛、嘴、眉毛等典型表情部位的特征。脸部运动编码分析法(FACS)和 MPEG - 4 中的脸部运动参数法即属于该类方法。基于 Gabor 变换的方法以及 LBP(Local Binary Pattern)方法也属于局部识别法。形变提取法的思路为利用人脸表达不同表情的各个部位的变形情况识别人脸表情,其中的典型方法包括主动形状模型法(Active Shape Model)和点分布模型法(Point Distribution Model)。

下面介绍一些人脸表情识别方法。

(1)脸部运动单元分析法(FACS)是最早的研究面部表情的方法之一。美国心理学家 Ekman Paul 和 Riesen 在对脸部肌肉群的运动及其对表情的控制作用做了深入研究的基础上,于 1978 年提出了面部运动编码系统(FACS)(图 1.12)。FACS 将脸部运动分解为多块的运动单元,上半脸的运动可以分解为如图 1.12所示的 1、2、4、6 这几个运动单元的 6 种运动。他们根据人脸的解剖学特点,分析了人脸运动单元(AU)的运动特征及其所控制的主要区域以及与之相关的表情。由于这种方法给出了大量的照片说明,非常易于理解。但是,在实施过程中需要专家花费大量时间来人工标记录像带上人脸的特征运动点。后来,人们通过在 FACS 物理模型的基础上加

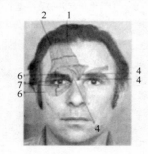

图 1.12　FACS 脸部运动单元

入自动的肌肉模块,建立了 FACS + 系统。该系统通过光流法分析视频流中脸部数据来进行表情分析。

(2)MPEG - 4 的脸部运动参数法(FAP)也包括一个完整的脸部基本运动的集合。该方法建立在对人脸细微运动研究的基础上。用 FAP 描述自然的脸部表情,需要首先创建一个公共脸,然后针对具体的人再建立一个中性脸,根据具体的表情脸和中性脸获得 FAP 参数并识别表情脸的表情。

(3)将隐马尔可夫模型(HMM)应用到人脸表情识别时需解决如下 3 个问题:一是概率估计问题,即由观察到的面部表情序列及模型去估计面部表情序列的概率;二是决定状态的转移的问题;三是利用已经观察到的面部表情序列计算模型的参数以使得序列对该模型具有最大概率的问题。

(4)基于 Gabor 变换的人脸表情识别已引起较大关注和获得较优性能。Gabor 特征能较好地描述人脸表情区域的特征。例如,Y. Tian 等将人脸分为上下两部分,然后标示出其中的运动单元并进行表情识别。利用 Gabor 变换提取每个运动单元的特征后,基于这些特征取得了 83% 的表情识别正确率。

1.6　年龄不变人脸识别

当人的年龄发生变化时,常用算法的识别率会显著下降是人脸识别技术面临的一大难题。因此,年龄不变人脸识别方法在人脸识别技术占有重要位置。年龄模拟除了用于人脸识别,还可应用于被通缉犯或失散的儿童若干年后的面部外观

预测,以帮助人们找到他们。

下面是一个典型年龄不变人脸识别技术方案:通过模拟的手段,将测试图像和训练集中的图像变换到某一共同的年龄段,然后进行人脸识别,以去除年龄不同的影响。该技术方案主要包括年龄模拟和人脸识别这两个模块。其中的人脸识别模块与普通的人脸识别并无区别。年龄模拟需由单幅人脸图像模拟出它在其他年龄下的人脸图像。年龄模拟包含如下主要步骤:特征向量提取、年龄估计、目标年龄特征向量生成和目标年龄人脸图像合成。其中,年龄估计的目标是根据人脸图像估计出年龄。可基于人脸图像和年龄函数的方法估计年龄,年龄函数由已知年龄的人脸图像经过训练得到。此处年龄函数的输入为人脸图像,而输出为年龄值。目标年龄特征向量生成是年龄不变人脸识别方法的重要步骤之一。要获得目标年龄的特征向量,需首先生成合适的典型向量。可将典型向量取为训练图像中年龄相同的人脸图像的特征向量的平均。目标年龄人脸图像合成步骤先把目标年龄的特征向量分离成形状特征向量与纹理特征向量,然后分别在特征空间重构得到目标年龄的形状和纹理,最后合成得到目标年龄时的人脸图像。

1.7   3D 人脸识别研究

3D 人脸识别旨在同时利用人脸的纹理和彩色信息以及人脸曲面的 3D 深度信息来识别人的身份。常用的人脸二维图像只是 3D 人脸的二维表达。实际上,在真实人脸成像为二维图像的过程中,损失了很多对人脸识别有益的信息。常用的 3D 人脸匹配方法包括基于空域的直接匹配方法、基于局部特征的匹配方法以及基于全局变换的人脸匹配方法。

1.7.1   基于空域的直接匹配方法

基于空域的直接匹配方法无需提取特征,直接进行曲面相似度匹配。下面介绍常用的 ICP(Iterative Closest Point)匹配方法[37] 和基于 Hausdorff 距离的匹配方法。

1.7.1.1   ICP 匹配

ICP 是三维数据重构过程中一个非常有效的工具,常用于曲线或曲面片段的配准。给定两个三维模型大致的初始对齐条件,ICP 将通过多步迭代,以找到使两个模型的对齐误差最小的刚性变换(即对其中一个模型进行刚性变换后与另一个没经过变换的初始模型的对齐误差最小)。基于 ICP 的配准的基本实现如下:对给定的两个集合中的点,迭代地为一个集合中的每个点确定出在另一个集合中与其最匹配的点;然后建立变换矩阵,并对其中一个进行变换,当达到某个收敛条件时,终止迭代并认为二者已对齐。

ICP 应用于三维人脸识别时,一般对齐两个三维人脸(即建立二者间坐标点的对应关系)后将二者的配准误差即两个三维人脸的匹配好的所有点集之间的平均距离,作为二者的差异性,然后分类。如果采用最近邻分类,则将测试样本分类到与其差异性最小的训练样本所属的类别。

早期 ICP 在三维人脸识别中,采用对齐两个三维人脸模型后,再进行人脸分类的方式。后来,人们采用基于 ICP 的级联决策。该决策首先使用改进的 ICP 进行三维人脸刚性变化区域的匹配,并将匹配结果作为第一级相似度量。ICP 方法虽然在三维人脸识别中正确率较高,但它存在计算代价很大的缺点。

1.7.1.2 基于 Hausdorff 距离的方法

Hausdorff 距离和 ICP 匹配都是计算点集之间距离的常用方法。ICP 方法度量两个点集间的最大匹配程度,而 Hausdorff 距离度量两个点集间的最大不匹配程度。两个人脸模型间的 Hausdorff 距离越小,二者越相似。假设有两组集合 $A = \{a_1, a_2, \cdots, a_p\}$,$B = \{b_1, b_2, \cdots, b_q\}$,则这两个点集之间的 Hausdorff 距离定义为 $H(A,B) = \max(h(A,B), h(B,A))$。其中,$h(A,B) = \max_{a \in A} \min_{b \in B} \| a - b \|$,$h(B,A) = \max_{b \in B} \min_{a \in A} \| b - a \|$。$\| \cdot \|$ 代表点集 A 和点集 B 间的距离范数。$H(A,B)$ 称为两个点集之间的双向距离,而 $h(A,B)$ 和 $h(B,A)$ 分别称为从集合 A 到集合 B 和从集合 B 到集合 A 的单向 Hausdorff 距离。实际应用中,为了提高匹配速度和减少可能存在的噪声干扰,可以只利用单向 Hausdorff 距离或选择部分最接近的点计算 Hausdorff 距离。

1.7.2 基于局部特征的匹配

基于局部特征的匹配方法需从三维的脸部曲面中提取有效的形状信息。三维人脸的局部特征主要包括曲线特征和其他一些局部几何特征或统计特征。为了实现鲁棒的三维人脸识别,三维人脸的特征最好能在人脸模型旋转、平移、镜像变换下具有一定的不变性。

1.7.2.1 人脸曲线特征

基于曲线特征的人脸匹配方法的思路如下:如果将三维人脸曲面形状用若干从曲面提取的二维曲线近似表示,则可将三维人脸形状的匹配问题转化为二维曲线的匹配问题。基于曲线匹配的三维人脸识别方法,首先,提取脸部的内眼角、鼻尖、鼻根等特征点,将人脸初步对齐;然后,在对齐后的坐标系中,提取对称面的侧影线、眼睛下侧的水平曲线和鼻尖区域曲线等曲线;最后,依据这些曲线间的相似度进行人脸识别。

1.7.2.2　曲率特征

曲率是三维曲面的一种重要的局部几何属性,也是最早用于三维人脸曲面分析的特征之一。由于高斯曲率和平均曲率可较好地确定曲面的局部形状,而且人脸形状具有一定的圆柱特点,所以可将三维人脸深度图转换到圆柱坐标系中,再计算每一点的高斯曲率和平均曲率。因为在三维人脸数据的多次离散采集中采样点并不完全相同,因此直接依据曲率的点对点匹配结果进行识别存在较大难度,但是,可联合曲率与其他特征进行三维人脸识别。

1.7.3　基于全局特征的匹配

该类方法通过建立三维人脸模型的全局特征进行人脸识别,典型代表包括基于 EGI(extended Gaussian image) [38] 的三维人脸匹配与基于全局变换的人脸匹配。

基于 EGI 的人脸匹配的基本思想是:根据曲面上任何一点的法向可将该点映射为单位球面上的一点。对所有人脸曲面上的点进行映射后,我们可将曲面转换为单位球面上的质量分布映射图,即 EGI。显然,EGI 是基于统计手段的曲面总体形状的描述。

利用 EGI 进行人脸深度图像匹配的实现过程如下:首先利用平均曲率和高斯曲率区分出人脸曲面的“凹”与“凸”区域,并根据法向量将凸区域映射到单位球面上,同时进行适当插值处理以获得人脸模型的 EGI。利用图匹配算法计算出两个人脸模型的 EGI 间的相似性后,即可进行人脸识别。

基于全局变换的人脸匹配希望借助于一个全局变换步骤以部分消除表情变化引起的三维模型的形变,以获得较高人脸识别正确率。最近提出的一种规范人脸深度映射 (Canonical Face Depth Map, CFDM) [39] 的全局变换方法将所有三维人脸模型变换到一个统一的坐标中,并用抛物柱面来拟合人脸。

1.8　常用人脸库介绍

公开的人脸数据库是评测不同人脸识别算法的主要依据。本节介绍目前人脸识别领域常用的人脸数据库以及我们创建的 3 个人脸数据库。

1.8.1　FERET 人脸数据库

FERET 项目从 1993 年运行至 1997 年,由美国国防部 Counterdrug 技术开发项目办公室和美国国防部高级研究计划局(DARPA)发起。该项目主要的任务是开发一个可以协助安全、情报和执法人员执行任务的自动人脸识别系统。FERET 图像库最终由 14051 个正面、左右侧面的人物头像组成。

FERET 人脸库为多姿态、不同光照的灰度人脸图像,它们是人脸在不同角度、不同光照、不同面部表情条件下的成像结果。FERET 人脸库是人脸识别领域应用最广泛的人脸数据库之一,此图像库包含的部分子集如下。

（1）fa：子集中的图像为正面人脸图像。

（2）fb：子集中的图像亦为正面人脸图像,是对应于 fa 中的图像数秒后所获取的。

（3）ba：子集中的图像类似于 fa 系列的正面人脸图像。

（4）bj：子集中的图像类似于 fb,是对应于 ba 中的图像数秒后所获取的正面图像。

（5）bk：子集中的图像是对应于 ba 中的图像数秒后在不同的灯光条件下所获取的正面图像。

（6）ra：子集中包含各种角度的姿态库,图像中的人物角度是没有确切统计的,但角度的变化是连续的。

本书相关章节在实现基于描述的方法与多生物特征识别时,用 FERET 人脸数据库的"ba"、"bj"、"bk"、"be"、"bf"、"bd"和"bg"子集来测试方法。该子集包含了 200 人的 1400 张图片,每个人有 7 张图片。图 1.13 展示了人脸图像库子集中使用的两个人的人脸图像,第一行和第二行的图片分别来自不同的两个人。

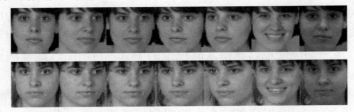

图 1.13　人脸图像库子集中使用的两个人的人脸图像

1.8.2　Yale 人脸数据库

Yale 人脸数据库由耶鲁大学计算视觉与控制中心创建。Yale 人脸图像库由 15 人的脸部图像组成,每个人 11 幅图像,共 165 张图片,每个人的不同图像有较大的表情变化、姿态变化和光照条件变化(图 1.14)。

图 1.14　Yale 人脸库的部分图像

Yale 库中包含了在不同光照条件下获得的有丰富表情变化的人脸图像,如正常、悲伤、高兴、瞌睡、惊奇和眨眼,还有戴眼镜的人脸图像。

1.8.3 Yale B 人脸数据库

Yale B 人脸数据库是来自不同光照和不固定姿势下的单光源人脸图片。该数据库包含了 10 个人的 5850 幅多姿态、不同光照的图像。其中的姿态和光照变化的图像都是在严格控制的条件下采集的,主要用于光照和姿态问题的建模与分析,实际上,该数据库包含了 576 种观察视角条件(9 种姿态 ×64 光照条件),还包括每一种姿势下获得的包含背景的图片,因此,该数据库中实际上包含了 5760 + 90 = 5850 张,数据库压缩后大约为 1GB。

该数据库中,每个人物图像包含了光照、姿态和表情等变化。图 1.15 给出了这个人脸库的示例图像。

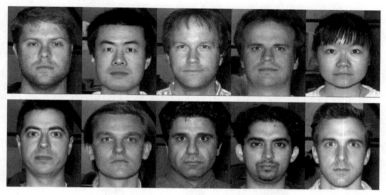

图 1.15　Yale B 中人脸图像示例

1.8.4 ORL 人脸数据库

ORL 人脸数据库由剑桥大学 AT&T 实验室创建,包含 40 人,每个人 10 幅图像,共 400 张人脸图像。图像在不同角度、不同光照、不同面部表情条件下获得。在 ORL 库中的人脸图像包括面部表情的变化(笑/不笑,睁眼/闭眼)以及面部细节。拍摄的是受试者的正面、垂直头像,允许倾斜或旋转。每张人脸图像的分辨率均为 112 像素 ×92 像素。图 1.16 是 ORL 人脸库的部分示例图像。

1.8.5 AR 人脸数据库

AR 人脸数据库由西班牙巴塞罗那计算机视觉中心建立,包含 126 人超 4000 幅彩色图像,这些图片分两次拍摄而得。采集环境中的摄像机参数、光照环境、摄像机距离等都是严格控制的。

AR 库均由白种人构成,图像在不同角度、不同光照、不同面部表情、有或无遮

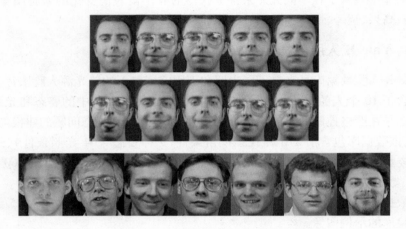

图 1.16　ORL 库的部分图像

掩物(墨镜、围巾)条件下获得,其中带遮掩物的图像占 46.16%。

　　图 1.17 展示了不同控制条件下的部分图像,其控制条件是:(a)中性表情;(b)笑;(c)愤怒;(d)尖叫;(e)左侧光照;(f)右侧光照;(g)两侧光照;(h)墨镜;(i)墨镜/左侧光照;(j)墨镜/右侧光照;(k)围巾;(l)围巾/左侧光照;(m)围巾/右侧光照。

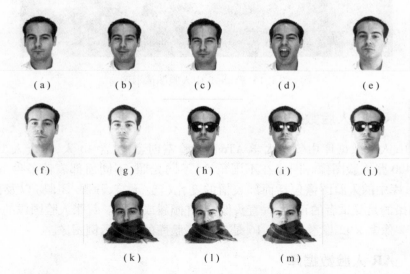

图 1.17　AR 库中不同控制条件下的部分图像

　　在本书实验中,本书相关章节在 AR 人脸库中选择 120 人,每个人选 26 张图片,共选择 3120 张灰度图片。所选择的人脸图片有不同姿势、脸部表情和光照的变化。

1.8.6　XM2VTS 人脸数据库

英国的 XM2VTS 人脸数据库(The Extended Multi Modal Verification for Teleservices and Security Applications)是一个大范围的多模数据库,是受欧洲 ACTS 项目的研究计划 M2VTS (Multi Modal Verification for Teleservices and Security Applications)资助建立的身份认证资料数据库。数据库中包括大量人脸图像、人脸视频资料和三维人脸数据。这些数据是英国 Surrey 大学的 295 名志愿者在 4 个不同时间段(每两次采样的间隔是一个月)的图像和语音视频片断。在每个时间段,每人被记录 2 个头部旋转的视频片断和 6 个语音视频片断。该数据库是一个商业性质的收费数据库。

XM2VTS 人脸库中共有 2360 张人脸图像,每张照片的分辨率均为 576 像素 × 720 像素,人脸图像包括低头、抬头,带眼镜、不戴眼镜,表情愤怒、表情平和,侧脸、正脸,有妆、无妆等各种差异,图 1.18 是取自该人脸库的人脸图像。

图 1.18　XM2VTS 人脸库的部分图像

295 名志愿者中,293 人的三维模型可以得到。这些三维人脸的数据由一个交换的立体系统捕获。在数据捕获并进行预处理后,被转换成为 VRML (Virtual Reality Modeling Language)的格式进行存储。

1.8.7　CMU PIE 数据库

CMU PIE 数据库(CMU Pose, Illumination, and Expression)是卡耐基梅隆大学在 2000 年 10 月到 12 月之间收集的,包含 68 人,共 41368 张图片。该数据库包含了大量位置、光照和表情变化的图片。该数据库对基于位置的人脸识别及对人脸识别算法的评估产生了很大的影响。

CMU PIE 数据库是用一组 13 个同步的高质量摄像头和 21 个闪光灯在卡耐基梅隆大学的 3D 房间里拍摄的,得到的 RGB 彩色图片的大小为 640×480。图 1.19 展示了所有 13 个位置的图片,位置是从左侧面(c34)通过正面(c27)到右侧面(c22)(大概的位置角度在相机标号下面标注)。

图 1.19 PIE 数据库位置变化的例子

除了位置顺序,接受拍摄的人还处在下面附加条件下。

(1)光照 1:21 个闪光灯各自按序快速打开。光照 1 条件下的图片是在室内灯光开的情况下拍摄,图片比第二个条件下的看起来更自然。每个照相机拍摄 24 张图片:2 张没有闪光灯的,21 张开一个闪光灯的,还有 1 张闪光灯全开的。取正前方、3/4 角度的和侧面照相机拍摄的图片。

(2)光照 2:重复光照 1 的步骤,只不过室内的灯是关着的。取全部 13 个照相机拍摄的图片。两个光照条件的图片集加起来,一共 43 张光照变化的图片。

(3)表情:每个人都要做中性、微笑和闭眼(模仿眨眼)的表情。13 个照相机拍摄的图片全部放到数据库中。

(4)说话:每个人在 2s 内从 1 开始数数,用 3 个照相机(正面、侧面、3/4 角度)记录 60 帧说话的图片。

1.8.8　可见光与近红外人脸数据库

可见光与近红外人脸数据库是在严格控制的光照环境下采集的。不同的光照环境有利于模拟人脸识别的真实条件,也有利于验证人脸识别算法的鲁棒性。本小节所有图像均采集自哈尔滨工业大学深圳研究生院的志愿者。

1. Lab1 数据库

Lab1 数据库包含可见光和近红外人脸图像,此库采集自 50 个志愿者,每个人 10 幅可见光灰度图像和 10 幅近红外人脸图像,每幅图像的大小为 100×80。如图 1.20 所示,第一组为近红外人脸图像,第二组为可见光灰度图像。

2. Lab2 数据库

Lab2 数据库包含可见光和近红外人脸图像,采集自 50 个志愿者,每个人均有

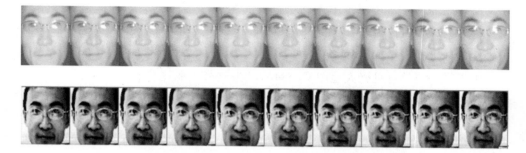

图 1.20　Lab1 数据库的部分图像

20 幅彩色可见光人脸图像和 20 幅近红外人脸图像,Lab2 一共包含 2000 幅人脸图像,图像大小均为 200×200。这些图像是在以下不同的光照条件下采集的(图 1.21):(a)自然光照;(b)自然光照 + 左侧光照;(c)自然光 + 右侧光照;(d)自然光照 + 左右侧灯同时光照。左右侧光照的光源均为白炽灯,图像也包含明显的姿态或表情变化。文件名中的第二位数字的指代意义如下:1—自然光照 + 左右侧灯同时光照;2—自然光照 + 左侧光照;3—自然光 + 右侧光照;4—自然光照。

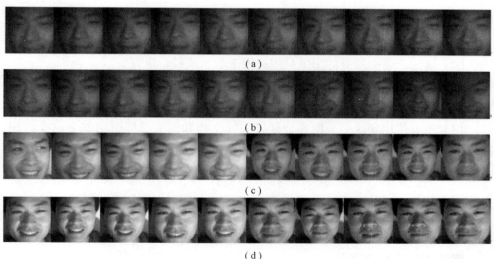

(a)

(b)

(c)

(d)

图 1.21　Lab2 数据库的部分图像

3. 同步双模态人脸数据库

同步双模态人脸数据库总共包括 119 人的不同光照不同表情下面的人脸数据。采集的摄像头采用了普通的 30 万像素的摄像头,采集图像的分辨率为 640×480,经过归一化后得到 200×200 的人脸图像。光照变化是通过在室内的日光灯模拟的光照变化。采集过程中在被采集者的左右分别放置了两台日光灯照明设备,分别在左边开灯、右边开灯、两边同时开灯,室内普通光照以及在普通光照下加入表情变换进行了采样,样本分别存在每人对应的目录文件下面。

由于同一人的可见光人脸图像与对应的近红外人脸图像在同一时刻采集,它们具有相同的姿态与表情。对每个人的人脸图像,其中编号相同的可见光人脸图像与近红外人脸图像即代表在同一时刻采集,在本书第8章实验中弃用其中只包含两个可见光人脸图像与近红外人脸图像的那一人,只使用其他118人的人脸图像进行实验。这些人至少有5幅可见光人脸图像与近红外人脸图像(图1.22)。

图 1.22　部分可见光人脸与近红外人脸图像

以上 3 个人脸数据库供研究者免费使用,但研究者必须遵守以下协议。

(1) 使用者不可以从盈利为目的传播、发表、复制上述三个数据库。

(2) 这三个库中所有的图像只能被用于学术或科学研究。

(3) 为了保护这两个库中人员的隐私,其中的任何图像都不允许以任何形式在商业途径中发布。

(4) 所有使用到这三个库并公开发表的文档和论文都应引用如下论文:"Bimodal biometrics based on a representation and recognition approach, Opt. Eng. 50, 037202 (Mar 22, 2011); doi:10.1117/ 1.3554740."(paper)。

本章所介绍数据库的 URL 如下:

■FERET 人脸数据库

http://www.itl.nist.gov/iad/humanid/feret/

■Yale 人脸数据库

http://cvc.yale.edu/projects/yalefaces/yalefaces.html

■YaleB 人脸数据库

http://cvc.yale.edu/projects/yalefaces/yalefaces.html

■ORL 人脸数据库

http：//www. cl. cam. ac. uk/research/dtg/attarchive/facedatabase. html

■AR 人脸数据库

http：//www2. ece. ohio – state. edu/ ~ aleix/ARdatabase. html

■XM2VTS 人脸数据库

http：//www. ee. surrey. ac. uk/CVSSP/xm2vtsdb/

■CMU PIE 数据库

http：//www. ri. cmu. edu/projects/project_418. html

■可见光与近红外人脸数据库

http：//www. yongxu. org/databases. html

第 2 章 一维降维方法与人脸识别

自主成分分析技术第一次被应用到人脸识别以来的 20 多年间,该技术已在生物特征识别领域得到大量应用。该技术的使用不仅使在存储介质上以较少比特存储人脸图像成为可能,而且为人们带来了识别性能上的惊喜。该技术的应用也促进了其他一维降维方法在人脸识别中的应用。例如,几乎在主成分分析技术风行的同时,一维线性鉴别分析也在人脸识别中得到大量应用。在这期间,研究者们还专门设计了针对人脸识别问题的一些线性鉴别分析,如 Fisherface[40]与零空间线性鉴别分析[41]等方法。由于后来发展出来的核主成分分析、核鉴别分析等核方法也是基于一维向量数据的方法,因此,我们也将其归纳到一维降维方法的范畴。与一般的一维降维方法为线性方法不同,核方法是非线性方法。线性降维方法具有以下共同特点:该方法首先利用所有训练样本得出一个或多个产生矩阵,然后,根据产生矩阵求解一个特征方程,并得出特征方程的特征向量,将若干对应最大特征值的特征向量作为变换轴(即投影轴),即可将所有原样本数据变换到低维空间。

需要指出的是,人脸图像是二维数据。因此,当将一维降维方法应用于人脸识别时,需首先把二维图像转换为一维向量,转换方法为将二维图像对应的矩阵中的各列或各行首尾相连即可。降维方法也可称为特征抽取方法。当降维方法应用于人脸识别和其他识别问题时,其一般用法如下:首先,依据训练样本得出变换轴,然后利用变换轴得出每个训练样本和测试样本的特征;然后,使用一个分类器对测试样本进行分类。若使用的是最近邻分类器,则分类过程首先依据测试样本与训练样本的特征,计算测试样本与所有训练样本间的距离或相似性,并将测试样本分类到与其距离最小或相似性最大的训练样本的类别中。若利用公开人脸库进行实验,一般先将人脸库划分为没有交集的测试样本集和训练样本集两个集合,然后再进行实验。本章包括一维降维方法综述、Fisherface、一维核方法等内容。

2.1 特征脸方法

特征脸(Eigenface)方法即是应用一维主成分分析技术对人脸图像进行特征抽取的方法。之所以称为特征脸方法,是因为将主成分分析技术应用到人脸图像时,相应的变换轴的二维显示仍然为一个"人脸图像"。

特征脸方法的实现步骤如下。首先,将所有人脸图像转换为一维向量,然后,将所有训练样本的协方差矩阵作为产生矩阵。计算出产生矩阵的所有特征向量与特征值后,利用前 d 个最大特征值对应的特征向量,将每个样本(包括测试样本与训练样本)变换为一个 d 维向量。最后,利用一个分类器实现所有测试样本的人脸分类。从应用的角度看,任意单个的特征向量都将一个样本变换为一个标量。特征值越大的特征向量,其变换结果越能体现不同训练样本间的差异。准确地说,如果使用一个特征向量将训练样本进行变换后再做反变换,特征值越大的特征向量得到的样本的反变换结果与原始样本越接近(误差越小),这正是使用若干个最大特征值对应的特征向量进行变换的原因。事实上,可以证明,统计意义上,利用前 d 个最大特征值对应的特征向量对样本依次进行变换和反变换时,反变换结果与原始样本间的均方误差等于其他特征向量对应的特征值之和。因此,主成分分析方法可看做是最小均方误差意义上的最优维数压缩技术[42]。换言之,如果使用不同的方法将样本变换为相同的维数,使用主成分分析方法对原数据进行变换所得的数据中将包含最多的原数据的信息。可将主成分分析方法称做统计意义上的最优数据描述方法。这种方法基于数据的二阶统计信息(即基于相应协方差矩阵)进行分析,抽取出的各个特征分量具有统计意义上的不相关性(也称主成分分析方法能消除数据间的二阶相关)。就数据类型来看,(零均值)高斯变量的所有信息均包含在其协方差矩阵中。因此,如果数据服从高斯分布,基于协方差矩阵的二阶统计方法抽取出的特征(譬如,主成分分析方法抽取出的主成分特征)是非常适合描述数据的。

从数理统计的角度分析,假设某实际问题涉及较多的随机变量,主成分分析的任务即是寻求数目较少的不同于原变量的一组新变量,使得新变量之间互不相关,且包含的原变量信息最多。而且,任一新变量应为原变量组的线性组合。

具体到人脸识别问题,上述特征脸方法的实现步骤具有如下现实意义:利用前若干个最大特征值对应的特征向量,对人脸样本进行变换有助于获得反映不同样本间差异的主要信息,且能减少由于人脸的细节变化(如表情与姿态的细节变化)带来的不同样本间的差异。不过,也有研究者曾指出,在存在较大光照变化的情况下,特征脸方法中产生矩阵的较大特征值对应的特征向量的变换结果,可能包含了较大光照变化对人脸识别带来的负面干扰(光照的较大变化会使得同一人的不同人脸出现很大差异),并建议此时应审慎对待。

本质上讲,Eigenface 为总体散布矩阵对应的特征向量。下文利用 ORL 人脸图像库给出 Eigenface 的图示。我们把每一幅 ORL 人脸图像裁剪为 64×64 大小的图像。为了更好地体现整个数据库的总体特征,实验中使用所有的人脸图像进行训练。首先,我们把二维图像转化为列向量,并计算所有训练样本的总体散布矩阵。然后,把总体散布矩阵的特征向量按照特征值从大到小的顺序进行排列。这些排列后的特征向量就是要显示的 Eigenface。在显示特征向量对应的 Eigenface 前,我们对向量中的元素 v 进行如下归一化操作,即

27

$$v = 255 \times \frac{v - \min(v)}{\max(v) - \min(v)} \tag{2.1}$$

最后把一维向量转化二维图像进行显示。图 2.1 为前 30 个最大特征值对应的 Eigenface。

图 2.1　　ORL 人脸图像库的前 30 个最大特征值对应的 Eigenface

　　一般地,主成分分析方法得出的变换轴具有两两正交的性质。显然,其变换轴的总个数与原始样本的维数相同。应用中,一般取协方差矩阵的最大的若干个特征值对应的特征向量做变换轴,将原始样本变换为低维数据。若利用所有可用变换轴对样本进行变换,变换所得的数据将与原样本的维数相同,因此,不能达到降低维数的目的。此外,还可以证明,利用所有可用变换轴对样本进行变换时相应的变换矩阵一般为正交矩阵(此点在主成分分析方法的任意两个特征值均不相等的情况下严格成立),因此,变换过程具有范数不变性。换言之,变换后样本相互间的距离将仍然与变换前样本相互间的距离相同。因此,这样的变换没有应用上的意义。

　　图 2.2 显示了一个两维样本的分布图。图 2.3 与图 2.4 分别给出了图 2.2 中样本的主成分分析方法的一维与二维变换结果。图 2.4 显示,主成分分析方法的二维变换结果中,虽然各样本的坐标值和原空间不同,但各样本相互间的距离关系仍然和原空间中一样。这例证了利用主成分分析的所有可用变换轴对样本进行变换时,变换过程可能具有范数不变性这一理论。

　　图 2.5 显示了一个五维样本的分布图(只显示了样本数据的前两维)。我们

看到,样本的前两维是线性不可分的(即找不到一条直线将两类完全无误地分开)。图 2.6 给出了图 2.5 中样本的主成分分析方法的二维变换结果。图 2.6 显示,二维变换结果仍然线性不可分。

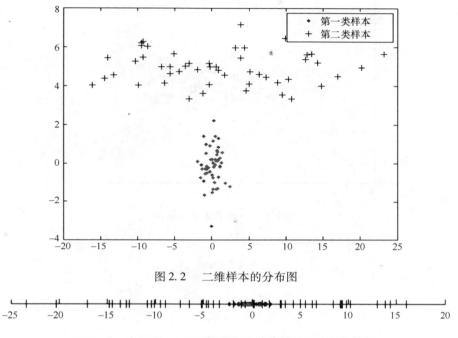

图 2.2 二维样本的分布图

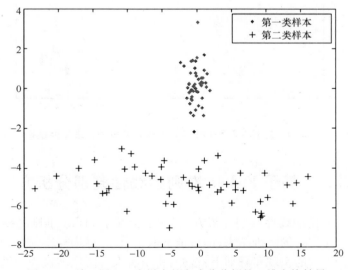

图 2.3 关于图 2.2 中样本的主成分分析的一维变换结果

图 2.4 关于图 2.2 中样本的主成分分析的二维变换结果

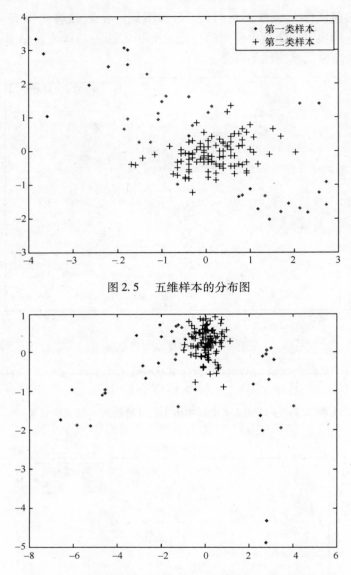

图 2.5　五维样本的分布图

图 2.6　关于图 2.5 中样本的主成分分析的二维变换结果

2.2　基于 Fisher 准则的线性鉴别分析方法

人们通常所说的线性鉴别分析方法,均是指基于 Fisher 准则的线性鉴别分析方法。该方法对样本的降维结果,即特征抽取结果,也称为样本的鉴别特征。该方法应用于人脸识别的实现步骤如下:首先,将所有人脸图像转换为一维向量;然后,利用所有训练样本计算出类间散布矩阵与类内散布矩阵。类内散布矩阵建立在来自同一类的所有训练样本与其类中心间的差的基础上。类间散布矩阵利用不同类的类中心与所有训练样本的"中心"间的差得出,类间散布矩阵与类内散布矩阵即为线性鉴别分析方法的产生矩阵。根据这两个矩阵建立一个广义特征方程,计算出所有特征向量与特征值后,利用前 d 个最大特征值对应的特征向量,将每个样本(包括测试样本与训练样本)变换为一个 d 维向量。这样的变换方法也称为经典线性鉴别分析方法。最后,利用一个分类器实现所有测试样本的人脸分类。从应用的角度看,任意单个的特征向量都将一个样本变换为一个标量。特征值越大的特征向量其变换结果越有能力达成"不同类样本间的距离越大而相同类样本的距离越小"这个线性鉴别分析方法的初衷。实际上,很容易证明:在统计意义上,特征向量对应的特征值的大小即是相应变换结果(为一个标量)的类间距离(不同类的类中心的变换结果与所有样本的中心的变换结果的距离)与类内距离(相同类的样本的变换结果与其类中心的变换结果的距离)的比值。因此,线性鉴别分析方法在统计意义上的合理性非常突出。在实际人脸识别应用中,线性鉴别分析方法在降低人脸样本维数的同时,有利于获取反映不同人脸间主要差异,且反映相同人脸间相似性的信息。

　　基于 Fisher 准则的线性鉴别分析方法的发展历史可简述如下。1936 年,Fisher 发表了影响深远的论文"The use of multiple measurements in taxonomic problems"[43]。虽然,时至今日,人们对线性鉴别分析方法的理解已经非常透彻并已发展了一系列的线性鉴别分析的改进方法,但这些方法的根本思想仍然起源于 Fisher。Fisher 在论文中提出寻找"最佳"投影方向的思想:使所有模式投影到"最佳"方向后具有最大类间距离与类内距离比值。一般称该方向对应的向量为 Fisher 最佳鉴别向量,并要求将模式投影到投影方向后,具有最大类间距离与最小类内距离的准则称为 Fisher 准则。显然,这样的处理方法将所有模式变换到一维空间,不考虑描述模式的原始数据空间的维数的大小,也不考虑模式类别数的多少。

　　后来,Sammon 在模式识别研究中提出了使用鉴别平面的概念[44]。组成鉴别平面的第一个鉴别向量即为 Fisher 最佳鉴别向量,第二个鉴别向量为与 Fisher 最佳鉴别向量正交且使 Fisher 准则函数具有极大值的向量。将模式分别投影到鉴别平面的两个鉴别方向上则得到模式的二维空间描述。在此基础上,Foley 与 Sammon 进一步提出了最优鉴别向量集的思想,即使用多个正交鉴别向量来进行两类问题的识别。Duchene 与 Leclercq 于 1988 年得到了多类识别问题的正交鉴别向量集的分析解,习惯上称这样的向量的集合为 F-S 鉴别向量集[45]。F-S 鉴别向量集在线性特征抽取方法中占据着重要的位置。经典线性鉴别分析方法可参考文献[46]。

　　同样,基于 Fisher 准则,金忠和杨静宇提出了统计不相关最优鉴别向量集的概念[47]。这种鉴别向量集满足共轭正交的条件。可以证明,这样的鉴别向量集抽取出的特征分量间是统计不相关的。在维数压缩意义上,这种不相关性是一种非常好的性质。相应算法被称为(统计)不相关鉴别分析方法。相反,可以说明 F-S 鉴别向量集抽取出的特征分量间一般是统计相关的。最初提出的求解不相关鉴别向量集的算法复杂度较高，不过，后来的研究指出，在 Fisher 准则函数所对应的广义特征方程的特征值互不相等的条件下，不相关鉴别向量集与经典的 Fisher 鉴别分析方法等效。研究还指出，不相关鉴别向量的个数将小于或等于模式类间散布矩阵的秩。

在模式数据维数很高，而样本数较少的情况下，上述所指特征方程的类内散布矩阵往往具有奇异性，因而不能对其直接求解。人脸图像的识别通常就属于这种情况。研究者们相继提出了不少解决此类情况下鉴别向量求解的技术途径。Hong 等提出了扰动法：当类内散布矩阵奇异时，通过对矩阵加上一个小扰动，使得扰动后的矩阵变为非奇异的，并代替原来的类内散布矩阵进行鉴别向量的求解。这种方法是一个近似算法。K. Liu 给出了一个精确算法，称为正交补空间法。K. Liu 经过分析指出，小样本情况下的最优鉴别向量必存在于原始样本空间的一个子空间的正交补空间内，因此可通过空间变换，基于变换后的 Fisher 准则求解最优鉴别向量。郭跃飞等提出了零空间方法，即在类内散布矩阵的零特征值对应特征向量所组成的空间内求解最优的鉴别向量。郭跃飞还发展了 K. Liu 的方法，提出了一个广义的 Fisher 鉴别准则函数，并给出了求解基于该准则函数的最优鉴别向量集的算法[48]。最近，Yang 等提出 Efficient LDA 方法[49]。

此外，还有一些方法通过对原模式进行某些形式的变换，使得模式变换后对应的类内散布矩阵非奇异，并在此基础上实施线性鉴别分析。这类方法中以 Belhumeur 等提出的 Fisherfaces 方法[40] 最为典型。此外，D. L. Swets 等提出的方法[50] 以及 C. J. Liu 等提出的 EFM(Enhanced Fisher Linear Discriminant Models)[51] 都属于这一类，它们均是先将原模式投影到主成分分析方法轴，然后再做鉴别分析。金忠等采用的处理方法也属于此类。J. Yang 等的工作很好地补充和完善这类方法。他们指出，在原类内散布矩阵奇异的情况下，应有两类鉴别向量具有鉴别能力。其中第一类鉴别向量是在类内散布矩阵零空间中求得的对应类间距离极大值的鉴别向量，第二类鉴别向量是在类内散布矩阵零空间的补空间中求得的对应 Fisher 准则函数极大值的鉴别向量。尤其值得注意的是，J. Yang 和 J. Y. Yang 开创性地发展了在复空间中依据 Fisher 准则进行鉴别分析的方法[52]。

图 2.7 与图 2.8 给出了经典线性鉴别分析方法关于图 2.2 中的二维样本的一维与二维变换结果。我们看到，线性鉴别分析方法得到的二维变换结果虽然也由此方法的所有可用变换轴变换而得，但是样本间的距离关系并不如主成分分析的二维变换结果一样与原空间大致相同。这是因为经典线性鉴别分析方法的各变换轴并无相互正交的关系，所以所有变换轴组成的变换矩阵并不是正交矩阵。因此，它没有范数不变的性质。此外，从分类的角度看，图 2.7 与图 2.3 显示关于图 2.2 中的二维样本的线性鉴别分析方法得到的一维变换结果优于主成分分析。

图 2.9 给出了经典线性鉴别分析方法关于图 2.5 中的样本的二维变换结果。图 2.9 中的二维变换结果仍然线性不可分。

图 2.7　经典线性鉴别分析关于图 2.2 中样本的一维变换结果

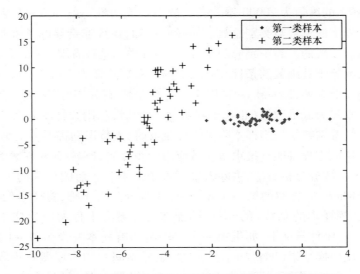

图 2.8　经典线性鉴别分析关于图 2.2 中样本的二维变换结果

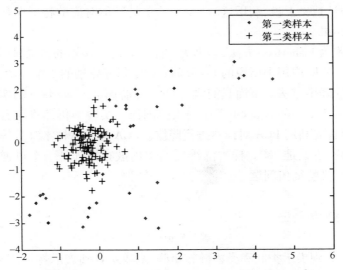

图 2.9　经典线性鉴别分析关于图 2.5 中样本的二维变换结果

2.3　Fisherface

Fisherface 是专为将线性鉴别分析方法应用于人脸识别而设计的一个技术方

案。人脸识别具有如下小样本问题特点:人脸样本的维数一般远大于训练样本个数,相应的类内散布矩阵一般为奇异矩阵(即不存在逆矩阵),因此,线性鉴别分析方法的广义特征方程不能直接求解。举例来说,如果人脸图像为 200×100 的矩阵,则人脸样本的维数为 20000 维。类内散布矩阵的秩一般为 $N - L$,其中 N 与 L 分别为训练样本的总数与类别总数。如我们所知,矩阵非奇异的条件是矩阵的秩等于其维数。一般的人脸识别应用中,由于训练样本总数有限,一般难以满足类内散布矩阵的秩等于其维数的条件,因此,类内散布矩阵常为不可逆矩阵。

为解决如上问题,Fisherface 采用如下技术方案:首先,利用主成分分析方法将所有人脸样本降为低维数据(也称低维样本);然后,利用线性鉴别分析方法提取出低维样本的鉴别特征。当样本降维程度足够时,人脸识别将不再是小样本问题,相应的广义特征方程将能直接求解。从应用的角度看,Fisherface 方案的第一个步骤,可借助于主成分分析方法,去除人脸样本中的不利于后续识别的干扰和噪声。分析表明,Fisherface 方案的第一个步骤,即主成分分析步骤,将样本变换为 $N - 1$ 维(N 仍为训练样本的总数)的向量,即能在统计意义上保留原始样本的全部信息。换言之,在统计意义上,如果第一个步骤将所有样本变换为 $N - 1$ 维的向量,这些向量的反变换结果(即重构结果)与原始样本间的均方误差将为零。这是因为,主成分分析的产生矩阵即协方差矩阵的最大秩等于 $N - 1$,最多有 $N - 1$ 个非零特征值;从统计意义上说,利用这 $N - 1$ 个非零特征值对应的特征向量即可得到零误差的重构结果。

之所以称为 Fisherface 方法,是因为方法得到的变换轴的二维显示看起来仍然像一个人脸。实际应用中所说的 Fisherface 即是指变换轴的二维显示,也是指相应的人脸图像的降维方法。下面我们给出 ORL 人脸库的 Fisherface 的实例。其中所用的图像同第 2 章中的 64×64 大小的人脸图像。实验中仍然将所有人脸图像用做训练,我们首先利用 PCA 对样本进行降维。PCA 降维后样本维数等于样本个数减去类别个数,也就是 360。样本降维后的类内散布矩阵是一个可逆矩阵。我们可以把如下广义特征值问题

$$S_b a = \lambda S_w a \tag{2.2}$$

转化为一般特征值问题

$$S_w^{-1} S_b a = \lambda a \tag{2.3}$$

式中: S_b 和 S_w 分别表示类间和类内散布矩阵; λ 和 a 分别表示特征值和特征向量。类间和类内散布矩阵分别定义如下, $S_b = \sum_{i=1}^{L} P(\omega_i)(m_i - m_0)(m_i - m_0)^{\mathrm{T}}$ 和 $S_w = \sum_{i=1}^{L} P(\omega_i) E[(y - m_i)(y - m_i)^{\mathrm{T}} \mid \omega_i]$,此处, $\omega_1, \omega_2, \cdots, \omega_L$ 代表 L 个类别, m_i 为类别 ω_i 的期望(应用中可用该类别的均值向量代替), $P(\omega_i)$ 为类别 ω_i 的先验概率, m_0 为样本总体的期望(应用中可用所有样本的均值向量代替)。

根据特征值从大到小的顺序对特征向量进行排序后,其中前 12 个 Fisherface 显示如图 2.10 所示。

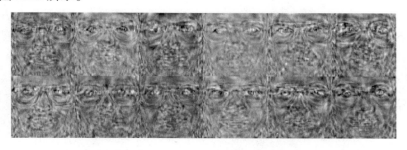

图 2.10　利用 ORL 人脸库样本得出的前 12 个 Fisherface

2.4　一维核方法

一维核方法在人脸识别和其他领域都受到较多关注。此处的"一维"是指方法的实现基于一维向量数据。一维核方法依赖于所谓的"核技巧"。"核技巧"最早应用于 SVM 方法中[53],基于核的主成分分析方法和基于核的 Fisher 鉴别分析方法是"核技巧"的推广应用。Baudat 与 Anouar 提出了针对多类分类问题的核 Fisher 鉴别分析方法[54]。核方法基本思想是将原输入空间通过某种形式的非线性映射变换到一个高维空间,并借助于"核技巧"在新的空间中应用线性降维方法。由于映射为非线性的,因此,核方法属于非线性方法。为便于理解,我们可认为一个核方法表面上等效于一个非线性映射 + 线性降维方法。例如,核主成分分析等效于非线性映射 + 线性主成分分析的方法,核鉴别分析等效于非线性映射 + 线性鉴别分析的方法。核主成分分析与核 Fisher 鉴别分析方法是"核"方法中研究得较多的方法。

相对于其他非线性方法,核方法的独特和关键之处在于它巧妙地借助于"核函数",而不需要对原输入空间进行任何直接的非线性映射,因此,它具有计算效率一般高于普通非线性方法的特点。普通非线性方法的主要实现步骤如下:首先,利用一个真实的非线性映射将所有样本"显式"地变换到一个高维空间;然后,在高维空间中进行线性降维方法。其中的"显式"变换不仅具有很高的计算复杂度,而且容易导致"维数灾难"。

J. Xu 与 X. Zhang 的分析指出,一定条件下核 Fisher 鉴别分析与 LS – SVM 间是等价的[55]。J. Yang 提出了核主成分分析 + Fisher 鉴别分析的应用框架,在该框架下的核鉴别分析可利用两类鉴别信息:一类在类内散布矩阵(指实施核主成分分析变换后的类内散布矩阵)的零空间上得到的;另一类在类内散布矩阵零空间的补空间中得到的;Ma 等通过定义非参数核类间散布矩阵与非参数核类内散布矩阵,使核 Fisher 鉴别分析方法抽取特征分量的数目不受类别数的限制[56]。

　　图 2.11 与图 2.12 分别给出了核主成分分析方法关于图 2.2 与图 2.5 中的样本的二维变换结果。图 2.13 与图 2.14 分别给出了核 Fisher 鉴别分析方法关于图 2.2 与图 2.5 中的样本的二维变换结果。我们看到,核主成分分析方法和核 Fisher 鉴别分析方法得到的二维变换结果的样本与原样本的空间分布差别非常大,这是因为核方法得到的样本的变换结果本质上为原样本数据的非线性变换结果。这些图也显示,经过核方法的变换后,原空间中线性不可分的两类样本有望变得线性可分。

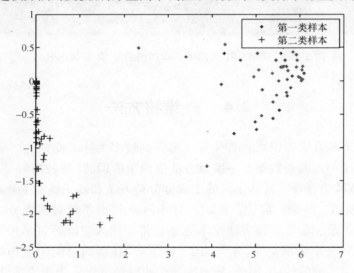

图 2.11　核主成分分析关于图 2.1 中样本的二维变换结果

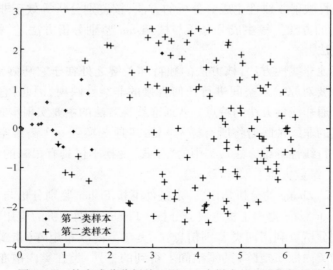

图 2.12　核主成分分析关于图 2.5 中样本的二维变换结果

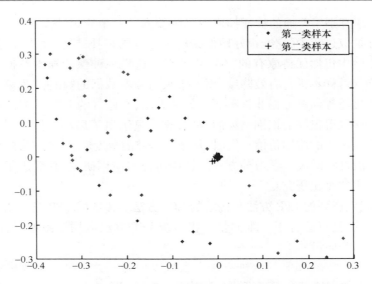

图 2.13　核 Fisher 鉴别分析关于图 2.1 中样本的二维变换结果

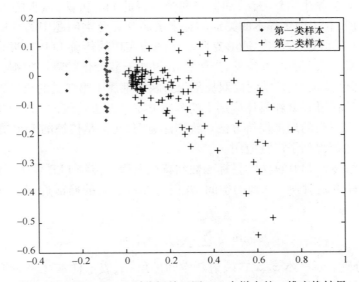

图 2.14　核 Fisher 鉴别分析关于图 2.5 中样本的二维变换结果

2.5　局部保持投影方法

近年来,局部保持投影(LPP)[57] 方法已成为国际上的研究的一个热点技术。由于建立在一个线性变换的基础上,最初提出的 LPP 方法可看作是一个线性特征抽取技术。在数据聚类、检索、文本分析以及识别等问题的应用中,LPP 方法表现出了良好的性能与应用前景。

LPP 方法有别于普通的特征抽取或降维技术的一个突出特点是:在降低数据维数的特征抽取过程中,它能很好地保持样本数据的拓扑结构,使得经过变换后,样本在新空间中仍然保持原有的"邻居"关系。这样一种保持样本数据本质特点的属性能确保对样本进行有效降维,而不带来对样本数据的"扭曲"理解。该特点对诸如数据聚类等问题显得非常重要。另一方面,有监督的 LPP 等方法在模式识别问题中也能取得很好的识别结果的事实,充分显示出了局部保持投影这一思想在模式识别问题中的应用价值。同时,从学术研究的角度看,LPP 方法的研究也带动了更具一般性的图嵌入学习等方法的理论研究与应用研究,并促进了其与传统特征抽取技术的对比研究。

这里,我们提到的 LPP 方法是传统的 LPP 方法。传统的 LPP 是一个无监督的特征抽取方法,且只适合于一维向量。将传统 LPP 方法应用于图像时,图像需要事先转化为一个向量。

已有的关于传统 LPP 的改进方法大致可以分为三类。第一类改进方法是把 LPP 方法与别的方法结合起来产生新的方法,如核 LPP 方法。第二类改进方法是从传统 LPP 方法派生出新方法,如监督和半监督的 LPP 方法,监督的 LPP 方法通过在训练阶段,利用训练样本的类别信息来提高其在分类问题中的性能。二维局部保持投影(2DLPP)方法[58]能够克服基于图像应用的传统 LPP 方法非常高的计算复杂度缺点。除上面的方法外,近来提出的基于最大化间隔—判别分析的 LPP 方法、双局部保持映射、零空间的双局部保持映射都属于第二类的改进方法。第三类改进方法是利用 LPP 在具体应用中的解决方案来改进传统的 LPP 方法,如正则化 LPP 方法和正交的局部保持方法。我们注意到,无论是传统的 LPP 方法还是改进的 LPP 方法都得到了广泛应用。

下面介绍传统 LPP 算法的目标函数和特征方程。传统 LPP 算法的目的是,用某一方法把样本映射到一个新的空间,并保持样本之间的局部近邻关系。目标函数为

$$\min \frac{1}{2} \sum_{ij} (y_i - y_j)^2 w_{ij} \tag{2.4}$$

式中:y_i、y_j 分别表示样本 x_i、x_j 在映射新空间的值;w_{ij} 表示样本之间的距离或者相似度。在本节中,我们使用如下的规则来确定 w_{ij} 的值:如果 x_i 是 x_j 的 K 近邻之一,或者 x_j 是 x_i 的 K 近邻之一,那么,$w_{ij} = \exp\left(-\frac{\|x_i - x_j\|^2}{t}\right)$,$t$ 为一阈值;在其他的情况下,w_{ij} 的值为 0。我们知道,一对样本 x_i 和 x_j,只有当它们是近邻时,式(2.4)才对其有约束作用。如果样本不存在近邻关系,式(2.4)对映射后的样本之间的距离关系没有任何限制。另一方面,如果在原始空间中两个样本非常接近,那么,式(2.4)将使映射后的两个样本尽可能接近。这就是传统 LPP 方法保持样本之间局部结构的方式。假设 LPP 映射是通过线性投影轴 z 变换的,即 $y_i = x_i^T z$,容易证

明,最优的 z 是下式广义特征方程中最小的特征值所对应的特征向量,即

$$XLX^{\mathrm{T}}z = \lambda XDX^{\mathrm{T}}z \tag{2.5}$$

式中: $L = D - W$; X 是所有训练样本 $x_1, x_2, \cdots, x_n$ 组成的矩阵,即 $X = [x_1, x_2, \cdots, x_n]$ 。 W 是 w_{ij} 组成的对称矩阵, D 是由式 $D_{ii} = \sum_j w_{ij}$ 所定义的对角矩阵。式(2.5)中最小的特征值也相当于下式广义特征方程中最大特征值,即

$$XWX^{\mathrm{T}}z = \lambda XDX^{\mathrm{T}}z \tag{2.6}$$

第 3 章　二维降维方法与人脸识别

虽然一维降维方法已大量应用于人脸识别等生物特征识别问题,但是其一般具有计算复杂度较高、所需内存空间较大等问题。二维降维方法不仅能有效避免上述问题,而且具有一些特殊的优点。二维降维方法除二维主成分分析(2DPCA)、二维线性鉴别分析(2DLDA)以及二维局部保持投影分析(2DLPP)外,还包括基于复矩阵的主成分分析与线性鉴别分析。基于复矩阵的主成分分析与线性鉴别分析非常适用于双模态生物特征识别以及多光谱图像处理等问题。对双模态生物特征识别问题,可首先将其中的两个生物特征组合为一个复矩阵,然后应用基于复矩阵的主成分分析或线性鉴别分析,进行特征抽取以降低样本维数,再进行识别或者认证。双模态生物特征识别的实例包括基于可见光与(近)红外人脸图像的身份识别、基于左右掌纹的身份识别、基于人脸与人耳的身份识别等。对多光谱图像处理问题,可首先将其中的两个不同光谱的图像组合为一个复矩阵,然后应用基于复矩阵的主成分分析或线性鉴别分析,抽取出融合了两个不同光谱的图像信息的低维数据。

3.1　二维主成分分析的实现及融合方案

本节介绍二维主成分分析的两种实现方案及一个得分层融合方案。二维主成分分析以全新的思路应用主成分分析技术,它直接计算图像矩阵到向量的投影,并将其看作图像特征。实际上,2DPCA 是此种思路下的最优压缩技术。对 2DPCA 而言,存在两种抽取图像矩阵特征的技术路线。这两种路线将图像变换到不同的空间,分别突出了人脸图像横向与纵向的特征。由于这两种技术路线抽取的特征具有互补性,这里分别设计两种方案对这两类特征加以融合。基于特征融合的识别实验取得了较高的识别正确率。

3.1.1　2DPCA

与一维方法不同,Yang 与 Zhang 提出了 2DPCA 技术[13]。该技术直接对二维图像矩阵应用主成分分析技术,而不需要将图像矩阵转换为向量。这种处理办法的显著特点是计算简便,计算代价小于传统 PCA。与传统 PCA 方法的对比实验表明了该方法在人脸识别问题上的有效性。相应的算法设计如下。

将图像矩阵 A 对向量 u 作投影可得到向量 v，用公式表示为 $Au = v$，v 称为特征向量。将所有人脸图像均对 u 作投影，可得出各自的特征向量。规定最优的投影轴 u 应使得 $u^T G_t u$ 取极大值，其中 $G_t = E((A - EA)^T(A - EA))$，而求 $u^T G_t u$ 极大值的问题可转化为求解 G_t 极大特征值所对应特征向量的问题。应用中，G_t 采用下式计算。$G_t = \dfrac{1}{M} \sum_{i=1}^{M} (A_i - \overline{A})^T (A_i - \overline{A})$，$\overline{A}$ 为所有图像矩阵的均值，M 为图像总数，上述方法称为 2DPCA。该方法创造性地提出了将图像矩阵投影到向量的新思路，并设计求解最优投影向量的准则。在计算上，该方法的计算代价小于传统 PCA 方法。在实验效果上，根据 2DPCA 抽取得到的特征进行识别，其识别率常高于传统的 PCA。然而，相关文献没对 2DPCA 的物理意义做深入的阐述。

3.1.2　2DPCA 的两种不同实现及其意义

显然，将图像直接投影到一向量，应有两种运算形式：一种是上文所述的矩阵右乘向量的形式；另一种则是矩阵左乘向量的形式。本节结合问题本身的实际意义，分别给出两种形式下的 2DPCA 方案。

3.1.2.1　Ⅰ型 2DPCA

假设图像矩阵 A 可被无误差地表示为 $A = \sum_{i=1}^{n} v_i u_i^T$，其中 $u_i^T u_j, 1 \leq i, j \leq n$ 满足如下条件，当 $i = j$ 时其值为 1，否则其值为 0。令 $\hat{A} = \sum_{i=1}^{r} v_i u_i^T, r < n$。若用 $\hat{A}$ 近似代替图像矩阵 A，则误差为

$$A - \hat{A} = \sum_{i=r+1}^{n} v_i u_i^T \tag{3.1}$$

若采用上述近似形式表示所有图像矩阵，则平方误差可定义为 $E(\| A - \hat{A} \|_F^2) = E[\mathrm{tr}((A - \hat{A})^T(A - \hat{A}))] = E[\mathrm{tr}((A - \hat{A})(A - \hat{A})^T)]$。由式（3.1）可得出

$$(A - \hat{A})(A - \hat{A})^T = \sum_{i=r+1}^{n} v_i v_i^T \tag{3.2}$$

由于 $v_i = A u_i$，式（3.2）可改写为 $(A - \hat{A})(A - \hat{A})^T = \sum_{i=r+1}^{n} A u_i u_i^T A^T$。因此，有

$$E[\mathrm{tr}((A - \hat{A})(A - \hat{A})^T)] = \sum_{i=r+1}^{n} u_i^T E(A^T A) u_i \tag{3.3}$$

最优的 u_i 应使式（3.3）取得极值，亦即要求如下拉格朗日函数 $f(u_i)$ 取得极值：$f(u_i) = \sum_{i=r+1}^{n} u_i^T E(A^T A) u_i - \sum_{i=r+1}^{n} \lambda_i (u_i^T u_i - 1)$。容易得出 $f(u_i)$ 取得极值应满足的条件为 $\Sigma_1 u_i = \lambda_i u_i$，其中，$\Sigma_1 = E(A^T A)$。本节将该条件写为如下更一般的形式，即

$$\Sigma_1 \boldsymbol{u} = \lambda \boldsymbol{u} \tag{3.4}$$

依据上述分析,当取 Σ_1 的前 r 个最大特征值所对应的特征向量 $\boldsymbol{u}_1, \boldsymbol{u}_2, \cdots, \boldsymbol{u}_r$ 为基来展开所有的图像矩阵时,在统计意义上,与其他正交坐标系下用 r 个坐标展开图像矩阵相比,上述方法所引起的平方误差最小。即使用上述方法得出的一组投影向量在该思路下可实现对原图像的最优压缩。本节称这种方案为 I 型 2DPCA。

实际中可根据 $\Sigma_1 = \dfrac{1}{M} \sum\limits_{i=1}^{M} (\boldsymbol{A}_i^{\mathrm{T}} \boldsymbol{A}_i)$（$M$ 为图像个数）计算 Σ_1。若对图像做中心化处理,即 Σ_1 取为 $\dfrac{1}{M} \sum\limits_{i=1}^{M} ((\boldsymbol{A}_i - \bar{\boldsymbol{A}})^{\mathrm{T}} (\boldsymbol{A}_i - \bar{\boldsymbol{A}}))$,则得参考文献[13]的方法,此处 $\bar{\boldsymbol{A}}$ 为所有图像矩阵的均值。

3.1.2.2　Ⅱ型 2DPCA

在 3.1 节中假设 $\boldsymbol{A} = \sum\limits_{i=1}^{n} \boldsymbol{v}_i \boldsymbol{u}_i^{\mathrm{T}}$,并将 $\boldsymbol{u}_i$ 作为投影轴。从另一角度来看,若令 $\boldsymbol{v}_i^{\mathrm{T}} \boldsymbol{v}_j$（而不是 $\boldsymbol{u}_i^{\mathrm{T}} \boldsymbol{u}_j$）满足当 $i = j$ 时其值为 1,否则其值为 0 的条件;可将 $\boldsymbol{v}_i$ 作为投影轴。容易说明,此种情况下,取前 r 个投影轴来展开图像矩阵,则平方误差的均值为

$$E\left[\, \mathrm{tr}((\boldsymbol{A} - \hat{\boldsymbol{A}})^{\mathrm{T}} (\boldsymbol{A} - \hat{\boldsymbol{A}})) \,\right] = \sum_{i=r+1}^{n} \boldsymbol{v}_i^{\mathrm{T}} E(\boldsymbol{A}\boldsymbol{A}^{\mathrm{T}}) \boldsymbol{v}_i \tag{3.5}$$

令 $\Sigma_2 = E(\boldsymbol{A}\boldsymbol{A}^{\mathrm{T}})$,可知最优投影轴即为特征方程 $\Sigma_2 \boldsymbol{v} = \lambda \boldsymbol{v}$ 的极大特征值所对应的若干特征向量。实际中可将 Σ_2 取为 $\dfrac{1}{M} \sum\limits_{i=1}^{M} (\boldsymbol{A}_i \boldsymbol{A}_i^{\mathrm{T}})$。上述方案称为 Ⅱ 型 2DPCA。此种方案下,求出 $\boldsymbol{v}$ 后,$\boldsymbol{v}^{\mathrm{T}} \boldsymbol{A}$ 即为图像 $\boldsymbol{A}$ 的特征。

本节分析清楚地阐明了 2DPCA 的物理意义,即在将图像矩阵直接变换为向量以实现数据压缩的所有途径中,2DPCA 具有最优性。这种最优性体现为变换轴数目相同的条件下,根据 2DPCA 所得特征重建的图像将最接近原始图像。换言之,这种描述方法引起的信息损失具有最小性。传统 PCA 的物理意义也体现在其具有最优维数压缩的性质。从这个角度看,尽管实现途径不同,2DPCA 仍具有与 PCA 相当的物理意义。2DPCA 可由 Ⅰ 型 2DPCA 方案实现,也可由 Ⅱ 型 2DPCA 方案来实现。这两种方案将原始图像变换到不同的空间。从形式上看,两种方案中作为变换轴的向量具有不同的维数,而且可以得出的变换轴的最大数目也不相同。在下文中可看到它们对人脸图像具有不同的描述能力。

3.1.3　实验及分析

运用 Ⅰ 型 2DPCA 与 Ⅱ 型 2DPCA,可以得到两类特征。图 3.1 与图 3.2 分别为两种方案得出的同一人脸的重建图像。在图 3.1 中,(a)、(b)、(c)、(d)、(e)、(f)分别在投影轴总数为 1、2、3、4、5、6 的条件下由 Ⅰ 型 2DPCA 重建而得。在图 3.2

中,图 3.2(a)、(b)、(c)、(d)、(e)、(f) 分别在投影轴总数为 1、2、3、4、5、6 的条件下由 II 型 2DPCA 重建而得。两类重建图像显示, I 型方案得出的重建图像凸显人脸图像的横向特征,而 II 型 PCA 方案得出的重建图像则突出人脸图像的纵向特征。重建图像使用的投影轴个数较低时,这种现象越明显。

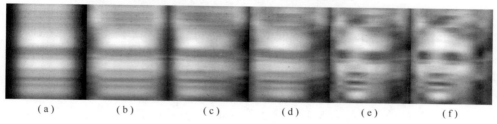

图 3.1　I 型 2DPCA 方案得出的重建图像

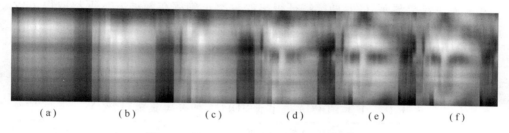

图 3.2　II 型 2DPCA 方案得出的重建图像

　　从形式上看,这种特点和以下事实相联系: II 型 2DPCA 方案中,图像在某一个投影轴上投影所得特征向量的各元素值,分别为原图像各列中像素值的加权和。具体来说,特征向量第 i 个元素值即为图像第 i 列中所有像素值以投影轴的各分量为权重的加权和。与此相反, I 型方案中,图像在某一个投影轴上投影所得特征向量的各元素值,分别为原图像各行中像素值的加权和。图 3.1 与图 3.2 在一定程度上反映了这两种特征的特点。因此,可认为两种方案得出的数据是从不同角度对原图像的描述。若将它们作为识别的特征,它们应具有一定的互补性。Wu 与 Zhou[59] 曾分别计算出人脸图像各行与各列像素值的累加和,并在识别中加以应用,取得了较好的识别效果。与本节的思路与处理方法不同,他们没有将这些信息作为独立的特征来使用,而是将其融入到了原图像中。

　　本节提出在人脸识别中联合使用上文两种方案得出的特征,并称其为特征联合方法。具体的特征联合方案设计为如下两种:将 II 型 2DPCA 方案得出的特征与 I 型方案得出的特征合并,采用最近邻方法分类,称其为基于最近邻距离的分类方法;分别对每类特征计算测试样本与每一个训练样本的距离,并记录每类的所有训练样本与测试样本距离的最小值 $\min_p^i(1), \min_p^i(2), \cdots, \min_p^i(L)$,将其作为测试样本与各类之间的距离。本节认为,与某类距离越小,样本属于该类的可能性越大,于是定义

$$\mathrm{prob}_p^{(i)}(l) = \left(1 - \frac{\min_p^i(l)}{\sum_{k=1}^{L}\min_p^i(k)}\right)\bigg/(L-1)$$

$$l = 1,2,\cdots,L; i = 1,2 \tag{3.6}$$

作为测试样本属于第 l 类的可能性度量。根据下式计算样本属于第 l 类的概率

$$\mathrm{prob}(l) = (\mathrm{prob}_p^{(1)}(l) + \mathrm{prob}_p^{(2)}(l))/2 \tag{3.7}$$

称为基于概率估计的分类方法。这种根据距离估计后验概率的方法在字符识别中取得了较好的分类效果。

表 3.1 与表 3.2 分别给出了在 ORL 人脸库与 Yale 人脸库上的实验结果。实验分别将每类的前 4 个或者 5 个、6 个训练样本用于训练,其余样本用于测试的情况进行了计算。每种情况下,分别给出了特征向量的个数为 4、6、8、10 时取得的识别正确率。结果显示,联合两类特征得出的分类正确率在两种方案下都取得了较高分类正确率,且均高于 Ⅰ 型 2DPCA 与 Ⅱ 型 2DPCA。在 ORL 库上,特征联合方法与 Ⅱ 型 2DPCA 间分类正确率的最大差值达 10.4%。在 Yale 库上,特征联合方法与 Ⅰ 型 2DPCA 间分类正确率的最大差值达 9.6%。这表明,Ⅰ 型 2DPCA 与 Ⅱ 型 2DPCA 得出的特征确实具有互补性。

表 3.1　Ⅰ 型 2DPCA 与 Ⅱ 型 2DPCA 的分类正确率(%)

	训练数	Ⅱ 型 2DPCA 特征向量数				Ⅰ 型 2DPCA 特征向量数			
		4	6	8	10	4	6	8	10
ORL	4	78.8	80.0	80.8	81.3	80.4	82.5	82.5	81.3
	5	84.5	83.5	85.5	86.0	84.0	85.5	85.0	84.0
	6	91.3	91.3	91.3	91.3	92.5	93.8	93.1	91.9
Yale	4	74.3	78.1	78.1	77.1	77.1	77.1	78.1	77.1
	5	81.1	83.3	83.3	83.3	83.3	83.3	84.4	82.2
	6	78.7	81.3	81.3	81.3	80.0	81.3	82.7	80.0

表 3.2　特征联合方法使用不同分类器时的分类正确率(%)

	训练数	基于概率估计的分类正确率特征向量数				基于最近距离的分类正确率特征向量数			
		4	6	8	10	4	6	8	10
ORL	4	89.2	88.3	88.8	88.8	87.9	87.9	88.8	88.8
	5	92.5	90.0	90.5	91.5	91.0	90.0	90.5	91.5
	6	97.5	97.5	96.9	96.3	97.5	97.5	96.9	96.3
Yale	4	81.9	85.7	86.7	86.7	81.9	85.7	85.7	86.7
	5	85.6	88.9	88.9	88.9	85.6	87.8	88.9	88.9
	6	84.0	84.0	85.3	85.3	84.0	82.7	85.3	85.3

3.2　基于复矩阵的主成分分析与线性鉴别分析

如前所述,基于复矩阵的主成分分析与线性鉴别分析非常适用于双模态生物特征识别以及多光谱图像处理等问题。本节将以双模态生物特征识别为例来介绍基于复矩阵的主成分分析与线性鉴别分析。

3.2.1　基于复矩阵的主成分分析

本节将简要介绍基于复矩阵的主成分分析方法。分别用符号 A 与 B 代表双模态生物特征识别中的两个生物特征。假设第一个生物特征的所有训练样本分别为 $A_1, A_2, \cdots, A_N$,第二个生物特征的所有训练样本分别为 $B_1, B_2, \cdots, B_N$。此外,假设 $A_1, A_2, \cdots, A_N$ 与 $B_1, B_2, \cdots, B_N$ 一一对应,即 A_j 与 B_j 为来自同一人的一组训练样本,且分别代表第一个与第二个生物特征。首先令 $C_j = A_j + iB_j$,C_j 称为复矩阵训练样本。

基于复矩阵的主成分分析方法的产生矩阵定义为 $G_c = \dfrac{1}{N} \sum_{j=1}^{N} (C_j - \overline{C})^{\mathrm{H}} (C_j - \overline{C})$,$\overline{C}$ 为 C_j 的均值。因为 $(G_c)^{\mathrm{H}} = G_c$(H 表示共轭转置),显然,G_c 是埃尔米特矩阵。由于埃尔米特矩阵的特征值均为实数,我们仍然可依据 G_c 的特征值来确定变换轴,并将前若干个最大特征值对应的特征向量选择为变换轴。需要说明的是,基于复矩阵的主成分分析方法的一个变换轴对单个样本的变换结果为一个复向量。若前 d 个最大特征值对应的特征向量 $X_1, X_2, \cdots, X_d$ 均选择为变换轴,则对样本 C_j 的变换结果可表示为 $F_j = C_j X, X = [X_1, X_2, \cdots, X_d]$。显然,如果 A_j、B_j 为 $m \times n$ 维的实矩阵,则 F_j 为 $m \times d$ 维的复矩阵。

基于复矩阵的主成分分析方法能简洁地表达双模态生物特征并进行降维。虽然该方法是直接为双模态生物特征识别设计的,但是对其做简单修改后即可应用于其他多生物特征识别。例如,假设一个多生物特征识别问题中每人提供了 4 种图像形式的生物特征,可首先将 4 种生物特征分为 2 组,然后分别将基于复矩阵的主成分分析方法应用于这 2 组生物特征上,并利用得分层融合进行身份识别。

3.2.2　基于复矩阵的主成分分析的讨论

与二维主成分分析方法类似,基于复矩阵的主成分分析方法也能对样本的变换结果进行反变换。我们称反变换结果为样本的重构结果。图 3.3 给出了 3 个原始人脸样本以及其重构结果,在这个图中,第 1 列显示的图像为 3 个原始人脸样本,第 2 列～第 6 列分别显示使用 2、4、6、8、10 个变换轴情况下,原始人脸样本的重构结果。基于复矩阵的主成分分析方法使用的双模态生物特征为 AR 人脸库与 PolyU 掌纹库。实验中使用每个掌的前 10 个掌纹图像和 AR 人脸库中每人的前 10

个无遮挡人脸图像。我们将前 60 个人脸与前 60 个掌的掌纹图像进行一一匹配。一个人脸图像与其配对的掌纹图像称为一个虚拟样本。

图 3.3 基于复矩阵的主成分分析的重构结果

基于复矩阵的主成分分析方法存在如下值得注意的问题:使用相同数量的变换轴时,基于复矩阵的主成分分析方法得到的样本的变换结果所需存储空间远大于常规的一维主成分分析。相同数量变换轴的情况下,基于复矩阵的主成分分析方法得到的样本的变换结果的存储空间,也是二维主成分分析的 2 倍。因此,从存储的角度看,基于复矩阵的主成分分析方法不是一个高效的方法。为了克服该问题,可将基于复矩阵的主成分分析方法修改为如下的两个步骤方法:第一步,执行 3.2.1 节所述的实现方案;第二步,利用第一步得到的样本的变换结果重新计算产生矩阵 $G_f = \dfrac{1}{N} \sum_{j=1}^{N} (F_j - \overline{F})(F_j - \overline{F})^{\mathrm{H}}$($\overline{F}$ 为 F_j 的均值),然后将产生矩阵的前 p 个最大特征值对应的特征向量选择为变换轴,对样本进行第二次变换。显然,经第二次变换后,样本的变换结果将为 $p \times d$ 维的复矩阵。

3.2.3 基于复矩阵的线性鉴别分析

本节将简要介绍基于复矩阵的线性鉴别分析方法。本节仍以双模态生物特征识别为例,并使用如同 3.2.1 节中的双模态生物特征的表示方法。基于复矩阵的线性鉴别分析方法,首先定义类间散布矩阵与类内散布矩阵为

$$G_b = \frac{1}{L} \sum_{p=1}^{L} (\overline{C_p} - \overline{C})^{\mathrm{H}} (\overline{C_p} - \overline{C}) \qquad (3.8)$$

$$G_w = \frac{1}{rL} \sum_{p=1}^{L} \sum_{j=1}^{r} (C_p^j - \overline{C_p})^{\mathrm{H}} (C_p^j - \overline{C_p}) \qquad (3.9)$$

式中:$\overline{C}$ 仍表示所有复矩阵训练样本的均值,$\overline{C_p}$ 表示第 p 类的所有复矩阵训练样本的均值;C_p^j 表示第 p 类的第 j 个复矩阵训练样本;r 为每一类的复矩阵训练样本个数。基于复矩阵的线性鉴别分析方法需求解的广义特征方程为

$$G_b X = \lambda G_w X \qquad (3.10)$$

容易说明,因为 G_b、G_w 均为埃尔米特矩阵,上述广义特征方程特征值均为实数,我们仍可根据其特征值来确定变换轴,并将前若干个最大特征值对应的特征向量选择为变换轴。若前 d 个最大特征值对应的特征向量 $X_1,X_2,\cdots,X_d$ 均选择为变换轴,则对样本 C_j 的变换结果仍可表示为 $F_j = C_j X$,$X = [X_1,X_2,\cdots,X_d]$。显然,如果 A_j、B_j 为 $m \times n$ 维的实矩阵,则 F_j 为 $m \times d$ 维的复矩阵。

基于复矩阵的线性鉴别分析方法,不仅能简洁地表达双模态生物特征并进行降维,而且由于它是一个有监督方法,因而能在训练阶段,利用不同类别的训练样本,得出有意义的鉴别特征。相反,基于复矩阵的主成分分析方法是一个无监督方法,无法在训练阶段利用不同类别的区别性信息,它只能等同地对待所有的训练样本。复矩阵的线性鉴别分析方法,试图使得出的变换结果,尽量体现各训练样本的差异。实验也表明,基于复矩阵的线性鉴别分析方法得出的识别精度均优于基于复矩阵的主成分分析方法。

为了验证基于复矩阵的线性鉴别分析方法的人脸识别性能,我们采集了一个包含 50 人的可见光人脸图像,其中每人包含 30 幅人脸图像。我们使用一个 CMOS 摄像头完成采集,并在同一人的采集中设置了不同的光照条件。我们还利用 AuthenMetric – FG 人脸系统采集这 50 人的近红外人脸图像。每人的近红外人脸图像也为 30 幅。分别将每人的每个可见光人脸图像按顺序与同一人的近红外人脸图像进行配对。这样,每人均有 30 组双模态人脸样本。需要说明的是,信息反馈由于同一人的可见光与近红外人脸图像不是同一时间采集的,二者并不具有相同表情与姿态。图 3.4 显示了同一人的几幅近红外与可见光人脸图像,第一行与第二行分别为近红外与可见光人脸图像。

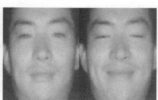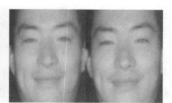
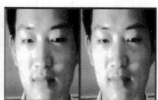

图 3.4　几幅近红外与可见光人脸图像

图 3.5 给出了基于复矩阵的线性鉴别分析方法与二维鉴别变换(即 TDDT)以及复空间线性鉴别分析(Complex LDA)的实验结果。二维鉴别变换有如下几种不

同实现方案:基于图像的线性鉴别分析(Image Based LDA, IBLDA)、基于近红外的二维鉴别变换(Infrared TDDT)、基于可见光的二维鉴别变换(Visible – lighting TD-DT)、二维鉴别变换的得分融合方案(Score Fusion of TDDT),即基于近红外与可见光的得分融合结果进行人脸识别、二维鉴别变换的直接融合方案(Direct Combination of TDDT),即基于近红外与可见光的特征层融合结果进行人脸识别。

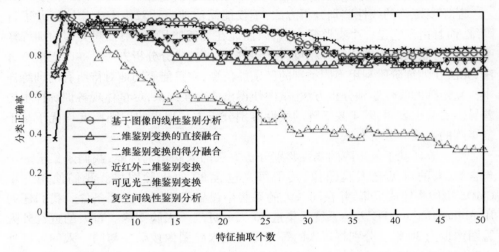

图 3.5　几种鉴别变换方法的分类效果

复空间线性鉴别分析方法实现如下:它首先将每个人脸图像转换为列向量,然后将每组双模态人脸样本均表示为复向量,最后进行特征抽取并利用最近邻分类器进行分类。本节的所有方法均采用最近邻分类器。二维鉴别变换的直接融合方案首先将每组双模态人脸样本连接为一个 $m \times 2n$ 矩阵(原始近红外与可见光人脸图像均为 $m \times n$ 矩阵),然后利用二维鉴别变换进行特征抽取并分类。二维鉴别变换的得分融合方案先分别对近红外与可见光人脸图像这两类生物特征进行特征抽取,并计算测试样本与所有训练样本间的距离(即得分)。然后,计算用做测试的每一组双模态人脸样本与用做训练的双模态人脸样本间的得分和(分别对每一组的两个得分求和),最后,将测试样本分类到对应最小得分和的训练样本所属的类别。

实验结果显示,基于复矩阵的线性鉴别分析方法获得了最高分类正确率。此外,基于复矩阵的线性鉴别分析方法、二维鉴别变换的直接融合方案与二维鉴别变换的得分融合方案获得的最高分类正确率分别为 100%、94% 与 98%。

3.2.4　基于复矩阵的线性鉴别分析的理论分析

本小节将分析基于复矩阵的线性鉴别分析理论上的合理性。首先,根据 G_b 和 G_w 的定义可知,在由复矩阵的线性鉴别分析方法的单个变换轴 X 获得的新空间中

（在该新空间中,样本由其变换结果表示）,样本的类间方差（即不同类的类中心的方差）为 $X^H G_b X$,而同类样本的方差为 $X^H G_w X$。

令 $\bar{Z}$ 为所有训练样本关于变换轴 X 的变换结果的均值。令 $\bar{Z}_1, \bar{Z}_2, \cdots, \bar{Z}_L$ 分别代表第一类至第 L 类的训练样本的变换结果的均值（L 即为总类别数）。用 v_w 表示样本的类内方差,则 v_w 的定义为

$$v_w = \frac{1}{rL} \sum_{p=1}^{L} \sum_{j=1}^{r} (Z_p^j - \bar{Z}_p)^H (Z_p^j - \bar{Z}_p) \tag{3.11}$$

式中:Z_p^j 代表第 p 类的第 j 个训练样本的变换结果。我们有如下命题:

【命题 1】 $v_w = X^H G_w X$。

证明:因为 $\bar{Z}_p = \bar{C}_p X, Z_p^j = C_p^j X$,所以有

$$v_w = \frac{1}{rL} \sum_{p=1}^{L} \sum_{j=1}^{r} (C_p^j X - \bar{C}_p X)^H (C_p^j X - \bar{C}_p X)$$

可将 v_w 变形为 $v_w = \dfrac{1}{rL} \sum_{p=1}^{L} \sum_{j=1}^{r} X^H (C_p^j - \bar{C}_p)^H (C_p^j - \bar{C}_p) X = X^H G_w X$

用 v_b 表示样本的类间方差,则 v_b 的定义为

$$v_b = \frac{1}{L} \sum_{p=1}^{L} (\bar{Z}_p - \bar{Z})^H (\bar{Z}_p - \bar{Z}) \tag{3.12}$$

根据与命题相似的证明办法,可得出如下命题

【命题 2】 $v_b = X^H G_b X$。

线性鉴别分析方法要求,最优的变换轴应使样本的变换结果有最大的类间差异与最小的类内差异。换言之,假若 X 为最优变换轴,则样本的变换结果的类间方差与类内方差的比值 $(X^H G_b X)/(X^H G_w X)$ 应取得最大值。因此,应将 $\arg\max\limits_{X}$ $(X^H G_b X)/(X^H G_w X)$ 作为基于复矩阵的线性鉴别分析的目标函数。由此,可得出如下定理。

【定理 1】 使目标函数 $(X^H G_b X)/(X^H G_w X)$ 取得最大值的 X 应为特征方程 $G_b X = \lambda G_w X$ 的最大特征值对应的特征向量。

证明:首先,我们知道,$(X^H G_b X)/(X^H G_w X)$ 将与 Lagrangian 函数 $L(X) = X^H G_b \cdot X - \lambda(X^H G_w X - 1)$ 同时取得极值。而 $L(X)$ 取得极值的条件为其关于 X 偏导为零,该条件即 $G_b X = \lambda G_w X$。因此,使目标函数 $(X^H G_b X)/(X^H G_w X)$ 取得最大值的 X 必定是特征方程 $G_b X = \lambda G_w X$ 的一个特征向量。

此外,由 $G_b X = \lambda G_w X$ 可得出 $X^H G_b X = \lambda X^H G_w X$ 和 $(X^H G_b X)/(X^H G_w X) = \lambda$。因为最优的 X 应对应 $(X^H G_b X)/(X^H G_w X) = \lambda$ 的最大值,而 λ 实际上也是 $G_b X = \lambda G_w X$ 的特征值,可得出结论:使目标函数 $(X^H G_b X)/(X^H G_w X)$ 取得最大值的 X,应为特征方程 $G_b X = \lambda G_w X$ 的最大特征值对应的特征向量。以此类推,可得出应将 $G_b X = \lambda G_w X$ 的前若干个最大特征值对应的特征向量选择为变换轴的结论。

上述定理证明了基于复矩阵的线性鉴别分析在方法学上的合理性。

3.3　二维局部保持投影分析

一维常规 LPP 方法理论上存在如下问题:首先,一维常规 LPP 方法应用于图像等高维数据时,由于通常存在矩阵奇异性问题,相应特征方程不可直接求解;其次,在高维数据情况下,虽然已有的 PCA + LPP 方案能得出可直接求解的特征方程,但也存在明显的理论缺陷。其具体体现为:PCA 与 LPP 的目标与效果差异较大的事实,会使最终的变换结果与真正的具有较强局部拓扑结构保持性质的变换结果相去甚远。

目前,学者们已提出了二维局部保持投影算法(2DLPP)。2DLPP 算法和 LPP 算法相比,拥有低得多的时间复杂度。而且,由于 2DLPP 中矩阵的维数大大低于一维 LPP,2DLPP 一般不存在小样本问题。

需要指出的是,2DLPP 是一个非监督的学习方法,其只考虑了数据的距离关系,而忽视了合理处理不同类别样本间关系的问题。假如能利用监督学习的手段改进 2DLPP,则有望提高其分类性能。本节将介绍的 2DLPP 改进方法——二维判别监督 LPP 方法(2DDSLPP)正是基于此提出的。

3.3.1　二维监督的局部保持投影

令 $\{X_1, X_2, \cdots, X_M\}$ 表示所有矩阵形式的训练样本,$X_i \in R^{m \times n}$。列向量 $\boldsymbol{a}$ 代表投影向量。我们将原样本 X_i 关于 $\boldsymbol{a}$ 的投影表示为 $\boldsymbol{Y}_i = \boldsymbol{a}^T X_i$。$\{Y_1, Y_2, \cdots, Y_M\}$ 即为投影后的所有训练样本的集合。2DSLPP 的目标函数定义为

$$\min \sum_{i,j} \| \boldsymbol{Y}_i - \boldsymbol{Y}_j \|^2 \boldsymbol{S}_{ij} \tag{3.13}$$

式中:$\boldsymbol{S}_{ij}$ 为相似矩阵 $\boldsymbol{S}$ 中的元素。$\boldsymbol{S}_{ij}$ 的值设置如下:若 $\boldsymbol{X}_i$、$\boldsymbol{X}_j$ 来自同类,$\boldsymbol{S}_{ij} = 1$,否则,令 $\boldsymbol{S}_{ij} = 0$。

利用 2DLPP 目标函数的矩阵推导思想,目标函数式(3.13),可以通过求解特征方程的最小特征值和特征向量得到,即

$$X(L \otimes I_n)X^T \boldsymbol{a} = \lambda X(D \otimes I_n)X^T \boldsymbol{a} \tag{3.14}$$

式中:$X = [X_1, X_2, \cdots, X_M]$ 表示训练样本矩阵;I_n 表示 n 阶单位矩阵;$L = D - W$,D 是一个对角矩阵,且对角元素为 $\boldsymbol{D}_{ii} = \sum_i \boldsymbol{S}_{ij}$。$\otimes$ 称为 Kronecker 乘积,定义如下:如果 A 是一个 $m \times n$ 矩阵,B 是一个 $p \times q$ 矩阵,$A \otimes B$ 则是一个 $mp \times nq$ 的块矩阵,对应的元素为

$$A \otimes B = \begin{Bmatrix} a_{11}B & \cdots & a_{1n}B \\ \vdots & \ddots & \vdots \\ a_{m1}B & \cdots & a_{mn}B \end{Bmatrix}$$

3.3.2 二维监督局部保持投影分析

根据已有的二维监督局部保持投影(2DSLPP)的目标函数可知,当两样本 S_{ij} 大于零时,它们投影后所对应的样本距离达到最小才能满足目标函数。当两样本之间没有权值(即权值为零)时,目标函数对它们投影后的结果没有要求。由权值构造函数可知,权值是否为零取决于两个样本的类标签,而与距离无关。目标函数因此能够使得同类的样本更能聚集在一起,而对不同类的样本无此要求。与 2DLPP 相比,2DSLPP 只对类信息起作用,而对距离不敏感。

3.3.3 二维判别监督局部保持算法

本节讨论的二维判别监督局部保持(2DDSLPP)不仅利用了样本的类别信息,而且要求降维后同类样本之间保持近邻关系,不同类的样本之间距离变远。仍然假设从原样本空间到特征空间的投影向量是列向量 $\boldsymbol{a}$,则原样本 $\boldsymbol{X}_i$ 的投影结果为 $\boldsymbol{Y}_i = \boldsymbol{a}^{\mathrm{T}} \boldsymbol{X}_i$。二维判别监督局部保持的目标函数为如下定义,即

$$\min \frac{\sum_{i,j} \parallel \boldsymbol{Y}_i - \boldsymbol{Y}_j \parallel^2 \boldsymbol{S}_{S_{ij}}}{\sum_{i,j} \parallel \boldsymbol{Y}_i - \boldsymbol{Y}_j \parallel^2 \boldsymbol{S}_{D_{ij}}} \tag{3.15}$$

式中: $\boldsymbol{S}_S$ 表示关于同类样本之间的关系矩阵; $\boldsymbol{S}_D$ 表示不同类样本之间的样本关系矩阵。 $\boldsymbol{S}_S$ 的定义如下:如果 $\boldsymbol{X}_i$、 $\boldsymbol{X}_j$ 来自同一类,则 $Ss_{ij} = \exp(-\parallel \boldsymbol{X}_i - \boldsymbol{X}_j \parallel^2 / t)$,否则,令其为零。 $\boldsymbol{S}_D$ 的定义为:如果 $\boldsymbol{X}_i$、 $\boldsymbol{X}_j$ 来自不同类,则 $\boldsymbol{S}_{D_{ij}} = \exp(-\parallel \boldsymbol{X}_i - \boldsymbol{X}_j \parallel^2 / t)$,否则,令 $\boldsymbol{S}_{D_{ij}} = 0$。式(3.15)可以变换为

$$\min \frac{\sum_{i,j} \parallel \boldsymbol{Y}_i - \boldsymbol{Y}_j \parallel^2 \boldsymbol{S}_{S_{ij}}}{\sum_{i,j} \parallel \boldsymbol{Y}_i - \boldsymbol{Y}_j \parallel^2 \boldsymbol{S}_{D_{ij}}} = \min \frac{\boldsymbol{a}^{\mathrm{T}} \boldsymbol{X}(\boldsymbol{L}_1 \otimes \boldsymbol{I}_n) \boldsymbol{X}^{\mathrm{T}} \boldsymbol{a}}{\boldsymbol{a}^{\mathrm{T}} \boldsymbol{X}(\boldsymbol{L}_2 \otimes \boldsymbol{I}_n) \boldsymbol{X}^{\mathrm{T}} \boldsymbol{a}} \tag{3.16}$$

式中: $\boldsymbol{L}_1 = \boldsymbol{D}_1 - \boldsymbol{S}_1$, $\boldsymbol{L}_2 = \boldsymbol{D}_2 - \boldsymbol{S}_2$, $\boldsymbol{D}_{1_{ii}}$ 和 $\boldsymbol{D}_{2_{ii}}$ 是对角矩阵,且 $\boldsymbol{D}_{1_{ii}} = \sum_j \boldsymbol{S}_{S_{ij}}$, $\boldsymbol{D}_{2_{ii}} = \sum_j \boldsymbol{S}_{D_{ij}}$。

令 c 为常量, $\boldsymbol{a}^{\mathrm{T}} \boldsymbol{X}(\boldsymbol{L}_2 \otimes \boldsymbol{I}_n) \boldsymbol{X}^{\mathrm{T}} \boldsymbol{a} = c(c \neq 0)$。用 Lagrange 条件极值求解方法,式(3.15)与如下 Lagrange 函数同时取得极值,即

$$L(\boldsymbol{a}, \lambda) = \boldsymbol{a}^{\mathrm{T}} \boldsymbol{X}(\boldsymbol{L}_1 \otimes \boldsymbol{I}_n) \boldsymbol{X}^{\mathrm{T}} \boldsymbol{a} + \lambda(c - \boldsymbol{a}^{\mathrm{T}} \boldsymbol{X}(\boldsymbol{L}_2 \otimes \boldsymbol{I}_n) \boldsymbol{X}^{\mathrm{T}} \boldsymbol{a}) \tag{3.17}$$

对 Lagrange 函数 $L(\boldsymbol{a}, \lambda)$,其极值在 $\partial L(\boldsymbol{a}, \lambda) / \partial \boldsymbol{a} = 0$ 的条件下获得。因此,极小值问题式(3.15)可转换为求解式(3.18)的最小特征值对应特征向量的问题,即

$$\boldsymbol{X}(\boldsymbol{L}_1 \otimes \boldsymbol{I}_n) \boldsymbol{X}^{\mathrm{T}} \boldsymbol{a} = \lambda \boldsymbol{X}(\boldsymbol{L}_2 \otimes \boldsymbol{I}_n) \boldsymbol{X}^{\mathrm{T}} \boldsymbol{a} \tag{3.18}$$

假设列向量 $a_1, a_2, \cdots, a_d$ 是特征方程式(3.18)前 d 个最小的特征值对应的特征向量,按照特征值由小到大排列: $\lambda_1 < \lambda_2 < \cdots < \lambda_d$。令 $\boldsymbol{A} = [a_1, a_2, \cdots, a_d]$,则原样本 $\boldsymbol{X}_i$ 的投影结果为 $\boldsymbol{Y}_i = \boldsymbol{A}^{\mathrm{T}} \boldsymbol{X}_i$。

3.3.4 实验

我们对 AR 数据库中 120 人的 3120 幅人脸图像(每人 26 幅图像)进行了实验。每幅人脸图像首先被缩小为 40×50 大小。为了简单,本节采用 AR 数据库中前 40 人的 1040 幅人脸图像(每人 26 幅图像)进行了实验。实验分为 4 种情况,4 种情况下训练样本的个数分别为 6、8、10、12,而测试样本的个数分别为 20、18、16、14。对每种情况,分别进行 10 次实验;每次实验的训练样本与测试样本均随机选取。例如,在第一种情况下,10 次实验中的每次都随机的选择 6 个训练样本与 20 个测试样本,然后运行各方法并计算出正确识别率。由于每次实验中正确识别率均随变换轴的个数变化而变化,我们只记录下每次实验中的最大正确识别率。表 3.3 显示了每种情况的 10 次实验的最大正确识别率的均值。可以看到,2DSLPP和 2DDSLPP 的正确识别率均高于 2DLPP,且 2DDSLPP 的正确识别率比 2DDLPP、2DLDA 的正确识别率都要高。图 3.6 给出的是,在训练样本和测试样本个数分别为 10 和 16 情况下的一次实验中,正确识别率随变换轴个数的变化。

表 3.3 AR 数据库上最大正确识别率的均值

训练样本个数	6	8	10	12
原 2DLPP	46.7%	47.7 %	53.7%	55.2%
2DSLPP	72.3%	76.2%	83.1%	84.9%
2D – DSLPP	86.4%	88.7%	93.7%	95.7%

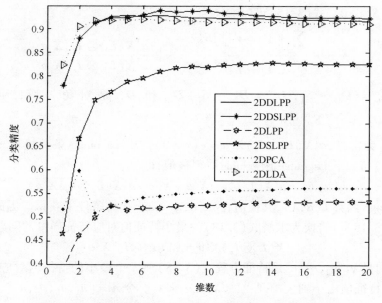

图 3.6 在 AR 人脸库上的不同二维降维方法的实验结果

第4章 稀疏描述及其人脸识别应用

本章首先简略介绍基于稀疏描述的人脸识别方法的研究背景,然后介绍稀疏描述的基本步骤与最初的稀疏描述人脸识别方法,并给出快速稀疏方法和稀疏方法中涉及的几种字典学习方法,最后给出本章小结。

4.1 基于稀疏描述的人脸识别方法

近年来,压缩感知理论的提出和发展,为模式识别和计算机视觉等领域提供了一个新的技术手段。压缩感知理论是近年来信号处理领域的一个研究热点,它突破了传统的信号采样理论的限制。在很多应用领域,它将取代经典的 Nyquist 采样定理[60]。Nyquist 采样定理指出,如果要完整恢复一信号信息,则至少需要 2 倍于它的带宽频率(即 Nyquist 率)来对原信号均匀采样。然而,在很多情况下,由于采样设备的限制和网络传输带宽等条件的限制,难以满足 Nyquist 采样定理的要求,而压缩感知理论就可以用比 Nyquist 率低的采样频率来恢复原始信号。图 4.1 举例说明了这种情况[61],它给出了原始图像及其小波变换系数和它经压缩和解压后的图像。图 4.1(a)的原始图像是灰度图像,至少有 100 万个像素,每个像素值为 0 ~ 255;图 4.1(b)是图像的小波变换系数,这些系数是随机排列的;图 4.1(c)是用非零的小波系数中最大的 25000 个系数重建所得到的图像(图像的灰度值也是在 0 ~ 255),人眼很难区分出它和原始灰度图像的不同。如果用 96000 个系数,则几乎可以完全恢复出原始图像。

最近,压缩感知理论的核心内容之一稀疏描述被成功用于人脸识别领域。Wright 等人利用人脸图像的稀疏描述进行人脸识别[10]。该方法假设一个给定的测试样本可以用全体训练样本的稀疏的线性组合来近似表示。在线性组合中,与测试样本同类的训练样本系数不为零的概率很大,且其他训练样本的系数一般为零或接近零。这样的线性组合也称为"稀疏"线性组合。换言之,Wright 认为测试样本可以主要由与它同类的训练样本表达和描述。实际的人脸识别实验充分验证如上假设的合理性。图 4.2 给出了基于稀疏描述的分类(Sparse Representation Based Classification, SRC)算法的示意图[10]。在图中,图 4.2(a)表示被遮挡的测试图像,图 4.2(b)表示被腐蚀的测试图像。它们由中间的所有训练图像的稀疏线性组合和右边的由于遮挡或腐蚀导致的稀疏误差图像生成。最大系数表示正确类

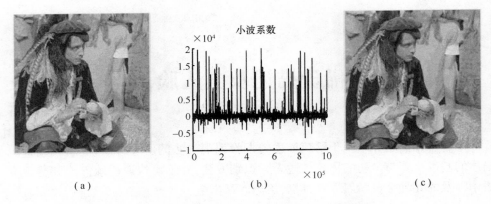

图 4.1　原始图像和它经压缩和解压后的图像

别的训练图像。SRC 从标准 AR 人脸数据库中 100 个人的 700 幅训练图像中确定了正确的类别(图中位于第二行第三列的图像)。从图中可以看出,SRC 能正确识别被遮挡或被腐蚀的人脸图像。

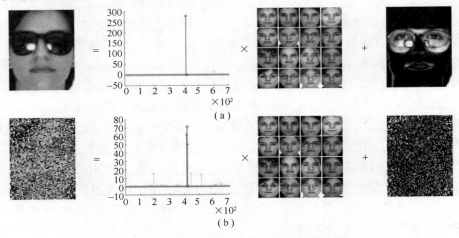

图 4.2　基于稀疏描述的分类(SRC)示意图

在 SRC 中,求解稀疏的非零系数可以通过求解 L_0 范数优化问题得到。然而,求解 L_0 范数优化问题是一个 NP 难题,它几乎无法在多项式时间内求解。不过,根据最新的压缩感知和稀疏描述理论,在某些情况下,寻找 L_0 范数优化问题的最优解等价于寻找 L_1 范数(本书中也称为 1 范数)问题的最优解。所以,在 SRC 中,可以用 L_1 范数优化来代替 L_0 范数优化。下面介绍具体的 SRC 理论及其算法[10]。

假设有 c 类样本,矩阵 $\boldsymbol{A}_i$ 表示第 i 类的所有训练样本。即 $\boldsymbol{A}_i = [\,y_{i1}, y_{i2}, \cdots,$ $y_{iM_i}\,] \in \mathbf{R}^{N \times M_i}$,其中 M_i 是第 i 类训练样本的个数。记 $\boldsymbol{A} = [\,\boldsymbol{A}_1, \boldsymbol{A}_2, \cdots, \boldsymbol{A}_c\,] \in \mathbf{R}^{N \times M}$,其中 $M = \sum_{i=1}^{c} M_i$。显然,$\boldsymbol{A}$ 是所有训练样本组成的矩阵。给定一个测试样本 $\boldsymbol{y}$,我们

可用所有训练样本的"稀疏"线性组合表示 y，即 $y = Aw$。一般认为，w 中的系数越稀疏，则越容易精确判定测试样本 y 的类别。$y = Aw$ 的稀疏解可以通过求解下面的优化问题得到，即

$$w_0^* = \mathrm{argmin} \parallel w \parallel_0 （满足 Aw = y） \tag{4.1}$$

式中：$\parallel \quad \parallel_0$ 表示 L_0 范数，即一个向量中非零元的个数。然而，我们知道求解式（4.1）中的 L_0 优化问题是非常困难和极其费时的，因为它是一个 NP 问题。所幸的是，最新的研究表明，如果 w_0^* 足够稀疏，求解 L_0 优化问题其实等价于求解下面的 L_1 优化问题，即

$$w_1^* = \mathrm{argmin} \parallel w \parallel_1 （满足 Aw = y） \tag{4.2}$$

此问题可以利用标准的线性规划算法在多项式时间内求得。得到式（4.2）的稀疏解 w_1^* 后，我们可以用类别重建误差来定义基于稀疏描述的分类器 SRC。具体地，对于类别 i，定义 $\delta_i(w)$ 为 w 中的对应于类 i 的非零系数构成的向量。只需用对应于 i 类的系数就可以用如下公式重建测试样本 $y: y_i^* = A\delta_i(w_1^*)$。它所对应的类别重建误差为

$$r_i(y) = \parallel y - y_i^* \parallel_2 = \parallel y - A\delta_i(w_1^*) \parallel_2 \tag{4.3}$$

如果 $r_g(y) = \min\limits_i r_i(y)$，SRC 就把 y 分到第 g 类。

需要指出的是，SRC 需在每一类中有足够多的训练样本，以使任何测试样本能被其同类的训练样本充分表示的基础上才能确保对一个测试样本的稀疏表达。图 4.3 是基于 L_1 范数稀疏描述的几何意义的示意图[10]。通过使 L_1 范数最小化，确定点 $y / \parallel y \parallel_1$ 位于多面体 $A(P_a)$ 的哪一面。测试样本向量 y 就用这一面顶点线性组合来表示。

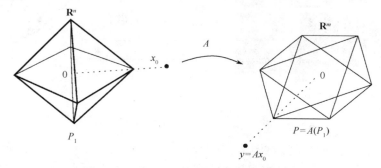

图 4.3　基于 L_1 范数稀疏描述的几何意义

SRC 的具体算法如图 4.4 所示[10]。

图 4.5 和图 4.6 给出了图像被随机腐蚀和被遮挡情况下 SRC 的识别效果[10]。实验使用 Extended Yale B 人脸数据库。训练样本为一般光照条件下的 717 幅图像，而测试样本为极端光照条件下的 453 幅图像。每幅图像的大小是 96×84。在图 4.5 中，图 4.5(a) 是来自 Extended Yale B 人脸数据集中被随机腐蚀的测试图像 y，第一列最上面的图像有 30% 的像素被腐蚀，中间的有 50% 的像素被腐蚀，最下

(1) 输入：训练样本矩阵(含 c 类)：$A = [A_1, A_2, \cdots, A_c] \in \mathbf{R}^{N \times M}$，测
试样本 $y \in \mathbf{R}^N$，和表示误差阈值 $\varepsilon > 0$。

(2) 把 A 中的向量规范成基于 L_2 范数的单位向量。

(3) 求解 L_1 范数最小化问题：$w_1^* = \mathrm{argmin} \parallel w \parallel_1$，满足 $Aw = y$（或
者，求解 $w_1^* = \mathrm{argmin} \parallel w \parallel_1$，满足 $\parallel Aw - y \parallel_2 \leqslant \varepsilon$）。

(4) 计算误差 $r_i(y) = \parallel y - A\delta_i(w_1^*) \parallel_2$，$i = 1, 2, \cdots, c$。

(5) 输出 y 的类别：$\mathrm{identity}(y) = \arg\min_i r_i(y)$。

图 4.4 基于稀疏描述的分类(SRC)算法过程

面图像有 70% 的像素被腐蚀；图 4.5(b)是估计误差；图 4.5(c)是重建得到的图像；图 4.5(d)是不同算法对这些被腐蚀图像的识别率。图 4.5(d)中，PCA 表示主成分分析，NN 表示最近邻(Nearest Neighbor)分类器，ICAI 中 I 指独立成分分析中的第一种结构，LNMF(Local Nonnegative Matrix Factorization)表示局部非负矩阵分解。$L^2 + $ NS 指基于 L_2 范数的最近子空间(Nearest Subspace)。图 4.6 中的这些符号表示相同的意思。在图 4.6 中，前两行中的图 4.6(a)为来自 Extended Yale B

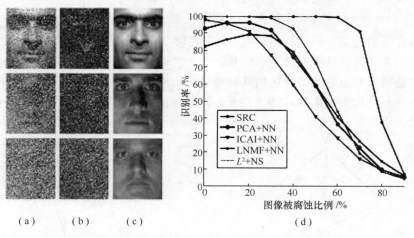

（a） （b） （c） （d）

图 4.5 SRC 在图像被随机腐蚀时得到的识别效果

的有 30% 像素被遮挡的测试图像；图 4.6(b)为估计误差；图 4.6(c)为重建后所得到的人脸图像，为了比较，最后一行给出了与第一行相同的测试样本在 L_2 范数最小化约束下的实验结果；图 4.6(d)为不同算法对这些遮挡图像的识别率。图4.5 显示，SRC 能对被腐蚀图像进行正确的分类。通过图 4.5(d)可以看出，SRC的识别效果在图像被腐蚀时明显好于主成分分析等经典人脸识别算法。图 4.6 中的最后一行显示了采用 L_2 范数最小化而非 L_1 范数最小化的结果。从该行的图 4.6(c)可以看出，L_2 范数最小化得到的系数是非稀疏的，重建图像的质量也没有第一、二行的好。

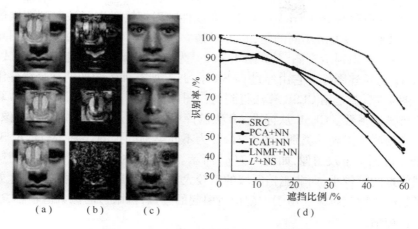

图 4.6 SRC 对不同区域遮挡的识别效果

我们知道,正则化技术是处理约束优化问题的最有效方法之一。因此,我们也可以将图 4.4 中步骤三的优化问题变成下列优化问题:$w_1^* = \mathrm{argmin} \parallel w \parallel_1 + \lambda \parallel Aw - y \parallel_2^2$,其中 λ 是在重建误差与稀疏间的折中系数。为了提高 SRC 的效果,Yangfeng Ji 等人提出了利用马氏距离(Mahalanobis Distance)的非负稀疏描述的分类算法。他们首先利用非负稀疏系数这一约束来得到一个鉴别表示。然后,利用马氏距离而非欧式距离计算原始数据与重建数据之间的相似度。最后,他们把上述问题转换为一个等价的基于 L_1 正则的最小方差问题并求解。

受元基因在基因表达数据分析和字典学习在图像处理中成功应用的启发,M. Yang 等人提出从原始训练数据集 A_i 中学习一系列基元脸 D_i[62],在基于 SRC 的人脸识别过程中,用 D_i 代替 A_i。记基元脸构成的字典为 $\boldsymbol{\Gamma} = [\, d_1, d_2, \cdots, d_p\,] \in \mathbf{R}^{N \times p}$ ($p \leqslant M$)。令每个基元脸向量 $d_i (i = 1, 2, \cdots, p)$ 为一单位列向量,则确定 $\boldsymbol{\Gamma}$ 的目标函数为

$$J_{\Gamma, \Lambda} = \arg \min_{\Gamma, \Lambda} \left\{ \parallel A - \boldsymbol{\Gamma\Lambda} \parallel_F^2 + \lambda \parallel \boldsymbol{\Lambda} \parallel_1 \right\} \qquad \mathrm{s.\,t.} \quad d_j^{\mathrm{T}} d_j = 1, \ \forall j$$

式中:$\boldsymbol{\Lambda}$ 表示 A 在基元脸 $\boldsymbol{\Gamma}$ 上的表示矩阵。参数 λ 是一正数。同很多多元优化问题一样,上式中的 $\boldsymbol{\Gamma}$ 和 $\boldsymbol{\Lambda}$ 可以交替优化。

在 SRC 中,为更好地处理非高斯噪声等异常数据点,Ran He 等人提出了一个基于最大共生差熵准则(Maximum Correntropy Criterion,MCC)的 SRC 算法[63],称为 CESR 算法,该算法对异常数据点非常不敏感。他们在共生差熵准则的向量中加上一个非负的约束条件,并且提出了一个基于半二次优化技术的最大化目标函数。这样,复杂的优化问题就变成利用带非负约束加权的线性最小二乘来学习一个稀疏描述的问题。算法所涉及的共生差熵是两任意随机向量间的一个局部相似度量准则,设任意两个随机向量 A 和 B,它们的共生差熵定义为 $V_\sigma (A, B) = E [k_\sigma$

$(A - B)]$。其中，$k_\sigma(\ \cdot\ )$ 是满足 Mercer 定理的核函数，$E[\ \cdot\ ]$ 表示期望。此定义利用了"核技巧"（Kernel Trick）通过一非线性映射把输入空间映射到高维的特征空间。与传统的核方法不同的是，它可以独立地对样本进行两两运算。图 4.7 是 CESR 鲁棒人脸识别示意图[63]。图 4.7（a）为佩戴太阳镜造成遮挡的测试图像。图 4.7（b）为重建图像。它由经过 CESR 学习后，所有训练图像的稀疏线性组合而得到。图 4.7（c）是用 CESR 算法得到的权图像。图 4.7（d）表示由 CESR 算法得到的稀疏描述系数。CESR 从标准 AR 人脸库中的 119 人的 952 幅训练图像中，为测试图像预测了正确的类别。图 4.7（e）为不同类别的预测误差。与传统 SRC 不同，CESR 得到一个权图像，如图 4.7（c）所示。在这个权图像中，在被太阳镜遮挡的区域像素的值较小，而非遮挡区域的值较大。像素值越大，它对基于共生差熵的目标函数的贡献就越大。由于太阳镜所引起的遮挡，两眼边的像素值较小，这意味着它们将被估计为噪声。

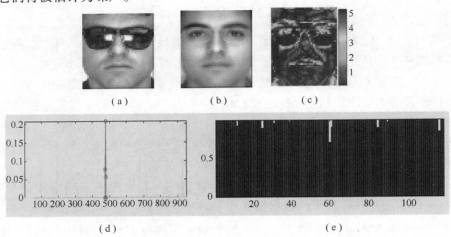

图 4.7　CESR 鲁棒人脸识别示意图
（a）佩戴太阳镜的遮挡测试图像；（b）CESR 得到的重建图像；
（c）用 CESR 算法得到的权图像；（d）CESR 算法得到的稀疏描述系数；（e）不同类别的预测误差。

4.2　快速稀疏方法

　　原稀疏方法极低的计算效率是其最大缺陷，该缺陷将使其无法满足实际应用的需求。事实上，SRC 几乎是目前计算效率最低的人脸识别方法。即使是使用公开的人脸数据进行人脸识别实验，SRC 也无法做到实时给出测试样本的分类结果。此外，由于实际的人脸识别应用常采用嵌入式系统，系统更无法满足 SRC 的高计算复杂度需求。因此，可以说，如果不对原稀疏方法进行改进，在未来几年中它都不可能进入实际应用。

Meng Yang 等人指出遮挡字典中的过多元素使得稀疏编码的计算代价非常高[62]。为解决这一问题，Yang 等人在 SRC 中使用图像的 Gabor 特征。因为 Gabor 核可以使遮挡字典变得可压缩，Yang 等给出一个 Gabor 遮挡字典计算方法并提出了一个基于 Gabor 特征的 SRC（Gabor - feature based SRC，GSRC）算法。该算法使 Gabor 遮挡字典中的元素明显减少，同时，降低了对被遮挡的人脸图像进行编码的计算复杂度。而且，该方法提高了 SRC 的识别效果。图 4.8 给出了一个对遮挡图像识别的例子[62]。图 4.8(a) 为一幅 Extended Yale B 数据库中被遮挡 30% 的测试图像。图 4.8(b) 为测试图像的均匀下采样后的 Gabor 特征。图 4.8(c) 为估计误差。图 4.8(d) 为测试图像分类后所得类别的一个样本。表 4.1 比较了 GSRC 和 SRC 在 Extended Yale B 数据库中识别效果。从表 4.1 可以看出，GSRC 的效果优于 SRC，特别是在遮挡比例比较高的情况下，GSRC 的识别效果更明显。关于遮挡字典在遮挡人脸识别中的性能也得到了 Weihua Ou 等人的验证。

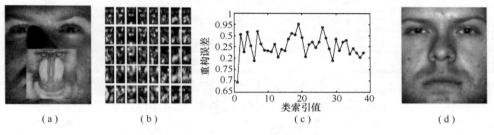

（a）　　　　　　　（b）　　　　　　　（c）　　　　　　　（d）

图 4.8　一个对遮挡图像识别的例子

表 4.1　GSRC 和 SRC 在不同遮挡比例下的识别效果

遮挡比例/%	0	10	20	30	40	50
GSRC 识别率	1	1	1	1	0.965	0.874
SRC 识别率	1	1	0.998	0.985	0.903	0.653

然而，GSRC 方法仍然需求解一个基于 L_1 范数的优化问题，所以它并没有从根本上解决 SRC 计算复杂性高的问题。因此，提高基于 L_1 范数的优化问题的求解速度，才是提高 SRC 和 GSRC 等方法计算效率的根本所在。到目前为止，已有 5 种快速计算 L_1 范数优化方法。这 5 种方法分别是梯度投影法（Gradient Projection，GP）、同伦法（Homotopy）、迭代收缩阈值法（Iterative Shrinkage - thresholding，IST）、近似梯度法（Proximal Gradient，PG）和扩展拉格朗日乘子法（Augmented Lagrange Multiplier，ALM）。用这 5 种方法在 CMU PIE 人脸库的一个子集上进行实验的平均识别效果如表 4.2 所列。在同一实验环境下，从分类正确率看，Homotopy 总体效果最好，而 PG 方法的总体识别效果最差。5 种算法的运行时间如表 4.3 所列。从计算效率来看，当图像的被腐蚀程度较小时，Homotopy 的速度是最快的。因为该算法在一次迭代过程中，增加或去除一个非零系数。所以，很明显，当信号非常

稀疏时,Homotopy 算法是非常高效的。

表 4.2　5 种快速 L_1 优化算法的平均识别精度(%)

图像被腐蚀程度/%	0	20	40	60	80
梯度投影法	98.64	99.60	97.84	96.57	21.93
同伦法	99.88	99.88	99.91	98.67	27.90
迭代收缩阈值法	99.69	99.47	98.8	90.51	21.1
近似梯度法	99.85	99.72	99.04	86.74	19.96
扩展拉格朗日乘子法	99.81	99.88	99.85	96.17	29.01

表 4.3　5 种快速 L_1 优化算法的运行时间(s)

图像被腐蚀程度/%	0	20	40	60	80
梯度投影法	19.48	18.44	17.47	16.99	14.37
同伦法	0.33	2.01	4.99	12.26	20.68
迭代收缩阈值法	6.64	10.86	16.45	22.66	23.23
近似梯度法	8.78	8.77	8.77	8.80	8.66
扩展拉格朗日乘子法	18.91	18.85	18.91	12.21	11.21

　　需要指出的是,上述所有方法都采用 L_1 范数,算法的优化只是考虑基于 L_1 范数的优化问题的快速求解。从另一角度看,是否可采用其他范数来代替 L_1 范数以获得更高计算效率是一个非常值得探索的问题。例如,本书第 5 章中介绍的方法可看作是上述思路的一个非常有效的尝试,这些方法利用 L_2 范数而非 L_1 范数来得出稀疏方法。这些方法首先使用"有指导"的方式确定出那些对应非零系数与零系数的训练样本,然后通过求解线性方程组得出训练样本对测试样本的稀疏描述。

4.3　字典学习

　　如何学习字典(Dictionaries or Codebooks)也是稀疏描述方法的一个核心问题。字典由一些典型的模式(图像)或基本元素组成。在稀疏方法中,为一个重建或分类问题学习合适的字典将会获得很好的效果。学习字典不仅在重建或分类问题中发挥重要作用,在其他的图像处理如图像降噪,图像超分辨率重建和图像修复等领域也得到了很好的应用。图 4.9 是一个字典学习在图像降噪方面的应用实例[65]。图 4.9(a)为原始图像;图 4.9(b)为噪声图像;图 4.9(c)为降噪后的图像;图 4.9(d)为降噪所使用的字典。

　　稀疏描述方法中的字典学习问题可介绍如下:记 $X = [x_1, x_2, \cdots, x_N] \in \mathbf{R}^{m \times N}$ 是一个 N 个列向量组成的数据集。$D = [d_1, d_2, \cdots, d_K] \in \mathbf{R}^{m \times K}$ 是一含有 K 个元素的字典。每一数据向量 x_i(如一图像块)有一个重建系数向量 $\alpha_j \in \mathbf{R}^K (K < N)$。令矩阵 $G = [\alpha_1, \alpha_2, \cdots, \alpha_N] \in \mathbf{R}^{K \times N}$。稀疏建模的目的是学习字典 D 满足 $X \approx DG$,并

且对于绝大部分数据向量 $\boldsymbol{x}_j$，$\| \boldsymbol{\alpha}_j \|_0$ 要充分小。如果固定 $\boldsymbol{D}$，对 $\boldsymbol{G}$ 的计算又称为稀疏编码。学习字典其实就是求解下面的优化问题，即

$$(\boldsymbol{G}*, \boldsymbol{D}^*) = \arg \min_{\boldsymbol{G}, \boldsymbol{D}} \| \boldsymbol{X} - \boldsymbol{D}\boldsymbol{G} \|_F^2 + \lambda \| \boldsymbol{G} \|_p \tag{4.4}$$

式中：$\| \cdot \|_F$ 表示 Frobenius 范数；p 一般取 0、1。式（4.4）中需要优化的代价函数包括一个二次拟合项，$\boldsymbol{G}$ 中每列的 L_0 或 L_1 正则项和它们之间的折中项或惩罚参数 λ。我们在前面提过，L_1 范数可以用来近似优化 L_0 范数问题，这样可以使对 $\boldsymbol{G}$ 的优化变成凸优化问题，而且仍然能够得到稀疏解。在重建方面，L_0 范数的效果一般比 L_1 范数好，而在分类方面，L_1 范数比 L_0 更合适。

（a）　　　　　　　　　　（b）　　　　　　　　　　（c）

（d）

图 4.9　字典学习在图像降噪中的应用

近来的研究表明，稀疏方法在人脸图像超分辨率[66]应用方面也取得了非常好的效果。图 4.10 给出一个例子[67]，在这个图中，图 4.10（a）为低分辨率输入图像，图 4.10（b）为双三次插值所得到的超分辨率图像，图 4.10（c）为反向投影法结果，图 4.10（d）为双边滤波的全局非负矩阵分解法，图 4.10（e）为全局非负矩阵分解结合稀疏描述法的结果，图 4.10（f）为原始图像。同样，字典学习也为人脸图像稀疏超分辨率处理的关键环节。为此，我们要定义两个字典 D_h 和 D_l。设有两个在训练图像上采样后得到的图像块矩阵：$\boldsymbol{X}^h = [\boldsymbol{x}_1, \boldsymbol{x}_2, \cdots, \boldsymbol{x}_n]$ 由高分辨率图像块

构成,以及 $Y^l = [y_1, y_2, \cdots, y_n]$ 是对应的低分辨率图像块(或者特征)构成。记 $P = \{X^h, Y^l\}$。D_h 和 D_l 分别是在 X^h 和 Y^l 上学习得到的字典。它们优化问题为

$$D_h = \arg\min_{\{D_h, Z\}} \| X^h - D_h Z \|_2^2 + \lambda \| Z \|_1$$

$$D_l = \arg\min_{\{D_l, Z\}} \| Y^l - D_l Z \|_2^2 + \lambda \| Z \|_1$$

求解出 D_h 和 D_l 后,人脸图像稀疏超分辨率算法描述如下。

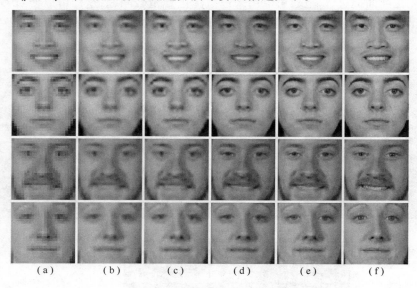

(a) (b) (c) (d) (e) (f)

图 4.10 几种人脸图像超分辨率方法的比较

(1)输入数据矩阵 X,对 X 非负矩阵分解后得到一组基,构成矩阵 U;输入一低分辨率对齐的人脸图像 Y 以及字典 D_h 和 D_l。

(2)在 U 张成的子空间中,通过以下两步,寻找一个光滑的高分辨率人脸图像 $\hat{X}$。

① 求解下面的优化问题。

$c^* = \arg\min_c \| SHUc - Y \|_2^2 + \eta \| \Gamma Uc \|_2$,s. t. $c \geq 0$。式中:H 表示一模糊过滤器;S 是一个下采样算子;Γ 表示一高通滤波矩阵。

② $\hat{X} = Uc^*$。

(3)对 $\hat{X}$ 中的每一块,从左上角开始,在每个方向上取一个像素。

① 计算从 y 中取得像素的均值 m。

② 求解下列优化问题,即

$$\alpha^* = \min_\alpha \| \hat{D}\alpha - \hat{y} \|_2^2 + \lambda \| \alpha \|_1$$

③ 生成高分辨率块 $x = D_h \alpha^* + m$,把块 x 放入高分辨率图像 X^*。

④ 输出超分辨率人脸图像 X^*。

目前已有多种字典学习方法，其中 K 奇异值分解（K Singular Value Decomposition，KSVD）算法是一个非常具有代表性的方法。稀疏描述问题也可以看作是对向量量化（Vector Quantization，VQ）问题的扩展或推广。向量量化的核心也是需要寻找一个由若干"码字"或"元素"（Codewords）构成的字典（在这种方法中称为 Codebook）来表示向量或信号等。字典中所含元素的个数 K 要远小于向量的个数 N。向量量化的一个经典方法就是 K 均值（K-means）算法，而稀疏方法中的 KSVD 算法可以看作是对 K 均值算法的一个推广。它的目标函数如下：$\min\limits_{D,X}\{\|Y - DX\|_F^2\}$，满足 $\forall i, \|x_i\|_0 \leq T_0$。其中，$D$ 是需要学习的字典；X 是稀疏编码；T_0 是一阈值。

KSVD 算法的一次迭代主要包括两个阶段：第一阶段是稀疏编码 X；第二个阶段就是寻找一个合适的字典 D。在这一阶段，学习字典 D 是按列进行的。每次计算时，先固定 D 中的除第 k 列 d_k 的所有其他列，再确定一新的列以及它所对应的系数，使得用新的 D 来表示原始信号 Y 时的均方误差减小。与所有其他的 K-means 及其推广方法从全局上更新字典 D 不同，KSVD 算法对字典的更新是一列一列顺序进行的，它的更新过程可以转化为用奇异值分解（Singular Value Decomposition，SVD）来实现。而且，在学习字典的每列的同时，允许它对应的系数的更新，这样会加速算法的收敛速度。图 4.11 给出了 KSVD 的伪代码描述[68]。图 4.12 是 KSVD 与另外两种字典学习算法的比较结果。在这个图中，图 4.12（a）是 KSVD 学习得到的字典，图 4.12（b）是 Haar 小波学习得到的过完备字典，图 4.12（c）是离散余弦变换（Direct Cosine Transformation，DCT）学习后得到的过完备字典。

任务：寻找最优字典来表示数据样本 $\{y_i\}_{i=1}^N$，因此要求解 $\min\limits_{D,X}\{\|Y - DX\|_F^2\}$，满足 $\forall i, \|x_i\|_0 \leq T_0$。

初始化：取初始字典矩阵 $D^{(0)} \in \mathbf{R}^{n \times K}$，其每一列用 L_2 范数规范化成单位向量，设置 $J = 1$。

重复下面过程直到收敛。

（1）稀疏编码阶段。通过求解下式，为每个样本 y_i 计算稀疏表示向量 x_i：$i = 1, 2, \cdots, N$，$\min\limits_{x_i}\{\|y_i - Dx_i\|_2^2\}$ 使得 $\|x_i\|_0 \leq T_0$。

（2）字典更新阶段。利用下面三步，更新字典 $D^{(J-1)}$ 中的每一列，$k = 1, 2, \cdots, K$。

① 用下面的字典元素，定义一组样本：$w_k = \{i | 1 \leq i \leq N, x_T^k(i) \neq 0\}$。

② 计算总体的表示误差矩阵 E_k，$E_k = Y - \sum\limits_{j \neq k} d_j x_T^j$。

③ 利用矩阵奇异值分解 $E_k^R = U\Delta\Delta^T$。选择 U 中的第一列 $\bar{d}_k$ 作为更新字典的列，V 的第一列乘以 $\Delta(1,1)$ 作为新的系数向量 x_R^k。

图 4.11　K 奇异值分解（KSVD）的伪代码算法

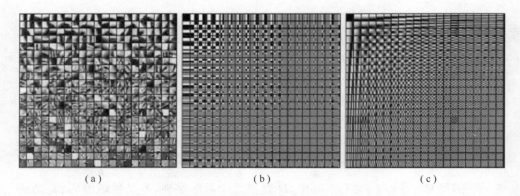

（a） （b） （c）

图 4.12　K 奇异值分解和其他方法的字典学习结果

　　图 4.13 分两种情况给出对图像重建的结果，图 4.13（a）是被腐蚀 50% 的原始图像，图 4.13（b）~（d）分别是 KSVD、Haar 小波和离散余弦变换（DCT）对该图像重建的结果，图 4.13（e）是被腐蚀 70% 的原始图像，图 4.13（f）~（h）分别是 KSVD、Haar 小波和离散余弦变换对此图像重建的结果。从图中可以看出，KSVD 重建的效果比其他两种方法即 Haar 和 DCT 好。为了增强 KSVD 的鉴别分类能力，Mairal 等人在字典学习模型中加了一个具有鉴别性质的重建约束，他们把学得的字典应用于图像纹理分割和场景分析。但是，这种方法是非凸的，并没有用到压缩编码系数的鉴别能力。后来，他们又提出了一个通过训练编码系数上的分类器而实现的鉴别字典学习方法。这类方法的共同点为在学习字典的优化问题中加上一具有鉴别性质的附加项。

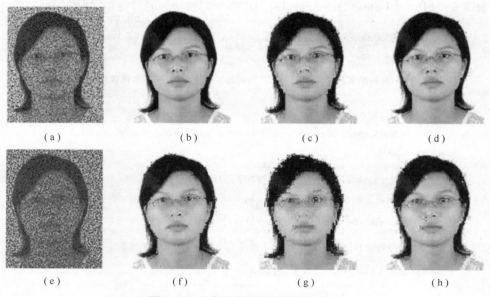

（a） （b） （c） （d）

（e） （f） （g） （h）

图 4.13　K 奇异值分解图像重建结果

字典学习往往与具体的识别分类任务密切相关。例如,为使不同类别的图像从不同的字典选择不同字典基元,可以在优化问题中加一个 Fisher 鉴别类型的项。或者,在鉴别字典学习框架中使用 Fisher 鉴别准则学习一个结构化字典,也就是字典中的元素与类别标识相关,这样每类的重建错误可以用来分类。同时,Fisher 鉴别准则加入编码系数后使它们具有鉴别能力。因此,字典学习过程将使稀疏编码系数类内散度小但类间散度大。在整个结构化字典里,每类所对应的子字典对它所属的类别样本有较强的表示效果,而对其他类别的样本的表示能力很弱。这种基于 Fisher 鉴别的字典学习方法(Fisher Discrimination Based Dictionary Learning,FDDL)[69]中,重建错误和编码系数都具有鉴别分类能力。在人脸识别等领域的应用中,其效果优于经典的 SRC 方法。具体地,FDDL 不是为所有类学习一个共享字典(可以称这个字典为全局字典),而是为每一类学习一个局部的子字典再构成一个结构化的总体字典 $D = [D_1, D_2, \cdots, D_c]$。其中,$D_i$ 是类 i 上的子字典,c 是类别总数。记 $A = [A_1, A_2, \cdots, A_c]$ 是训练样本集,其中 A_i 表示类 i 中的训练样本子集。矩阵 X 表示全体训练样本 A 在字典 D 上的稀疏编码矩阵,$X = [X_1, X_2, \cdots, X_c]$,其中 X_i 是 A_i 在字典 D 上的编码系数。除了要求 D 对 A 有很强的重建能力,还要求它对 A 中的图像具有很强的鉴别能力。因此,FDDL模型定义为

$$J_{(D,X)} = \underset{(D,X)}{\arg\min} \{ r(A, D, X) + \lambda_1 \| X \|_1 + \lambda_2 f(X) \} \tag{4.5}$$

式中:$r(A, D, X)$ 是表示鉴别能力项;$\| X \|_1$ 是稀疏约束,$f(X)$ 是系数矩阵 X 上的鉴别约束;λ_1 和 λ_2 是两个标量参数。

学习字典 D 后,与 SRC 方法一样,FDDL 利用重建错误给测试样本分类。下面的 3 个表(表 4.4,表 4.5 和表 4.6)给出了 FDDL 在人脸识别中的效果。在这几个表中,NN 是最近邻(Nearest Neighbor,NN)分类方法,SVM 是支持向量机(Support Vector Machines,SVM)算法,这里的 SVM 采用的是线性核,DKSVD 是具有鉴别性质的 KSVD 算法(Discrimination KSVD),DLSI 表示结构一致的字典学习算法(Dictionary Learning with Structure Incoherence,DLSI)。表 4.4 是 FDDL 和以上算法在人脸库 Extended Yale B 上的识别结果。表 4.5 和表 4.6 中的算法与此表中的相同。对于每个人(每一类),随机选 20 幅图像训练,剩下的图像作为测试图像,所有图像的大小是 54×48。表 4.5 给出了在 AR 人脸库上的实验结果。实验中,选择 100 个人,每人 26 幅图像。对于每个人,第一阶段拍摄得到的带有光照和表情变化的 7 幅图像作为训练样本,其余的作为测试样本。每幅图像的大小为 60×43。表 4.6 是 FDDL 和其他算法在 Multi - PIE 人脸库上的识别率。分两种情况(Test 1 和 Test 2)进行实验,每种情况都使用前 60 人的样本。在 Test 1 中,选取第一阶段拍摄的 14 幅正面光照图像作为训练样本,而第三阶段拍摄的 10 幅正面光照图像作为测试样本;在 Test2 中,选取第一阶段拍摄的 14 幅正面光照并带有微笑表情的图像作为训练样本,而第三阶段拍摄的 10 幅正面光照带有微笑表情的图像作为测试样本。每幅图像的大小为 100×82。图 4.14 是在手写体数据集 USPS

（数字"8"和"9"）上学习得到的基图像构成的字典。

此外，字典学习还可以通过快速在线学习方式实现。

表 4.4　基于 Fisher 鉴别的字典学习（FDDL）和其他算法在
Extended Yale B 上的识别率

算法	SRC	NN	SVM	DKSVD	DLSI	FDDL
识别率	0.900	0.617	0.888	0.753	0.850	0.919

表 4.5　基于 Fisher 鉴别的字典学习（FDDL）和其他算法在 AR 上的识别率

算法	SRC	NN	SVM	DKSVD	DLSI	FDDL
识别率	0.888	0.714	0.871	0.854	0.737	0.920

表 4.6　基于 Fisher 鉴别的字典学习（FDDL）和
其他算法在 Multi－PIE 上的识别率

算法	SRC	NN	SVM	DKSVD	DLSI	FDDL
Test 1	0.955	0.902	0.916	0.939	0.914	0.967
Test 2	0.961	0.947	0.922	0.898	0.949	0.980

图 4.14　USPS 手写体数据集上学习得到的基图像构成的字典

4.4　人 脸 对 齐

稀疏方法除了能够成功应用于人脸图像超分辨率和降噪等领域，还可以应用于人脸对齐（Alignment）。其实，几乎所有的人脸识别方法都需在训练集和测试集图像均已对齐的前提条件下进行。如果人脸数据集中存在大量没有对齐的图像，则一般的人脸识别方法不会取得好的识别效果，SRC 也是如此。所以在一般的人脸识别过程中，我们需要将人脸图像对齐。为此，我们考虑图像没有对齐或带有姿势变化的 SRC 问题。假设 $A_i \in \mathbf{R}^{m \times n_i}$ 是类别 i 中的训练样本构成的矩阵（矩阵的每一列代表一幅人脸图像，n_i 是图像数），且 $A = [A_1, A_2, \cdots, A_k] \in \mathbf{R}^{m \times n}$。根据经典的 SRC 算法，一个对齐好的测试图像 y_0 可以由所有训练样本的稀疏线性组合 $A x_0$ 加

上一个稀疏误差项 e_0 表示。此稀疏描述可以通过对 x 和 e 最小化得到

$$\min_{x,e} \| x \|_1 + \| e \|_1 \quad \text{s. t.} \quad y_0 = Ax + e \tag{4.6}$$

假设 y_0 是没有对齐或姿势有变化的图像,而我们观察得到的图像 $y = y_0 \circ \tau^{-1}$,$\tau \in T$、T 是在图像空间中的有限维的变换。这时,变换后的图像 y 就不再有稀疏描述形式 $y = Ax_0 + e_0$,即经典 SRC 算法在此不再适用。

如果能够找到变换 τ^{-1},我们对测试图像使用它的逆变换 τ。这样,下面的稀疏描述就可以成立:$y \circ \tau = Ax_0 + e_0$。这种表示形式又提供了一种寻找变换 τ 的方法,即

$$\hat{\tau} = \operatorname*{argmin}_{x,e,\tau \in T} \| x \|_1 + \| e \|_1 \quad \text{s. t.} \quad y \circ \tau = Ax + e \tag{4.7}$$

式中:如果固定变换 τ,则可以联合优化 x 和 e。如果同时优化三个参数 τ、x、e,则对式(4.7)的优化就是一个较难求解的非凸优化问题,对不同类的人脸对齐可能会陷入很多局部最小值。从这个程度上说,图像没有对齐的识别问题不同于图像已对齐的识别问题。对于对齐好的情况,可以直接求解全局表示,而不考虑局部最优解。如果没有对齐,比较合适的方法是为每一类的测试图像寻找最佳对齐,即

$$\hat{\tau}_i = \operatorname*{argmin}_{x,e,\tau_i \in T} \| e \|_1 \quad \text{s. t.} \quad y \circ \tau_i = A_i x + e \tag{4.8}$$

显然,式(4.8)仍然是非凸的。在人脸识别的实际应用中,我们可以使变换初始化,例如,把人脸检测的输出作为变换的初始值。再通过下式对初始值逐步求精,得到真实的变换,即

$$y \circ \tau + J\Delta r = A_i x + e \tag{4.9}$$

式中:$J = \dfrac{\partial}{\partial \tau} y \circ \tau$ 是 $y \circ \tau$ 关于变换 τ 的 Jacobian 矩阵,$\Delta \tau$ 是 τ 中的步长。如果对齐误差 e 是任意的,则上面的方程欠定。利用 L_1 范数,我们寻找 $\Delta \tau$ 使对齐误差 e 尽量稀疏,即

$$\Delta \hat{\tau}_1 = \operatorname*{argmin}_{x,e,\Delta \tau \in T} \| e \|_1 \quad \text{s. t.} \quad y \circ \tau + J\Delta r = A_i x + e \tag{4.10}$$

这种方法称为序列 L_1 最小化方法,它不同于经常使用的 L_2 范数最小化,即

$$\Delta \hat{\tau}_2 = \operatorname*{argmin}_{x,e,\Delta \tau \in T} \| e \|_2 \quad \text{s. t.} \quad y \circ \tau + J\Delta r = A_i x + e \tag{4.11}$$

式(4.11)等价于通过求解最小方差问题来确定步长 $\Delta \tau$:$\min\limits_{x,\Delta \tau} \| y \circ \tau + J\Delta \tau - A_i x \|_2$。如果 y_0 和 $A_i x$ 之间的差值较小,则式(4.10)和式(4.11)的效果相仿。但是,如果 y_0 中有遮挡,则序列 L_1 最小化方法(式(4.10))明显好于序列 L_2 最小化方法(式(4.11))。图 4.15 说明了这种情况[70],图中上面一行是基于 L_1 范数的优化(最小化 $\| e \|_1$)的结果,下面一行是基于 L_2 范数的优化(最小化 $\| e \|_2$)的结果。图 4.15(a)中虚线矩形框是由人脸检测算子得到的初始人脸边界,实线表示在同一张脸上的对齐结果。图 4.15(b) 是经估计变换得到的扭曲非对齐的测试图像 y_0。图 4.15(c) 是用训练图像重建后的图像 $A_i x$。图 4.15(d) 是误差 e 图像。

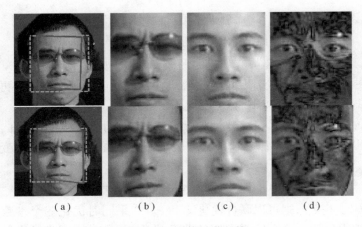

$$(a) \qquad (b) \qquad (c) \qquad (d)$$

图 4.15   图像对齐比较

4.5   核稀疏方法

我们知道,核方法由于能够获取数据中的非线性信息,近年来已经成功应用于很多方面。它的基本思想是把原始输入空间的数据,通过某种由核函数定义的非线性映射,映射到高维甚至是无穷维的特征空间中,再用传统的特征抽取方法(如主成分分析)抽取样本的特征,最后分类。在选择合适的核函数及合理设置其参数的情况下,核方法可获得非常好的模式分类性能。本节利用稀疏描述方法思想改进核方法,得到核稀疏描述(Kernel Sparse Representation, KSR)[71]。

对于一般的稀疏编码,它的目的是在基 $U(U \in \mathbf{R}^{d \times k})$ 上寻求稀疏描述,同时最小化重建错误。它等价于求解下面的目标函数,即

$$\min_{U,v} \| x - Uv \|^2 + \lambda \| v \|_1 \quad \text{s. t.} \quad \| u_m \|^2 \leqslant 1 \tag{4.12}$$

式中:$U = [u_1, u_2, \cdots, u_k]$。式(4.12)的第一项表示重建误差,第二项用来控制稀疏编码 v 的稀疏性。一般地,λ 越大,稀疏性就越强。

假设存在一个特征映射函数 $\phi : R^d \to R^k (d < k)$,它把特征和基映射到高维特征空间:$x \to \phi(x)$,$U = [u_1, u_2, \cdots, u_k] \to V = [\phi(u_1), \phi(u_2), \cdots, \phi(u_k)]$。用映射后的特征和基进行稀疏编码,有下面的核稀疏描述模型,即

$$\min_{U,v} \| \phi(x) - Vv \|^2 + \lambda \| v \|_1 \tag{4.13}$$

在 KSR 中,使用高斯核函数:$k(x_1, x_2) = \exp(-\gamma \| x_1 - x_2 \|^2)$。因为 $\phi(u_i)^{\mathrm{T}} \phi(u_i) = k(u_i, u_i) = \exp(-\gamma \| u_i - u_i \|^2) = 1$,所以就不需要在 u_i 上添加约束条件。核稀疏描述就是在高维空间中,寻找映射后的特征在此空间基上的稀疏描述。表 4.7 是 KSR 在 Extended Yale B 的识别结果。每幅图像的大小是 192 × 168。在实验中,我们把每人图像随机分为两部分,一半作为训练图像,一半作为测

试图像。实验使用了五种特征,即随机脸(RandomFace)、拉普拉斯脸(Laplacian-Face)、特征脸(EigenFace)、Fisher 脸(FisherFace)和人脸图像的下采样(Downsample)得到的特征。使用 L_2 范数,把每个特征规范到单位长度。高斯核函数的参数 γ 设置如下:对于拉普拉斯脸、特征脸、Fisher 脸和人脸图像的下采样,$\gamma = 1/d$;对于随机脸,$\gamma = 1/32d$,$\lambda = 10^{-5}$。

表 4.7　核稀疏描述(KSR)与基于稀疏描述的分类(SRC)方法的识别效果(%)

特征维数		30	56	120	504
特征脸	SRC	86.5	91.63	93.95	96.77
	KSR	89.01	94.42	97.49	99.16
拉普拉斯脸	SRC	87.49	91.72	93.95	96.52
	KSR	88.86	94.24	97.11	98.12
随机脸	SRC	82.6	91.47	95.53	98.09
	KSR	85.46	92.36	96.14	98.37
下采样	SRC	74.57	86.16	92.13	97.1
	KSR	83.57	91.65	95.31	97.8
Fisher	SRC	86.91	NA	NA	NA
	KSR	88.93	NA	NA	NA

4.6　本 章 小 结

本章主要阐述了最近刚兴起的有非常广阔应用前景的稀疏方法,它不仅已经成功应用于压缩感知等信号处理领域,而且在模式识别和计算机视觉等领域具有很大的发展潜力。在进行被遮挡或腐蚀的人脸识别时,稀疏方法与传统的识别方法相比,有很强的优势。因此,稀疏人脸识别是一种鲁棒性很强的人脸识别方法。不过,在稀疏方法中需要求解基于 L_1 范数的优化问题。该优化问题的求解效率极其低下是稀疏方法走向应用的最大障碍。虽然目前已经设计了稀疏方法的快速方法,但其效率依然不能满足人脸识别的实际应用需求。因此,如何提高稀疏方法的实现效率是一个非常重要的问题。

第5章 快速稀疏描述方法

很多证据表明,稀疏描述方法能取得较好的识别性能。尤其是对人脸识别这样的高维模式识别问题,稀疏描述方法比以往大多数方法都好。然而,稀疏描述方法也存在明显的弊病。首先,稀疏描述方法的计算复杂度非常高,难以满足实际的人脸识别应用对识别速度的需求。这主要是因为稀疏描述方法采用了 1 范数,只能通过迭代计算求解。由于稀疏描述方法自身的特点,它在每一个测试样本的识别过程中,均需进行很多次迭代计算。其次,目前人们难以分析出稀疏描述方法中"稀疏描述"的本质与最重要的理论优势。虽然人们能得出"稀疏描述"有利于取得较高识别精度的结论,但是对其中根本原因分析得不够深入。事实上,也因为如此,目前一些学者指出"稀疏描述"并不是取得优异性能的最重要原因。此外,还有学者依据一些实验结果指出,"稀疏描述"不能取得比"全局表达方法"更好的性能。此处的"全局表达方法"是指直接将测试样本表达为所有训练样本的线性组合,并依据每一类别的所有训练样本的加权和与测试样本间的差异的大小,对测试样本分类的方法。全局表达方法也称为非稀疏描述方法。而稀疏描述方法仅利用一部分训练样本的线性组合来描述测试样本并依据描述结果分类。

本章将从全新的角度探讨和设计新颖的稀疏描述方法,并揭示其中的"稀疏描述"的合理性。本章同时将深入分析所设计的稀疏描述方法与原始稀疏描述方法的差异与其优势。

5.1 基于全局表达方法的图像测试样本描述与识别

本节分别给出两种图像的全局表达方法,即原空间中图像测试样本的全局表达方法和特征空间中图像测试样本的全局表达方法。然后,我们对这两种方法进行阐释和分析。原空间中图像测试样本的全局表达方法可作为评估其他方法性能的基准。

5.1.1 原空间中图像测试样本的全局表达方法

令 $A_1, A_2, \cdots, A_n$ 表示原空间中 n 个训练样本对应的向量。我们假定原空间中测试样本 y 可近似表达为所有训练样本的线性组合,即

$$y \approx \sum_{i=1}^{n} \beta_i A_i \tag{5.1}$$

简便起见,我们将"近似等于"符号改写为"等于"。式(5.1)可改写为

$$y = A\boldsymbol{\beta} \tag{5.2}$$

式中:$\boldsymbol{\beta} = (\boldsymbol{\beta}_1, \boldsymbol{\beta}_2, \cdots, \boldsymbol{\beta}_n)^T$;$A = (A_1, A_2, \cdots, A_n)$。

如果 $A^T A$ 非奇异,则式(5.2)的最小平方误差解可依据 $\boldsymbol{\beta} = (A^T A)^{-1} A^T y$ 求得[72]。如果 $A^T A$ 近似奇异,则可依据 $\boldsymbol{\beta} = (A^T A + \gamma I)^{-1} A^T y$ 求解,γ 为一小的正数,I 为单位矩阵。

式(5.1)表明每个训练样本均对测试样本的表达有贡献,其中第 i 个训练样本的贡献为 $\boldsymbol{\beta}_i A_i$。假如来自第 k 类的所有训练样本为 $A_s, \cdots, A_t$,则该类训练样本在表达测试样本上的总贡献 $g_k = \boldsymbol{\beta}_s A_s + \cdots + \boldsymbol{\beta}_t A_t$。我们认为,$e_k = \| y - g_k \|^2$ 越小,第 k 类训练样本的贡献越大。本章所有关于向量的范数符号都是指 2 范数。我们将测试样本分类到对表达该测试样本有最大贡献的类别。此为原空间中我们对测试样本的表达与分类程序,亦即原空间中图像测试样本的全局表达与识别。

该方法具有如下两个特点:一是易于实现,且计算复杂度低;二是求解不需任何约束条件,且在一般情况下,解不具有稀疏性。通过与图像稀疏描述方法的实验对比,可以验证这些方法是否具有优势。

需要特别说明的是,原空间中图像测试样本的全局表达方法对测试样本的分类方案有其特别之处。其依据各类的贡献与测试样本间的差异来分类测试样本的方案,实际上可看做是一种依据一类训练样本的组合形式与测试样本间的差异来分类的方案(即将测试样本分类到对应最小差异的类别)。

下面对照原空间中图像测试样本的全局表达方法,介绍原始稀疏方法。原始稀疏方法认为式(5.2)中解向量 $\boldsymbol{\beta}$ 需包含一些零分量。参考文献[10]依据基于一个准则函数的求解方案来确定到底哪些分量为零或近似为零。准则函数设置为原始稀疏方法计算出的 y 之值与 $A\boldsymbol{\beta}$ 间差值的范数与 $\boldsymbol{\beta}$ 的 1 范数的加权和。参考文献[10]认为使该准则取最小值的解即为式(5.2)的最优解。由于不存在相应解析解,参考文献[10]通过迭代计算给出了式(5.2)的数值解。然后,利用原空间中图像测试样本的全局表达方法的分类方案对测试样本进行分类。

参考文献[10]中的稀疏方法与原空间中图像测试样本的全局表达方法可对比如下:原空间中图像测试样本的全局表达方法对线性组合中训练样本的系数(即解向量的各分量)不做任何约束,而参考文献[10]中的稀疏方法要求解向量中零分量或近似为零的分量越多越好。原空间中图像测试样本的全局表达方法可通过直接求解一个线性方程组的形式,以非常低的计算代价得到方法的解,而参考文献[10]中的稀疏方法,需求解一个具有很高计算复杂度的线性规划问题,而且只能采用迭代求解的方案。

5.1.2　特征空间中图像测试样本全局表达方法的初步设计

特征空间中测试样本的全局表达方法是我们最早提出的。本质上,特征空间

中图像测试样本的全局表达和识别方法由两个步骤组成,即非线性变换与测试样本的全局表达和识别。特征空间中图像测试样本的全局表达方法,首先将所有样本变换到一个新空间(即特征空间),然后在特征空间中对测试样本进行全局表达和分类。非线性映射能增强不同类别样本间差异的能力是我们设计此方法的动机。

这里的"特征空间"是指原空间经由非线性映射 ϕ 得到的变换空间。原空间中样本 x 对应着特征空间中的样本 $\phi(x)$。假设特征空间中测试样本 $\phi(y)$ 可(近似)表达为所有训练样本 $\phi(A_1),\cdots,\phi(A_n)$ 的线性组合,则有 $\phi(y) = \sum_{i=1}^{n}\beta_i\phi(A_i)$。若特征空间中的样本均为列向量,则可将 $\phi(y) = \sum_{i=1}^{n}\beta_i\phi(A_i)$ 改写为

$$\phi(y) = \boldsymbol{\Phi}\boldsymbol{\Psi} \tag{5.3}$$

式中:$\boldsymbol{\Phi} = (\phi(A_1),\cdots,\phi(A_n))$;$\boldsymbol{\Psi} = (\boldsymbol{\beta}_1,\cdots,\boldsymbol{\beta}_n)^{\mathrm{T}}$。同样为了简便,在式(5.3)中直接使用"等号"。若 $\boldsymbol{\Phi}^{\mathrm{T}}\boldsymbol{\Phi}$ 非奇异,则式(5.3)的最小二乘解为

$$\boldsymbol{\Psi} = (\boldsymbol{\Phi}^{\mathrm{T}}\boldsymbol{\Phi})^{-1}\boldsymbol{\Phi}^{\mathrm{T}}\phi(y) \tag{5.4}$$

可使用核函数 $k(A_i,A_j)$ 来代替 $\boldsymbol{\phi}^{\mathrm{T}}(A_i)\phi(A_j)$,并用核函数 $k(A_i,y)$ 代替 $\boldsymbol{\phi}^{\mathrm{T}}(A_i)\phi(y)$。因此,可将式(5.4)变换为

$$\boldsymbol{\Psi} = K^{-1}K_y \tag{5.5}$$

其中

$$K_y = \begin{pmatrix} k(A_1,y) \\ \vdots \\ k(A_n,y) \end{pmatrix}, K = \begin{pmatrix} k(A_1,A_1) & \cdots & k(A_1,A_n) \\ \vdots & & \vdots \\ k(A_n,A_1) & \cdots & k(A_n,A_n) \end{pmatrix}, \boldsymbol{\Psi} = \begin{pmatrix} \beta_1 \\ \vdots \\ \beta_n \end{pmatrix}$$

若 K 近似奇异,则可将式(5.5)修改为 $\boldsymbol{\Psi} = (K+\mu I)^{-1}K_y$($\mu$ 为一正的常数,且 I 为单位阵)。

依据式(5.3),可得 $\boldsymbol{\Phi}^{\mathrm{T}}\phi(y) = \boldsymbol{\Phi}^{\mathrm{T}}\boldsymbol{\Phi}\boldsymbol{\Psi}$。利用核函数的定义,可知

$$K_y = K\boldsymbol{\Psi} \tag{5.6}$$

将式(5.6)改写为

$$K_y = (K_1,\cdots,K_n)\boldsymbol{\Psi} = \boldsymbol{\beta}_1 K_1 + \cdots + \boldsymbol{\beta}_n K_n \tag{5.7}$$

$K_i = [k(A_1,A_i),\cdots,k(A_n,A_i)]^{\mathrm{T}}$ 表示矩阵 K 的第 i 列。式(5.7)表明,K_y 为 K_i 的线性组合,$i = 1,2,\cdots,n$(K_i 由第 i 个训练样本直接决定,且 $\boldsymbol{\beta}_i K_i$ 可看作第 i 个训练样本在表达测试样本上的贡献,亦即在表达 K_y 上的贡献)。

假设来自第 k 类的所有训练样本为 $A_s,\cdots,A_t$,则特征空间中该类训练样本在表达测试样本上的总贡献为 $h_k = \boldsymbol{\beta}_s K_s + \cdots + \boldsymbol{\beta}_t K_t$。我们认为,$e'_k = \parallel K_y - h_k \parallel^2$ 越小,第 k 类训练样本的贡献越大,即将测试样本分类为对表达该测试样本有最大贡献的类别。这就是特征空间中图像测试样本的全局表达与识别方法。该方法将

计算每一类训练样本在表达测试样本上的总贡献,并将其评估问题转换为了形如 $h_k = \boldsymbol{\beta}_s \boldsymbol{K}_s + \cdots + \boldsymbol{\beta}_t \boldsymbol{K}_t$ 的核函数计算问题。因此,虽然特征空间中训练样本和测试样本的具体数据均未知,但仍可利用训练样本对测试样本进行"描述",并依据"描述"结果进行分类。

由于特征空间中图像测试样本的全局表达与识别方法巧妙地利用了核函数,该方法不需"显式"地进行任何变换,即可在新空间中对图像测试样本进行全局表达和识别。特征空间中,图像测试样本的全局表达与识别方法的潜在优势是,将样本变换到新空间后有望增强不同类别样本间的差异性,有利于后续分类。原因是方法中的"潜在"变换是非线性变换。

5.1.3　全局表达方法的可行性分析

事实上,5.1.1 小节方法的最小二乘解,是原空间中图像测试样本的全局表达方法在 $\| y - \boldsymbol{A}\boldsymbol{\beta} \|^2$ 最小化条件下的解,而在特征空间中的最小二乘解是特征空间中图像测试样本的全局表达方法在 $\| \phi(y) - \boldsymbol{\Phi}\boldsymbol{\Psi} \|^2$ 最小化条件下的解。与此对应的物理意义是:当最小二乘解的各分量作为表达测试样本的线性组合的系数时,线性组合与测试样本间的偏差最小。

直观上,如果一个训练样本与测试样本非常相似,且其他训练样本与测试样本的不相似度很高时,全局方法很可能给这个训练样本分配一个大的系数,而给其他训练样本分配小的系数。由以下定理和推论可得出上述结论。

【定理 1】　如果在原始空间或者特征空间中,测试样本与第 i 个训练样本类别相同,则 $\beta_i = 1$,$\beta_j = 0$,$j \neq i$ 并且 $\| y - \boldsymbol{A}\boldsymbol{\beta} \|^2 = 0$ 或 $\| \phi(y) - \boldsymbol{\Phi}\boldsymbol{\Psi} \|^2 = 0$。

证明:

首先考虑原始空间。假设原始空间中测试样本 y 与第 i 个训练样本 $\boldsymbol{A}_i$ 相同,则在 $\beta_i = 1$ 与 $\beta_j = 0$ $(j \neq i)$ 的条件下,可得 $y = (\boldsymbol{A}_1, \cdots, \boldsymbol{A}_n)(\boldsymbol{\beta}_1, \cdots, \boldsymbol{\beta}_n)^{\mathrm{T}}$。换言之,$\beta_i = 1$ 与 $\beta_j = 0$ $(j \neq i)$ 使得 $\| y - (\boldsymbol{A}_1, \cdots, \boldsymbol{A}_n)(\boldsymbol{\beta}_1, \cdots, \boldsymbol{\beta}_n)^{\mathrm{T}} \|^2 = 0$ 成立。

假设特征空间中测试样本 $\phi(y)$ 与第 i 个训练样本 $\phi(\boldsymbol{A}_i)$ 相同,则 $\beta_i = 1$ 与 $\beta_j = 0$ $(j \neq i)$ 也将使得 $\| \phi(y) - \boldsymbol{\Phi}(\boldsymbol{\beta}_1, \cdots, \boldsymbol{\beta}_n)^{\mathrm{T}} \|^2 = 0$ 成立。证毕。

依据定理 1 与最小二乘解的定义,可得到如下推论。

【推论 1】　如果在原始空间或者特征空间中,测试样本与第 i 个训练样本相同,则 $\beta_i = 1$ 与 $\beta_j = 0$ $(j \neq i)$ 一定是 $y = (\boldsymbol{A}_1, \cdots, \boldsymbol{A}_n)(\boldsymbol{\beta}_1, \cdots, \boldsymbol{\beta}_n)^{\mathrm{T}}$ 或 $\phi(y) = \boldsymbol{\Phi}\boldsymbol{\Psi}$ 的一个最小二乘解。

若实际应用中出现推论 1 的情况,则根据全局表达方法的分类规则,测试样本将被准确地分类到正确的类别。类似地,我们可推测,在实际应用中,如果一个训练样本与测试样本非常相似,且其他训练样本与测试样本不相似度很高时,利用全局表达方法在后续的分类中,测试样本一般仍会以较大概率被分类到相似训练样本的类别。我们做了一个简单验证实验。在 ORL 人脸库中,测试样本与训练样本非常相近情况下,原空间中测试样本的全局表达方法得出的测试样本关于所有训练样本的线性组合系数,如图 5.1 所示。横坐标是训练样本的序号(即线性组合系数的序号),而纵坐标是线性组合的系数。每人的前五个图像作为训练样本,而测试样本设置为与第一个人的第五个训练样本差异很小的样本,可由将该训练样本的各个元素加上一个 −5 ~ +5 的随机数得到)。由图 5.1 可知,当测试样本与某个训练样本差异很小时,原空间中图像测试样本的全局表达方法将为该训练样本分配一个非常大(接近 1)的系数,而为其他训练样本分配一个很小的系数。

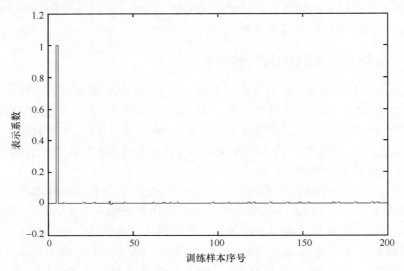

图 5.1　全局表达方法得出的线性组合系数

　　图 5.2 和图 5.3 显示了我们对原空间中图像测试样本的全局表达与识别方法进行实现时,得出的 Yale 人脸库与 ORL 人脸库中部分人脸测试图像的表达结果。在这两个数据库上,分别取每个人的前五张图像作训练样本,剩下的所有图像作测试样。图 5.2 显示了 Yale 人脸库中一个人的六个测试图像(如第一行所示),以及

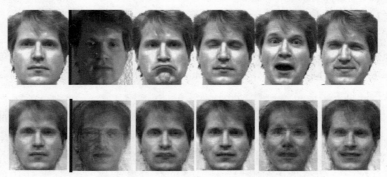

图 5.2　Yale 人脸库中测试图像及其表达结果

原空间中图像测试样本的全局表达与识别方法对这些图像的表达结果,即将测试图像表达为所有训练样本的线性组合时,该线性组合对应的图像显示(如第二行所示)。图 5.3 显示了 ORL 人脸库中一个人的五个测试图像(如第一行所示),以及原空间中图像测试样本的全局表达与识别方法对这些图像的表达结果,即将测试图像表达为所有训练样本的线性组合时,该线性组合对应的图像显示(如第二行所示)。我们可直观地看到,测试图像的表达结果在基本上保留人脸的主要显著特征的同时,还能部分削弱其细节特征(如削弱图 5.2 中嘴部的细节)。

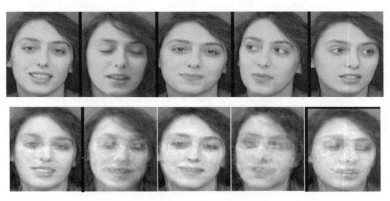

图 5.3　ORL 人脸库中测试图像及其表达结果

初步实验(表 5.1 和表 5.2)也显示,我们设计的特征空间中图像测试样本的全局表达与识别方法具有非常鲁棒的识别性能,且鲁棒性大大优于其他方法。在 AR 人脸库中,测试图像被部分遮挡情况下,特征空间中图像测试样本的全局表达与识别方法、LDA 和核鉴别分析方法得到的分类错误率如表 5.1 所列。每人的前 16 个图像作为训练样本,其他图像作为测试样本。特征空间中图像测试样本的全局表达与识别方法、核鉴别分析方法均采用高斯核函数。实际上,表 5.1 中人脸的测试图像被遮挡 20% 的情况下(训练图像不做任何处理),LDA 和核鉴别分析方法几乎完全失败(错误率分别为 93.5% 和 78.7%),而特征空间中图像测试样本的全局表达与识别方法能获得较低的错误率。图 5.4 所示为 AR 人脸库中同一人的几个被部分遮挡的测试图像,第一幅图像为"Baboon"标准图,我们从中取出一小块图像作为模板对测试图像进行遮挡。模板图像的大小占测试样本的 20% ,遮挡位置随机设置。需说明的是,所有训练图像均未被遮挡。

表 5.1　三种方法在 AR 人脸库上的分类错误率

特征空间中图像测试样本的 全局表达与识别方法	LDA	核鉴别分析方法
28.17%	93.5%	78.7%

表 5.2　三种方法在 ORL 人脸库上的分类错误率

特征空间中图像测试样本的 全局表达与识别方法	LDA	核鉴别分析方法
9.5%	19.5%	34.0%

图 5.4　AR 人脸库中同一人的几个被部分遮挡的测试图像

在 ORL 人脸库中,测试图像被椒盐噪声污染而训练图像没有被污染的情况下,三种方法的分类错误率如表 5.2 所列。从表可以看到,LDA 和核鉴别分析方法在测试图像被椒盐噪声污染情况下,取得的分类错误率较高。图 5.5 为 ORL 人脸库中几个被 10% 的椒盐噪声污染情况下的测试图像。这两个实验中,三种方法均采用高斯核函数,高斯核函数的参数均设置为 1.0×10^{7}。

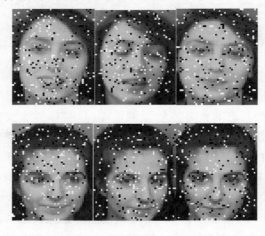

图 5.5　被 10% 椒盐噪声污染的测试图像

5.2　快速稀疏描述方法

本节介绍利用 K 近邻进行稀疏描述的快速稀疏描述方法。该方法由两个步骤组成:第一步,从整个训练集中确定出测试样本的 K 近邻(也称 K 近邻确定步骤);第二步,利用确定出的 K 近邻描述和分类测试样本(也称线性描述与分类步骤)。基于 K 近邻的描述将测试样本表达为其 K 近邻的线性组合。方法的合理性如下:与 KNN 分类器的工作方式相似,第一步实际上是检测出与测试样本不相似或距离较远的训练样本,认为这些样本对最终的分类没有影响,并规定测试样本不属于其 K 近邻样本之外的类别,快速稀疏描述方法使第二步能更好地确定测试样本的类别。第二步对测试样本分类的原则是:将测试样本分类为对其描述贡献最大的类别。实验表明,该方法的识别正确率比全局表达方法高 10% 。

5.2.1　快速稀疏描述方法的设计

快速稀疏描述方法由 K 近邻确定步骤、线性描述与分类步骤组成。K 近邻确定步骤先从训练集中挑选出距离测试样本最近的 K 个训练样本,并记录这些训练样本的类别标签。假设一共有 L 个类别,如果一个训练样本属于第 j 类 ($j = 1,$ $2, \cdots, L$),则我们将数字 j 作为其类别标签。令测试样本 y 的 K 个近邻为 $x_1, \cdots,$ x_K,且这些近邻的类别标签组成的集合为 $C = \{c_1, c_2, \cdots, c_d\}$。显然,$C$ 中元素的个数必小于等于 L 和 K,换言之,C 为集合 $\{1, 2, \cdots, L\}$ 的一个子集。

快速稀疏描述方法的第二步,试图将测试样本表达为所确定的 K 个近邻的线性组合,并据此对测试样本进行分类。该步骤假设下式近似成立,即

$$y = a_1 x_1 + \cdots + a_K x_K \tag{5.8}$$

式中:a_i, $i = 1, 2, \cdots, K$ 为系数。事实上,式(5.8)认为每个近邻均对测试样本的表达有贡献,其中,第 i 个近邻的贡献为 $a_i x_i$。式(5.8)可改写为如下矩阵形式,即

$$y = XA \tag{5.9}$$

式中:$A = [a_1, \cdots, a_K]^T$; $X = [x_1, \cdots, x_K]$。我们要求 XA 与测试样本 y 之间有最小偏差,且解向量 A 的范数较小(意味着泛化性能较好)。因此,将下式的最小化作为我们的目标函数,即

$$L(A) = \| y - XA \|^2 + \mu \| A \|^2 = (y - XA)^T (y - XA) + \mu A^T A \tag{5.10}$$

式中:μ 表示一正的常数。依据拉格朗日方法,最优的 A 应满足 $\dfrac{\partial L(A)}{\partial A} = 0$。因此,快速稀疏描述方法的最优解应为

$$A = (X^T X + \mu I)^{-1} X^T y \tag{5.11}$$

式中:I 表示单位阵。

我们计算已确定出的来自各类的 K 近邻对测试样本表达的贡献的总和,然后根据贡献大小来确定测试样本的类别。例如,如果测试样本的 K 个近邻中来自第 $r (r \in C)$ 类的所有近邻为 $x_s, \cdots, x_t$,则第 r 类的贡献为

$$g_r = a_s x_s + \cdots + a_t x_t \tag{5.12}$$

g_r 与测试样本 y 间的偏差为

$$e_r = \| y - g_r \|^2, r \in C \tag{5.13}$$

快速稀疏描述方法认为,$e_r = \| y - g_r \|^2$ 越小,第 r 类在表达测试样本中所起的作用越大。因此,测试样本 y 被分类到贡献最大的那个类别。需要指出的是,如

果第一步确定出的 K 个近邻均不来自第 p 类,则数字 p 不是集合 C 中的元素,因此,快速稀疏描述方法也不会将测试样本分为第 p 类。

快速稀疏描述方法的第一步,既可使用 Euclidean 距离,又可使用相似性度量。如果使用 Euclidean 距离,则相应方案称为快速稀疏描述方法的第一方案。如果使用相似度量 $s(y,x_i) = \|y\| \cdot \|x_i\| \cos\theta_i$($\cos\theta_i$ 代表测试样本与第 i 个近邻间的 cosine 相似性)且 $s(y,x_i)$ 越大,测试样本距离第 i 个近邻越近时,相应方案称为快速稀疏描述方法的第二方案。

快速稀疏描述方法的主要步骤叙述如下:

步骤 1　利用 Euclidean 距离或 cosine 相似性为测试样本 y 确定 K 个近邻。

步骤 2　利用测试样本 y 的 K 个近邻得出式 (5.8),并依据式(5.11)给出其最小二乘解。

步骤 3　利用式(5.13)计算第 $r(r \in C)$ 类在表达测试样本 y 时的偏差 e_r。

步骤 4　将测试样本 y 分类到对应最小偏差的类别。换言之,如果 $e_q = \min e_r$ $(q,r \in C)$,则测试样本 y 被分类为第 q 类。

5.2.2　快速稀疏描述方法的可行性分析

5.2.2.1　快速稀疏描述方法的思想与合理性

尽管 KNN 分类器已被广泛应用,但常规的 KNN 分类器只是简单地计算测试样本的 K 个近邻的类别,并将测试样本分类到包含最多近邻的那个类别中。事实上,KNN 分类器没有充分利用测试样本的 K 个近邻的信息,它只是简单地利用近邻的类别标签来对测试样本进行分类。实际上,近邻与测试样本间的距离是 KNN 分类器利用的直观因素。而常规的 KNN 分类器不论近邻样本距离测试样本远或近,均同等地对待各近邻在测试样本的分类决策中所起的作用。从这个角度看,我们认为 KNN 分类器的性能存在提升的空间。

快速稀疏描述方法有着如下合理性。

在第一步确定测试样本的近邻时,它检测出与测试样本不相似或距离较远的训练样本,此后,该方法不再考虑这些训练样本,并认为它们不影响最终的分类决策。也可说这一步挑选出全局上与测试样本相似的训练样本(即 K 个近邻)。第一个步骤实际上也起着粗分类的作用;如果某类中没包含测试样本的任何近邻,则将该类的类别标签从最终的分类决策排除,即后续的分类程序不可能将测试样本分到该类。从稀疏学习的角度看,这一步其实是字典学习的过程,与前一章介绍的字典学习有所不同,这里是通过计算某种距离直接确定字典,用来描述测试样本。后面几章(如第 6 章和第 7 章)介绍的算法,也有类似的字典学习过程。

快速稀疏描述方法的第二步是通过为每个近邻设定系数来确定各近邻在描述

测试样本时的贡献。如前所述,快速稀疏描述方法的分类规则是,将测试样本分类到对其描述贡献最大的类别,且贡献的大小主要由系数决定。我们也可直观地看到,系数与测试样本和近邻间的相似性直接相关。关于该点的形式化分析如下:A 由 $A = (X^T X + \mu I)^{-1} X^T y$ 求得,其中 $X^T y = [x_1^T y, \cdots, x_K^T y]^T$。如果所有样本都为单位向量,则有 $X^T y = [\cos\theta_1, \cdots, \cos\theta_n]^T$,$\cos\theta_i$ 为测试样本与第 i 个近邻间的 cosine 相似。因此,如果第 i 个近邻与测试样本有较大相似性,则 $\cos\theta_i$ 的值较大;由此,我们可推测相应系数 a_i 绝对值较大,同时第 i 个近邻对测试样本的描述贡献较大。从这个角度看,快速稀疏描述方法的特点是细致地了考虑每个近邻对测试样本分类决策的不同作用。

快速稀疏描述方法不仅新颖、简单,而且易于实现。快速稀疏描述方法只利用训练样本集的一个子集来描述测试样本,因此也属于稀疏方法的范畴,这也是取名为"快速稀疏描述方法"的原因。除了第一步确定 K 近邻的计算代价外,快速稀疏描述方法的主要计算代价是第二步求解一个线性方程组的计算代价。由于参考文献[10]中的稀疏方法基于迭代算法,其计算复杂度相对较高。

当快速稀疏描述方法利用 K 近邻表达测试样本时,它实际上假设,测试样本的 K 近邻的线性组合能以较小误差逼近测试样本。该假设具有合理性:当 K 个近邻均靠近测试样本或与其相似时,测试样本被这些近邻的线性组合近似表达的程度将较高。

5.2.2.2 快速稀疏描述方法与其他方法的对比

本小节将阐述快速稀疏描述方法与其他基于变换的样本描述方法(如 PCA、LDA 等)的对比分析。快速稀疏描述方法与这些方法的主要区别是,这些方法基于所有训练样本实现测试样本的描述,而快速稀疏描述方法只利用 K 个近邻来描述和分类测试样本。只利用 K 个近邻具有如下优点:可消除其他训练样本(这些样本远离测试样本,或与其很不相似)对测试样本的分类决策的干扰,还可充分考虑不同近邻在测试样本分类决策中的作用。

PCA、Kernel PCA、LDA、kernel LDA 等传统变换方法均使用了所有训练样本。它们首先利用所有训练样本来产生变换轴,然后,将样本投影到这些变换轴得出特征抽取结果。因此,可将这些方法统称为全局样本描述方法。

在某种程度上,快速稀疏描述方法也可被当作一种广义变换方法,每个近邻可当作一个广义的变换轴。a_i 为第 i 个变换轴对应的系数。可同时用 $a_i(i=1,2,\cdots,k)$ 与 K 个近邻来描述测试样本。a_i 可通过求解线性方程组得出。需要指出的是,在快速稀疏描述方法中,测试样本的描述只与 K 个近邻直接相关,而全局样本描述方法中,测试样本的描述与所有训练样本相关。若在实现过程中将 K 取为所有训练样本的个数,则快速稀疏描述方法就成了全局样本描述方法。

我们可认为,如果近邻个数适当,则快速稀疏描述方法的决策结果将比全局样本描述方法更合理。这主要受益于快速稀疏描述方法能排除远离测试样本或与测试样本很不相似的训练样本对分类决策的影响。总结起来,快速稀疏描述方法由一个粗分类与一个细分类决策过程组成,这两个决策过程分别由该方法的两个步骤实现。两个决策过程的组合是此方法获得高分类正确率的基础。

快速稀疏描述方法的对比实验的结果如图 5.6 ~ 图 5.8 中所示。图 5.6 显示了在 ORL 人脸库中利用原空间中图像测试样本的全局表达方法,一个人的五个测试图像产生最小描述误差的类别的描述结果。图 5.6(a)、(b)、(c)、(d) 与 (e) 为 ORL 人脸库中一个人的五个测试样本,图 5.6(a')、(b')、(c')、(d') 与 (e') 分别为对图 5.6(a)、(b)、(c)、(d) 与 (e) 使用全局表达方法产生最小描述误差的类别的描述结果。当测试图像被分类为产生最小描述误差的类别时,我们看到图 5.6 显示原空间中图像测试样本的全局表达方法将产生一个分类错误(测试图像图 5.6(d)将被错误分类)。图 5.7 显示了快速稀疏描述方法($K = 200$)对 ORL 人脸库中同一个人的五个测试图像产生最小描述误差(即最大描述贡献)的类别的描述结果,原测试图像分别为图 5.6(a)、(b)、(c)、(d) 与 (e)。我们看到,依据该方法的分类规则,这五个测试图像都将被正确分类。这说明快速稀疏描述方法的第一步确实能进行初分类并最终提升方法的分类性能。

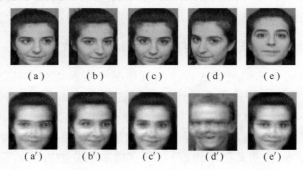

图 5.6　全局表达方法的描述结果

图 5.7　快速稀疏描述方法描述结果

为了更清楚地阐述图 5.6 与图 5.7,特给出如下说明。本节中 $g_r = a_s x_s + \cdots + a_t x_t$ 可看做第 r 类在表达测试样本 y 中的贡献。如前所述,如果在所有 g_r 中,g_t 与测试样本间的偏差最小,测试样本将被分类到第 t 类。g_t 可被转换为与原人脸图像一样大小的矩阵 I_t,I_t 称为 g_t 对应的二维图像。图 5.7 和图 5.6 中的第二行是五

个测试样本的 I_t 的图像显示。需要指出的是,由于 I_t 是来自第 t 类(人)的训练样本的线性组合,其自然看起来像第 t 个人的人脸。因此,在给定人脸测试样本的情况下,可通过人工观察 I_t 是否像人脸测试样本,来判定该测试样本是否被正确分类(当 I_t 看起来像人脸测试样本时,该测试样本能被正确分类,否则,其不能被正确分类)。

图 5.8 所示为快速稀疏描述方法的识别性能(分类错误率)随 K 变化的曲线,当 K 取值合适时,快速稀疏描述方法分类错误的非常低(只为最近邻分类器错误率的 1/2)。绿色"星"代表六个训练样本情况下最近邻分类器的分类错误率均值;红色"圆"代表五个训练样本情况下最近邻分类器的分类错误率均值(见文前彩描);"快速稀疏描述方法(ORL,6)"表示快速稀疏描述方法将 ORL 库中每人的六个图像作为训练样本,而其他图像作为测试样本。由于 ORL 库中每人有 10 幅图像,若任意取出 5 幅作为训练图像,则可有 252 种取法。换言之,如果将每人的五个图像作为训练样本,而另外五个作为测试样本,则在实验中有 252 个训练集和同样个数的测试集可用。图 5.8 给出了关于所有测试集的分类错误率(%)的均值。显然,当 K 为训练样本总数时,快速稀疏描述方法等同于原空间中图像测试样本的全局表达方法。将每类的五个和六个图像作为训练样本时,训练样本总数分别为 200 和 240。在 K 小于训练样本总数时,快速稀疏描述方法的分类错误率比原空间中图像测试样本的全局表达方法的低,见图 5.8,这充分说明了该方法的有效性。

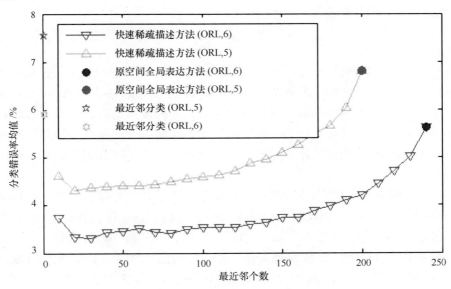

图 5.8　最近邻分类器与快速稀疏描述方法分类效果

5.3　快速稀疏描述方法的变形算法

本节给出快速稀疏描述方法的变形算法:首先,从训练样本集中确定出距离测试样本最近的若干类别;然后,用这些类别的所有训练样本对测试样本进行线性表达,并依据表达结果对测试样本分类。当利用一个类别的所有训练样本来判断该类与测试样本间的"距离",比利用该类的部分训练样本来确定该类与测试样本间的"距离"更准确时,该算法可获得更好的效果。

变形算法也包含两个步骤,第二步同原方法相同。第一步的具体实现如下:首先,假设下式近似成立,即

$$y = b_1 x_1 + \cdots + b_N x_N \tag{5.14}$$

式中:$x_1, \cdots, x_N$ 表示来自不同类别的所有训练样本。求解上述线性方程组得出系数 b_i 后,变形算法分别计算每一类别的训练样本与相应系数的加权和。变形算法将每一类别的加权和结果与测试样本间差值的范数,作为该类别及测试样本间的"距离"。挑选出与测试样本"距离"最近的若干类别后,变形算法的第一步结束。变形算法的第二步中的训练样本是挑选出的类别的所有训练样本。

在第二步中,假设训练样本中来自第 $r(r \in C)$ 类的样本为 $x_p, \cdots, x_q$,则第 r 类的贡献为

$$f_r = a_p x_p + \cdots + a_q x_q \tag{5.15}$$

f_r 与测试样本 y 间的偏差为

$$e_r = \| y - f_r \|^2 \tag{5.16}$$

变形算法会将测试样本分类到偏差最小的类别。该算法也称为快速稀疏描述方法的变形算法 1,与变形算法 2 的主要区别如下:变形算法 2 的第一步,是利用测试样本与各类的原始训练样本间的欧氏距离,来确定距离测试样本最近的若干类别。具体地,变形算法 2 的第一步将测试样本与同一类的所有原始训练样本间的欧氏距离之和,作为测试样本与该类别的距离,并依据它确定出距离测试样本最近的若干类。

我们利用 ORL、FERET 与 AR 三个人脸库对变形算法进行了实验。对 FERET 库,使用了 200 个人的 1400 幅人脸图像(每人 7 幅)。这些图像是原 FERET 库中文件名包含字符"ba"、"bj"、"bk"、"be"、"bf"、"bd"和"bg"的图像。

对 ORL 和 FERET 库,假设每人有 m 幅人脸图像。对第一个人,我们可取出其任意 s 幅图像作为训练样本而将其他图像作为测试样本,共有 $C_m^s = \dfrac{m(m-1)\cdots(m-s+1)}{m(m-1)\cdots 1}$ 种取法。对其他人的人脸图像,也同样采用 $C_m^s = $

$$\frac{m(m-1)\cdots(m-s+1)}{m(m-1)\cdots1}$$ 种取法来确定训练样本和测试样本。换言之,如果在一个训练集中,来自第一个人的训练样本由编号分别为 $1,2,\cdots,m$ 的图像组成,则来自其他人的训练样本也分别由编号分别为 $1,2,\cdots,m$ 的图像组成(而其他图像组成测试样本),依此类推。我们将 FERET 库中第一人的任意 4 幅人脸图像作为训练样本,则实验中的训练样本集与测试样本集的总数均为 35。将 ORL 库中第一个人的任意 6 幅人脸图像作为训练样本,而其他图像组成测试样本。对 AR 人脸库,将每人的前 8 幅图像作为训练样本,而其他图像作为测试样本。每一幅 AR 人脸均缩小为 40×50 的矩阵。在实验前,所有人脸图像都变换为范数为 1 的单位向量。方法中的 μ 与 γ 都设置为 0.01。

图 5.9 给出了 ORL 库的一个测试样本以及原空间中的全局表达方法得出的产生最大描述贡献的 4 个类别的二维图像。其中,图 5.9(a)为测试样本,图 5.9(b)~(e)分别为对测试样本的表达产生最大描述贡献的 4 个类别的二维图像。通过观察可知,描述贡献最大的二维图像图 5.9(b)与测试样本不属于同一个类别,因此,该测试样本会被原空间中的全局表达方法错误分类。我们看到,原空间中的全局表达方法不能对测试样本进行正确分类。而图 5.10 显示,快速稀疏描述方法的变形算法 1 能正确分类。图 5.10(a)为测试样本,图 5.10(b)~(e)分别为对测试样本的表达产生最大描述贡献的 4 个类别的二维图像。通过观察可知,描述贡献最大的二维图像图 5.10(b)与测试样本属于同一个类别,因此,该测试样本能被快速稀疏描述方法的变形算法 1 正确分类。图 5.11~图 5.13 给出了快速稀疏描述方法的变形算法 1 和变形算法 2 的分类错误率均值。表 5.3~表 5.5 给出了最近邻分类的分类错误率均值,以及变形算法的最小和最大分类错误率。由三个人脸库的实验结果看到,快速稀疏描述方法的变形算法的分类错误率比最近邻分类以及原空间中的全局表达方法的低。

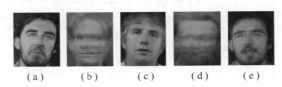

(a)　　　(b)　　　(c)　　　(d)　　　(e)

图 5.9　ORL 库上原空间中的全局表达方法的结果

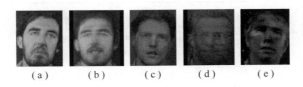

(a)　　　(b)　　　(c)　　　(d)　　　(e)

图 5.10　ORL 库上快速稀疏描述方法的变形算法 1 的结果

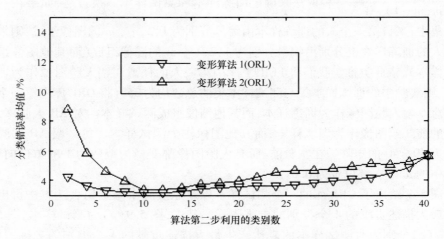

图 5.11   两种变形算法在 ORL 库上的分类效果

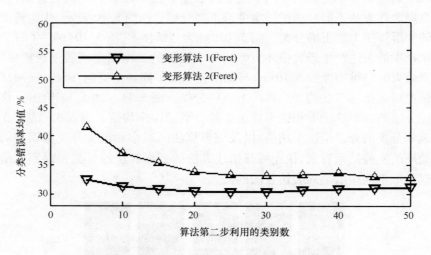

图 5.12   两种变形算法在 FERET 库上的分类效果

表 5.3   变形算法在 ORL 库上的最小与最大分类错误率

每类训练样本个数	最近邻分类错误率	变形算法 1 的 最小分类错误率	变形算法 2 的 最大分类错误率	原空间全局 表达方法
6	5.91%	3.18%	3.37%	5.64%
5	7.55%	4.07%	4.30%	6.81%

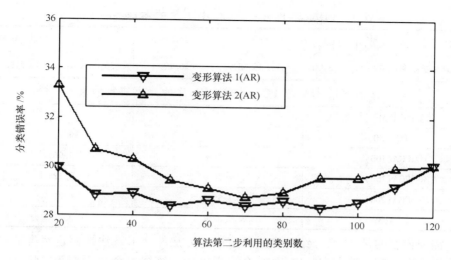

图 5.13 两种变形算法在 AR 库上的分类效果

表 5.4 变形算法在 FERET 库上的最小与最大分类错误率

每类训练样本个数	最近邻分类错误率	变形算法 1 的 最小分类错误率	变形算法 2 的 最大分类错误率	原空间全局 表达方法
4	36.05%	30.22%	32.74%	42.14%

表 5.5 变形算法在 AR 库上的最小与最大分类错误率

每类训练样本个数	最近邻分类错误率	变形算法 1 的 最小分类错误率	变形算法 2 的 最大分类错误率	原空间全局 表达方法
8	41.76%	28.29%	28.75%	30.05%

实验结果也显示,快速稀疏描述方法的变形算法 1 均优于快速稀疏描述方法的变形算法 2。这说明,相比直接利用欧氏距离,首先利用训练样本的线性组合来表达测试样本,并依据表达结果来计算测试样本与某一类别间的距离,并以此距离来确定测试样本的近邻类的方式性能更优。这也是快速稀疏描述方法中我们没有直接利用欧氏距离的原因。

表 5.6 ~ 表 5.8 给出了关于 LDA 与 PCA 的对比实验结果,括号中的数字是所用变换轴的个数。LDA 与 PCA 均采用最近邻分类。当实现 LDA 时,为避免小样本问题,我们将其原始类内散布矩阵 S_w 替换为 $S_w + 0.001I$(I 为单位矩阵)。由表可知,快速稀疏描述方法的变形算法 1 和变形算法 2 的分类错误率显著低于 PCA。在大多数情况下,变形算法 1 和变形算法 2 的性能也优于 LDA。

表 5.6 LDA 与 PCA 关于 AR 库的对比实验结果

方法(所用变换轴个数)	PCA(50)	PCA(100)	PCA(150)	PCA(200)	LDA(119)
分类错误率均值	45.32%	42.69%	42.13%	41.85%	34.21%

表 5.7　LDA 与 PCA 关于 FERET 库的对比实验结果

方法(所用变换轴个数)	PCA(50)	PCA(100)	PCA(150)	PCA(200)	LDA(199)
分类错误率均值	38.00%	36.38%	36.19%	36.02%	36.31%

表 5.8　LDA 与 PCA 关于 ORL 库的对比实验结果

每类的训练样本个数	5	6
PCA(50)	7.18%	5.22%
PCA(100)	7.87%	5.96%
PCA(150)	7.78%	6.12%
PCA(200)	7.55%	6.02%
LDA(39)	4.82%	3.71%

　　需要说明的是,本章介绍的快速稀疏描述方法的变形算法是假定每类的可用训练样本数相等。但在实际应用中,会出现可用训练样本个数不相等的情况。此时,如果直接应用本章的变形算法,可能不会取得很好的结果。一般情况下,当某类的训练样本个数较多时,该类的训练样本在表达测试样本中的贡献与测试样本有较小偏差。因此,如果直接依据偏差分类,很容易将测试样本错分到有较多训练样本的类别。

　　可以对变形算法进行适当的改造,以使考虑每类的训练样本数。利用每类的训练样本个数来修订该类的偏差是一种可行的改造方案。

　　本章的其他方法也有改进空间。例如,利用全局表达方法对特征空间中图像测试样本进行分类时,不同核函数对方法性能影响的评估是值得研究的,以及如何合理选择核函数参数的问题方面也值得探索。这些研究是使特征空间中测试样本的全局表达与识别方法具有较强实用性的必须手段,并且可研究和评估的核函数主要包括高斯核函数、多项式核函数、sigmoid 核函数以及依据常规函数生成的核函数等。又如,由于快速稀疏描述方法的性能取决于第二步所使用的训练样本个数或类别数,如何为快速稀疏描述方法确定一个较恰当的参数,或为其设计更优的算法,也值得深入探讨。

5.4　本 章 小 结

　　本章的方法与相关实验结果清楚地表明了如下几点结论:首先,利用训练样本的线性组合来表达测试样本并依据表达结果分类,是一个可行的人脸识别技术,该技术具有较好的鲁棒性与可靠性[10]。其次,我们的实验无一例外地说明利用人脸的训练样本对人脸测试样本进行稀疏描述并分类的方法,其识别性能更优。最后,给出了一类新颖高效的稀疏描述方法。该方法建立在 2 范数的基础上,计算复杂度非常低。该方法不仅容易实现,而且具有直观而清晰的物理意义。原始稀疏方法中,不能事先知道哪些训练样本在测试样本的稀疏表达中起主要作用,本章提出的稀疏描述方法采用一种有监督的方式,能事先确定出在测试样本的稀疏表达中起主要作用的训练样本或类别,然后通过求解线性方程组,确定出测试样本的稀疏表达,并依此实现分类。

第6章 稀疏描述思想与
改进的 K 近邻分类

K 近邻分类[73,74]已经在模式识别、机器学习与计算机视觉等领域得到了广泛应用。K 近邻分类算法不仅简单易用,而且具有在大样本情况下分类错误率不高于 2 倍 Bayes 分类[75]错误率的理论性质。但是,在测试样本的分类过程中,原始 K 近邻分类只能粗略地应用测试样本 K 近邻的类别信息,而忽略了测试样本与其各近邻具有不同远近关系这一重要信息。因此,K 近邻分类有待于进一步改进。

基于描述的分类方法是部分考虑了测试样本与不同训练样本间关系的一种分类法。它将训练样本与其系数的乘积和测试样本间的欧氏距离作为二者间的距离,得出的训练样本的系数实际上和测试样本与训练样本间的远近关系密切相关。

本章介绍了利用稀疏描述思想改进 K 近邻分类的三种方法,即基于描述的最近邻分类、加权最近邻分类和改进的近邻特征空间方法。基于描述的最近邻分类从一个特殊的视角看待原始的最近邻分类,并对它进行了如下改进:首先从每一个类的训练样本中,挑选出距离测试样本最近的样本,然后将测试样本表达为所有选定的训练样本的线性组合。最后,基于该线性组合对测试样本进行分类。加权最近邻分类是一种更一般意义上的 K 近邻分类的改进,它通过度量测试样本与所有训练样本间的距离实现分类,并将测试样本与加权后的训练样本差值的范数作为二者间的距离。改进的近邻特征空间方法包含两个步骤,第一步从每一类中为测试样本挑选出 K 个"代表样本",第二步利用所有的"代表样本"的线性组合表示测试样本并分类。改进的近邻特征空间方法具有如下优势:该方法的第二步能充分利用不同类间存在的"竞争"来确定出与测试样本最相似的类别。而选择"代表样本"的第一步旨在为各类挑选出最具竞争力的训练样本来参与第二步的竞争。本章将从应用角度分析改进的近邻特征空间方法在人脸识别问题中的潜在优势。

在基于描述的分类方法中,描述可分为如下两种:一种是利用来自各类的训练样本的线性组合结果为测试样本提供描述;另一种是每类的训练样本分别为测试样本提供一个描述。本章的实验也说明,改进的近邻特征空间方法分类效果优于NFL(最近特征线)、NFP(最近特征面)和 NFS(最近特征空间),其主要原因是利用来自各类的训练样本的线性组合结果,为测试样本提供了一个"竞争"描述的方式。

6.1　基于描述的最近邻分类

本节介绍了一种简单而快速的人脸识别方法——基于描述的最近邻分类器。该方法可看作常规的最近邻分类器的改进,首先从每一个类的训练样本中挑选出距离测试样本最近的样本,然后将测试样本表达为所有选定的训练样本的线性组合,最后,基于该线性组合对测试样本进行分类。在人脸识别实验中,该方法获得的分类精度通常比使用最近邻分类方法(NNCM)要高 2% ~ 10% 。此外,尽管该方法只在每一个类中使用一个训练样本进行分类,但其人脸识别性能比最近特征空间(NFS)方法更优。NFS 方法基于所有的训练样本对测试样本进行分类。分析表明,我们所提出的方法精度高的主要是,它能依据测试样本和训练样本之间的近邻关系,来修改二者之间的距离度量。

基于描述的最近邻分类类似于稀疏描述方法,但它运算更加高效实现方式非常简单。该方法首先从每个类别只选择一个相邻样本作为训练样本,然后测试样本表示为所有选定的相邻样本的线性组合,最后在表达式结果的基础上构造分类程序。该方法在人脸识别中的应用效果良好。

由于我们所提出的方法只使用 L 个训练样本来对测试样本进行表达和分类(L 是分类器的个数),因此它也算是一种稀疏描述法,且能够继承这种方法的优点。分析还表明,基于描述的最近邻分类方法所选择和使用的训练样本是最合适的,可以产生最小分类错误。换句话说,如果我们使用另外 L 个训练样本来对测试样本进行表达和分类,那么将会产生较高的分类错误。实验结果表明,基于描述的最近邻分类方法优于近邻分类方法。近邻分类方法首先确定一个距离测试样本最近的训练样本,然后将测试样本归入这个训练样本所属的类中。基于描述的最近邻分类,是通过修改训练样本和测试样本之间的近邻关系来实现这一点的,它们的近邻关系由欧式距离决定。此外,尽管基于描述的最近邻分类方法在进行分类时,所依赖的训练样本比 NFS 方法少得多,但其性能更好。

6.1.1　基于描述的最近邻分类方法

本节介绍基于描述的最近邻分类方法。该方法包括两个步骤。

(1)挑选出每一个类别中距离测试样本最近的训练样本。假设有 L 个类,那么,我们就可以得到测试样本的 L 个最近训练样本(NTS)。显然,NTS 分别来自 L 个不同的类。

(2)用选定的 L 个 NTS 的线性组合来表示测试样本,并利用确定的线性组合来对测试样本进行分类。我们假设每一个训练样本和测试样本都是列向量。

第一步的实现过程如下:令 $A_i^k(i=1,2,\cdots,n_k,k=1,2,\cdots,L)$ 表示第 k 个类的第 i 个训练样本, n_k 表示第 k 个类的训练样本个数。使用下式计算测试样本 y 和

A_i^k 之间的距离,即

$$d_i^k = \| A_i^k - y \|^2 \tag{6.1}$$

如果 $j = \underset{i}{\arg\min} d_i^k$,那么,$A_j^k$ 则是第 k 个类中距离测试样本 y 最近的训练样本,用 NTS_k 来表示 A_j^k。第一步标识出所有的 NTS_k,$k = 1, 2, \cdots, L$,定义矩阵 $S = [\mathrm{NTS}_1, \cdots, \mathrm{NTS}_L]$。

第二步的实现过程如下:假设测试样本 y 可以用所有 NTS_k,$k = 1, 2, \cdots, L$ 的线性组合近似表示。换句话说,假设下列方程近似成立,即

$$y = \sum_{i=1}^{L} \beta_i \mathrm{NTS}_i \tag{6.2}$$

式(6.2)还可改写成

$$y = S\beta \tag{6.3}$$

式中:$\beta = (\beta_1, \cdots, \beta_L)^\mathrm{T}$。如果 $S^\mathrm{T} S$ 是非奇异阵,可以令 $\beta = (S^\mathrm{T} S)^{-1} S^\mathrm{T} Y$,然后得到式(6.3)的最小二乘解。如果 $S^\mathrm{T} S$ 近似为奇异阵,可以通过 $\beta = (S^\mathrm{T} S + \mu I)^{-1} S^\mathrm{T} Y$ 得出 β 的值,其中 μ 为一个正的常数,I 为单位矩阵。将此解方案称基于描述的最近邻分类方法的正规解方案。

在得出 β 以后,用 $\hat{y}$ 表示 $S\beta$,即 $\hat{y} = S\beta$。我们将 $\hat{y}$ 看作该方法的表达结果。在后面,我们会将这个一维向量的结果转换成一个二维图像,直观地显示出了测试样本的表达式结果逼近原始测试样本的程度。

由式(6.2)可知,在表示测试样本时每个 NTS 都做出了贡献,第 i 个 NTS 所做的贡献为 $\beta_i \mathrm{NTS}_i$。此外,第 i 个 NTS 表达测试样本的能力可以用在 $\beta_i \mathrm{NTS}_i$ 和 Y 之间的偏差来估计,我们使用 $e_i = \| Y - \beta_i \mathrm{NTS}_i \|^2$ 来表示这个偏差。e_i 越小,则第 i 个 NTS 表达测试样本的能力越强。在第二个步骤中,我们找出对应偏差最小的 NTS,并将该测试样本分类到这个 NTS 所属的类当中。需要指出的是,每个类只有一个 NTS,且第 i 个 NTS 对应于第 i 个类。如果 $e_t = \min e_i$,则这个测试样本将被归到第 t 个类中。

6.1.2   方法的分析

本节将对基于描述的最近邻分类方法进行分析,并阐明其特点。基于描述的最近邻分类方法与原始的稀疏描述方法的区别如下:前者有一个非常简单的解决方案,而后者的迭代解决方式的计算效率十分低下。另一方面,基于描述的最近邻分类方法可以被看作是一种特殊的稀疏描述方法。事实上,如果使用所有训练样本的线性组合来强制改写基于描述的最近邻分类方法中的线性组合,那么除了NTSs 之外,所有训练样本的线性组合的系数均为零。

虽然基于描述的最近邻分类方法和原始的稀疏描述方法都属于稀疏描述方法,但它们获得稀疏性的方式是不同的。前者在第一个步骤中产生稀疏性,并可从中获知稀疏的程度(即有多少系数为零)以及哪个系数为零。而后者通过迭代解

决方案来获得稀疏性,且其中的稀疏系数并不完全等于零。因此,可将基于描述的最近邻分类方法称为"硬"稀疏描述方法,而将原始的稀疏描述方法称为"软"稀疏描述方法。

　　基于描述的最近邻分类方法有两个优点。第一个优点是,它只利用少量的训练样本来对测试样本进行表达和分类。基于描述的最近邻分类方法在解决式(6.3)的线性系统时所需的时间复杂度为 $O(L^2M + L^3 + LM)$,其中 M 是样本向量的维数。而 NFS 算法在解决 L 线性系统时所需的时间复杂度为 $O(L(n^2M + n^3 + nM)) = O(nNM + Nn^2 + NM)$,其中 n 和 N 分别表示每个类中训练样本的个数和所有的训练样本个数($N = n \times L$)。第二个优点是,尽管基于描述的最近邻分类方法非常简单,但它的效果比 NNCM 方法更好。如前所述,NNCM 方法使用每个类的近邻来对测试样本进行分类,具体步骤如下:首先在每个类中为测试样本选择距离最近的邻居,然后在所选出的 L 个近邻中,标识出与测试样本最接近的邻居,并假设测试样本与该邻居属于同一个类,其中 L 指所有类的个数。基于描述的最近邻分类方法之所以比 NNCM 方法效果更好,主要是修改了训练样本与测试样本之间的近邻关系。训练样本与测试样本之间的近邻关系,最终由测试样本和 NTS 在表达测试样本时所做的贡献的偏差来决定。换句话说,基于描述的最近邻分类方法包括以下两个步骤:第一步使用欧式距离从每个类中为测试样本选择一个邻居样本;第二步利用在前文中所定义的偏差重新调整测试样本与近邻样本之间的近邻关系。也就是说,第二个步骤使用测试样本与 NTS 在表达测试样本时所做的贡献的偏差作为度量。使用这个度量,第二步将确定"最终的近邻",并将测试样本归类到这个"最终的近邻"所属的类当中。图 6.1 为该方法的流程图,它清楚地表明了基于描述的最近邻分类方法所确定的 NTS 具有最小偏差。也可以说,我们的方法所使用的分类器是基于"偏差"这一度量的近邻分类器。

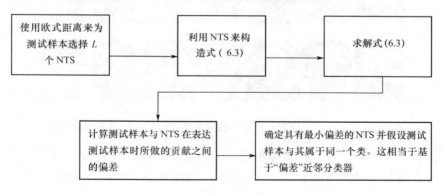

图 6.1　基于描述的最近邻分类方法的流程图

　　基于描述的最近邻分类方法在使用 L 个训练样本来表达测试样本时,它实际上使用了最合适且最重要的 L 个样本。换句话说,在所有的训练样本中,这 L 个近邻是在表达测试样本时最重要的 L 个样本。实际上，如果使用另外 L 个训练样本进行表达和分类，那么分类的性能可能会非常差。

6.1.3　实验结果

分别在人脸数据库 ORL、Yale 和 AR 上对算法进行测试。在 ORL 和 Yale 数据库中，从每个类的 n 个样本中取 s 个样本用来训练，也就是在所有的 C_n^s 个训练样本集和 C_n^s 个测试样本集上进行实验。在使用之前，先将每个样本向量转换成长度为 1 的单位向量。采用正则化解方案，并设 μ 为 0.01。同时，我们还测试了 NNCM 和 NFS 方法[76]。此外，为了验证近邻方式的合理性，我们还将提出的方法修改为从每个类中选择第一个和最后一个训练，并使用所选择的训练样本来对测试样本进行表达与分类。我们还将方法修改为从每个类中选取距离测试样本最远的邻居，并使用它们对测试样本进行表达和分类。这种方法称为最远邻居法。

在 AR 库中，NNCM 方法和基于描述的最近邻分类方法所确定的某个测试样本的前六个近邻如图 6.2 所示。图中，第 1 列的 2 个图像表示 AR 库中的同一个测试样本。第 1 行的后 6 个图像表示由 NNCM 方法确定的前六个近邻。第 2 行的后 6 个图像表示由基于描述的最近邻分类方法确定的前六个近邻（6 个与测试样本偏差最小的样本）。很显然，基于描述的最近邻分类方法可以将测试样本正确分类，而 NNCM 方法则无法做到。在本次实验中，受试者的前四张图片用作训练样本，余下的作为测试样本。数据表明我们的方法所确定的"最终近邻"（图 6.2 中第 1 行第 2 列图像）确实来自测试样本所属的真实类别。

图 6.2　NNCM 和基于描述的最近邻分类方法确定的测试样本的前六个近邻

图 6.3 所示为原有的测试样本和我们提出方法的表达结果所对应的二维图像。本次实验同样使用每个受试者的前四张图片作为训练样本，余下的作为测试样本。如果图像的脸部是无遮挡的，则其表达结果所对应的二维图像与原来的测试样本十分相似。另一方面，如果图像的面部是有遮挡的，则其表达式结果所对应的二维图像与原来的测试样本不同。

图 6.4 展示了图 6.2 中测试样本与所有的 120 个 NTS 之间的距离，并且显示

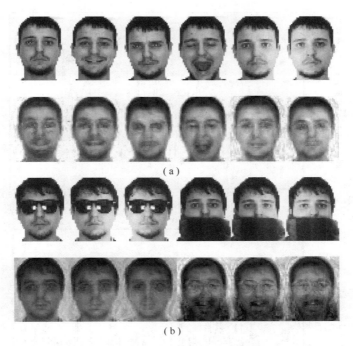

图 6.3　基于描述的最近邻方法获得的图像

(a)原有的测试样本及其对应的二维图像；(b)其他测试样本及其对应的二维图像。

了我们方法的解向量的各分量之间以及测试样本与 120 个 NTS 间的偏差。该图表明基于描述的最近邻分类方法可以将 120 个近邻训练样本重新排列。由图 6.4 (a)可知，来自第 30 个类的 NTS 最接近于测试样本。因此，NNCM 方法会将测试样本归为第 30 个类。然而，第 1 个类的 NTS 与测试样本的偏差最小，基于描述的最近邻分类方法会对测试样本进行正确的分类，如图 6.4(c)所示。由图 6.4 可知，基于描述的最近邻分类方法可以使用测试样本与 NTS 之间的偏差，来重新确定它们之间的近邻关系。

　　表 6.1 ~ 表 6.3 给出了实验结果，表明基于描述的最近邻分类方法分类比 NNCM 方法和使用最远邻居法都更为准确。当使用 AR 库中每一个类的前四张图片作为训练样本，其他的作为测试样本时，基于描述的最近邻分类方法、NNCM 方法、NFS 方法和使用最远邻居的方法的分类错误率分别是 31.67%、42.69%、41.86% 和 45.64%。可以看到，基于描述的最近邻分类方法的分类错误率比 NNCM 方法要低 11.02%，比 NFS 方法低 10.19%。基于描述的最近邻分类方法的错误率比使用最远邻居法要低得多。使用第一个样本和使用最后一个样本的方法还表明，尽管这些方法都使用了相同个数的训练样本来对测试样本进行表达和分类，但是基于描述的最近邻分类方法训练样本的更为合适。与 NFS 方法相比，基于描述的最近邻分类方法在 AR 库上的分类更为精确，而在 ORL 库和 Yale 库上，

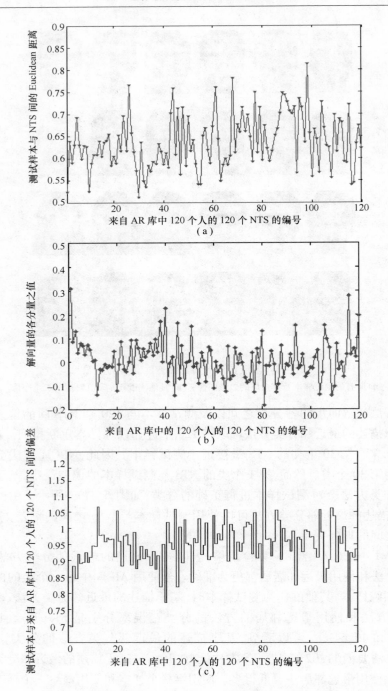

图 6.4　测试样本与 NTS 之间的距离和偏差以及我们方法的解向量的各分量之值

（a）测试样本与所有的 NTS 之间的距离；（b）我们方法的解向量的各分量之值；

（c）测试样本与 120 个 NTS 间的偏差。

性能与 NFS 方法很接近。

表 6.1 关于 AR 数据库的分类错误率(%)

分类识别方法 \ 训练样本个数	基于描述的最近邻分类	最近邻分类	基于最远邻的方法	基于每类第一个训练样本的方法	基于每类最后一个训练样本的方法	NFS 方法
2	30.49	39.93	38.19	31.35	38.40	40.49
4	31.67	42.69	45.64	33.67	44.05	41.86
6	31.12	38.88	47.46	36.67	38.17	37.63

表 6.2 关于 Yale 数据库的分类错误率(%)

分类识别方法 \ 训练样本个数	1	2	3	4
基于描述的最近邻分类	14.73	6.38	4.59	3.80
最近邻分类	18.97	9.17	5.89	4.71
基于最远邻的方法	14.73	19.31	23.24	26.06
基于每类第一个训练样本的方法	—	14.80	13.76	12.73
基于每类最后一个训练样本的方法	—	14.65	13.54	12.42
NFS 方法	18.30	6.32	4.12	3.29

表 6.3 关于 ORL 数据库的分类错误率(%)

分类识别方法 \ 训练样本个数	1	2	3	4
基于描述的最近邻分类	32.50	18.52	11.97	8.48
最近邻分类	33.94	20.54	13.83	9.98
基于最远邻的方法	32.50	39.43	42.40	44.20
基于每类第一个训练样本的方法	—	31.75	31.32	30.91
基于每类最后一个训练样本的方法	—	33.25	33.57	33.86
NFS 方法	33.94	18.88	11.54	7.42

6.1.4 结论

NNCM 使用每个类的近邻来对测试样本进行分类,具体步骤如下:如果有 *L* 个类,首先从每个类中为测试样本选择一个近邻(共得到 *L* 个近邻)。接着在这 *L* 个近邻中,确定一个与测试样本最接近的样本,并假设这个样本来自同一个类。本方法也使用来自各个类中的近邻来表达和分类测试样本。值得一提的是,该方法能够获得比 NNCM 更低的错误率,精度差异可能大于 10%。这是因为使用了训练样本表达测试样本,而不是单纯地根据距离来分类测试样本,实验证明,该方法的分类精度较高。分析还显示,基于描述的最近邻分类方法中所使用的 *L* 个近邻,是最适合用表达和分类测试样本的训练样本。此外,虽然该方法比在 NFS 方法更"稀疏",但效果更好。

6.2　加权最近邻分类

加权最近邻分类方法也是 NNCM 的一个改进。传统的 NNCM 直接利用测试样本和训练样本之间的距离进行分类,而加权最近邻分类方法用所有的训练样本来表达测试样本,再通过改进的 NNCM 对测试样本进行分类。在表示测试样本时,假设测试样本能用所有训练样本的线性组合来表达,并可通过求解线性方程获得线性组合的系数。接着,计算测试样本与乘上各自系数的训练样本之差的范数,并将测试样本分类到对应最小范数的训练样本的类别。

加权最近邻分类可看作是基于描述的方法与 NNCM 的结合。对三个大容量人脸图像库进行加权最近邻分类和 NNCM 的人脸识别对比实验,结果显示加权最近邻分类的分类正确率可比 NNCM 高出 10%。

6.2.1　方法介绍

用 $A_1, \cdots, A_n$ 表示 n 个训练样本的列向量。假设原始空间中的测试样本 Y 可以用所有的训练样本线性近似表达,

$$Y = \sum_{i=1}^{n} \beta_i A_i \tag{6.4}$$

该方程可变形为

$$Y = A\beta \tag{6.5}$$

式中:$\beta = (\beta_1, \cdots, \beta_n)^T$;$A = (A_1, \cdots, A_n)$。

如果 $A^T A$ 是非奇异矩阵,可利用 $\beta = (A^T A)^{-1} A^T Y$ 求解上述方程;否则,利用 $\beta = (A^T A + \mu I)^{-1} A^T Y$ 求解,其中 μ 是一个小正常数,I 为单位矩阵。

由式(6.4)可知,第 i 个训练样本在表达测试样本上的贡献可表示为 $\beta_i A_i$,同时可利用 $e_i = \| Y - \beta_i A_i \|^2$ 来衡量其表达能力。e_i 也可看作是第 i 个训练样本与测试样本间距离的衡量,它的值越小,表明第 i 个训练样本对测试样本的表达能力越强。e_i 也称第 i 个训练样本与测试样本间的偏差。加权最近邻分类将测试样本 Y 分类到最小 e_i 所对应的训练样本的类别中。加权最近邻分类虽然非常简单,但是可以取得很好的人脸识别效果(见本节实验)。

6.2.2　加权最近邻分类与 NNCM 的关系

直观地看,加权最近邻分类与 NNCM 非常相似。NNCM 首先计算训练样本与测试样本之间的距离,然后选择与其距离最小的训练样本的类别作为测试样本的类别。同样,加权最近邻分类通过比较每个训练样本与测试样本来对测试样本进行分类。可认为,加权最近邻分类同样利用了测试样本与每个训练样本的相似性进行分类。但是,加权最近邻分类与 NNCM 有以下不同:它不是直接计算测试样

本与每个训练样本的距离,而是计算测试样本与每个训练样本同一个系数的乘积的距离。这个系数是线性方程组的解向量的分量。该解向量是使所有训练样本的线性组合最佳逼近测试样本的线性组合的系数向量。

加权最近邻分类首先利用全局表达方法,产生能最佳表达测试样本的所有训练样本的线性组合,然后利用 NNCM 的分类过程进行分类。图 6.5 给出了该方法的流程图。很显然,图 6.5 中(Ⅳ)与(Ⅴ)与 NNCM 等价,(Ⅰ～Ⅲ)相当于直接利用了全局表达方法。加权最近邻分类利用训练样本的对测试样本的表达能力进行分类,而不是简单地根据距离进行分类,因此可以产生较高的分类精度。后面的实验分析也可证实这一点。

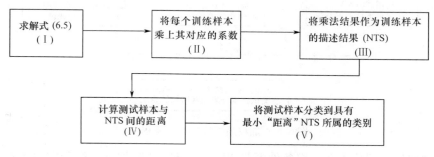

图 6.5　加权最近邻分类的流程图

从分类的观点看,加权最近邻分类与 NNCM 主要区别如下:NNCM 使用欧氏距离,而加权最近邻分类中测试样本与所有训练样本间的"距离"不是欧氏距离,也不满足严格定义的距离的特性。

下面将形式化地描述加权最近邻分类,同时修改加权最近邻分类,使其成为与最近邻一致的方法。加权最近邻分类对每个训练样本和测试样本进行比较,由此可对该方法做如下修改。首先,利用每个训练样本表达测试样本,利用表达误差对测试样本进行分类。下面给出严格的表述。假设测试样本 Y 能够利用每个训练样本进行表示,即

$$Y = \gamma_i A_i + E_i, i = 1, 2, \cdots, n \qquad (6.6)$$

式中:γ_i 为系数;E_i 为误差向量。式(6.6)可知,测试样本能够利用训练样本的系数加权和与误差向量进行表达。

式(6.6)可变换为

$$A_i^{\mathrm{T}} Y = \gamma_i A_i^{\mathrm{T}} A_i + A_i^{\mathrm{T}} E_i, i = 1, 2, \cdots, n \qquad (6.7)$$

进而,式(6.7)的解为

$$\gamma_i = \frac{A_i^{\mathrm{T}} Y}{A_i^{\mathrm{T}} A_i}, i = 1, 2, \cdots, n \qquad (6.8)$$

如果所有的样本为单位向量,则解为

$$\gamma_i = A_i^{\mathrm{T}} Y, i = 1, 2, \cdots, n \qquad (6.9)$$

然后,利用下面的距离评价每个训练样本对测试样本的表达能力,即

$$d_i = \parallel Y - \gamma_i A_i \parallel^2, i = 1, 2, \cdots, n \qquad (6.10)$$

式中:γ_i 表示式(6.8)的解。我们认为,距离 d_i 越小,第 i 个训练样本的表达能力越好。最后,确定出具有最小距离($d = \min d_i$)的训练样本,然后把测试样本分类到其所属的类。加权最近邻分类的流程图如图6.6所示。图6.6显示,加权最近邻分类重复求解式(6.6),每次仅获得一个训练样本的系数。

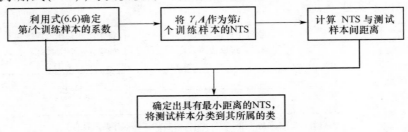

图6.6　加权最近邻分类的流程图

加权最近邻分类在一定条件下与 NNCM 一致,证明如下。当所有样本都是单位向量时,式(6.10)可变成

$$d_i = 1 + \gamma_i^2 - 2\gamma_i A_i^{\mathrm{T}} Y = 1 - \gamma_i^2 = 1 - (A_i^{\mathrm{T}} Y)^2 \qquad i = 1, 2, \cdots, n \qquad (6.11)$$

如果所有样本都是单位向量,则每个原始训练样本与测试样本之间的欧氏距离可以表示为

$$dd_i = \parallel Y - A_i \parallel^2 = 2 - 2A_i^{\mathrm{T}} Y \qquad i = 1, 2, \cdots, n \qquad (6.12)$$

如式(6.12)所示,因为 NNCM 是基于距离对测试样本进行分类,所以基于式(6.11)的分类器与 NNCM 的分类结果与精度完全相同。因此,在所有样本都是单位向量的情况下,加权最近邻分类等同于 NNCM。进一步,可认为加权最近邻分类与 NNCM 部分等价。

6.2.3　实验结果

我们利用人脸数据库 ORL、Yale 和 AR 进行实验,给出 NNCM、NNL(近邻线)与加权最近邻分类在这三个数据库上的分类错误率的均值。从 AR 数据库中,我们选取了120个人的3120张灰度图像,每人26张。对于 ORL 和 Yale 数据库,如果每类所有 n 个样本中的 s 个样本用来分类,就有 $C_n^s = n(n-1) \cdots (n-s+1)/s!$ 种可能的组合方式。在对所有的类确定训练样本和测试样本时,我们利用相同的组合方法。因此,共有 C_n^s 个训练集和 C_n^s 个测试集。使用相同的方法处理 Yale 数据库。表6.4给出了在 ORL 和 Yale 数据库上每类所使用的训练样本集的大小,训练样本集个数与测试样本集个数相同。

对于 ORL 和 Yale 数据库,我们对所有的训练集和测试集进行实验。因为 AR 人脸数据库包含有太多的样本,所以只在每类中选择前 2、4、6 和 8 个人脸图像作为训练样本,其他的作为测试样本。利用下采样(Down‐sampling)算法将 AR 数据库中的图像调整为 40×50。ORL 数据库中的人脸图像也采用同样的方法进行预处理。在执行所有的算法前,将每幅图像转换为一个范数为 1 的一维列向量,然后执行 NNCM 和加权最近邻分类。我们利用 $\boldsymbol{\beta} = (A^{\mathrm{T}}A + \mu I)^{-1}A^{\mathrm{T}}Y(\mu = 0.001)$ 求解式(6.5)。

图 6.7 所示为来自 ORL 数据库的两个人的原始测试图像以及利用所有训练样本的线性组合得到的二维图像。每个人的前五幅图像作为训练样本,其他的作为测试样本。第 1 行和第 3 行为原始的测试图像,第二行和第四行分别为对应的二维图像。所有训练样本线性组合的结果是一个列向量。为了获得图 6.7 中第二行和第四行的图像,我们首先将线性组合的结果变换为与原始人脸图像大小相同的二维矩阵,并将其作为图像显示。

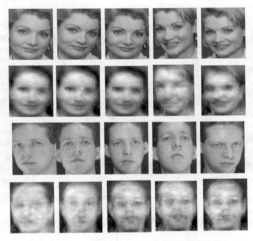

图 6.7　测试图像和用所有训练样本的线性组合表达测试图像结果

图 6.8 给出了一个加权最近邻分类正确分类测试样本,而 NNCM 不能正确对其进行分类的实例。图中,第 1 列代表同一测试图像,第 1 行后 5 个图像分别代表 NNCM 获得的 5 个最相近的图像,第 2 行后 5 个图像分别代表加权最近邻分类获得的 5 个最相近的图像。显然,加权最近邻分类能够正确的分类该测试样本,而 NNCM 不能正确分类。本例中,每类的前四幅图像作为训练样本,其他的作为测试样本。图 6.9 所示为图 6.8 中测试样本与所有训练样本之间的欧氏距离。图 6.10 所示为图 6.8 中测试样本与训练样本与相应系数的乘积的结果之间的偏差。从图 6.9 和图 6.10 中可以看出,虽然依据欧氏距离,第一个训练样本不是与测试样本最相近的训练样本,但是在加权最近邻分类里面,该训练样本与测试样本偏差最小。因此,加权最近邻分类可以把测试样本正确的分到第一个测试样本所属的类,这也是测试样本真实的所属类。

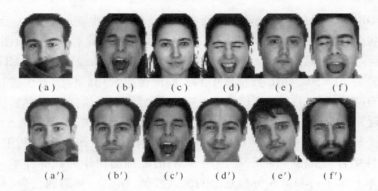

图 6.8　测试图像和用两种方法获得的训练集中与测试图像最相近的图像

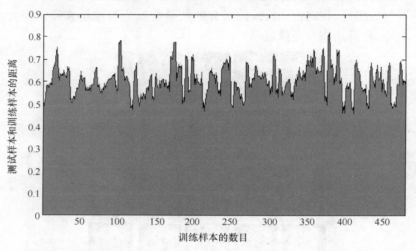

图 6.9　图 6.8 中的测试样本与所有训练样本之间的欧氏距离

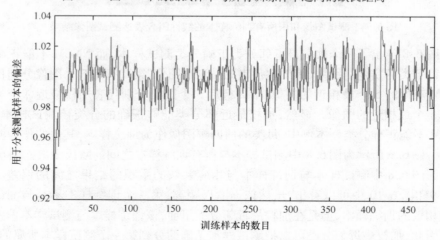

图 6.10　测试样本与每个训练样本与其系数乘积之间的偏差

由表6.4~表6.7可以看出,在所有的数据库中,加权最近邻分类基本上都能取得比 NNCM 和 NNL 更高的分类精度。表6.7中,分别选择每类的前2、4、6和8个图像作为训练样本,其他的作为测试样本,可以发现 NNCM 与加权最近邻分类的分类错误率的最大差值为11.14%。

表6.4 训练样本集个数

人脸数据库 \ 每类训练样本个数	1	2	3	4
ORL	10	45	120	210
Yale	11	55	165	330

表6.5 NNC 和加权最近邻分类在 Yale 数据库上的分类错误率(%)

分类方法 \ 每类训练样本个数	1	2	3	4
加权最近邻分类	15.52	5.67	4.17	3.69
NNCM	18.97	9.17	5.89	4.71
NNL	—	7.03	4.97	4.16

表6.6 NNC 和加权最近邻分类在 ORL 数据库上的分类错误率(%)

分类方法 \ 每类训练样本个数	1	2	3	4
加权最近邻分类	30.06	17.78	11.92	8.73
NNCM	33.94	20.54	13.83	9.98
NNL	—	19.40	12.03	8.03

表6.7 NNC 和加权最近邻分类在 AR 数据库上的分类错误率(%)

数据库	每类训练样本个数	加权最近邻分类/%	NNCM/%	NNL/%
AR	2	30.38	39.93	40.80
AR	4	31.55	42.69	42.50
AR	6	30.92	38.88	38.25
AR	8	33.89	41.76	41.34

6.2.4 结论

加权最近邻分类对 NNCM 进行了合理的修改,利用训练样本对测试样本的表示能力进行分类,而不是使用简单的距离进行人脸识别,因此获得了更高的分类精度。实际上,加权最近邻分类不仅能获得比 NNCM 更高的分类精度,而且分类精度的最大差值超过了10%。

6.3　改进的近邻特征空间方法

本节介绍基于稀疏描述思想的改进近邻特征空间方法。该方法包含两个主要步骤。第一步从每类训练样本中选择出与测试样本最相似的训练样本。第二步利用选出的训练样本的线性组合表达测试样本,并将该测试样本分类到对其表达贡献最大的类别。该方法的理论依据如下:第一步在从每一类的训练样本集合中选择出与测试样本最相似的一些训练样本的同时,也去除了一些关联度不高的训练样本对测试样本分类的影响。本节的方法可以看作是一种利用训练样本的线性组合表达测试样本时充分考虑不同类训练样本间的竞争关系,以及同类训练样本间的竞争的方法。方法在人脸识别实验中取得了较高的识别率。

6.3.1　K 近邻分类方法的几个扩展

以下几个方法都可看作 K 近邻分类器的扩展和改进。1999 年,在最近邻分类器的基础上发展出了最近邻特征线(NFL)分类器[77]。NFL 通过引入虚拟训练样本来改进 KNN 方法。实际上,NFL 方法是将产生的所有特征线上的点都当作训练样本。一个特征线包含同一类中的一对训练样本。如果一个类别中有 n 个训练样本,那么,NFL 方法将产生 C_n^2 个来自这个类别的特征线。此后,发展出了基本思想与 NFL 方法类似的最近邻特征平面(NFP) 和最近邻特征空间(NFS)方法。如果一个类别中含有 n 个训练样本,那么,该类将产生 C_n^3 个特征平面和 C_n^m 个特征空间。NFP 和 NFS 分别将测试样本分类为,距离该测试样本最近的特征平面和特征空间所属的类别。

为了提高 NFP 和 NFS 方法的效率,人们又设计了近邻线(NNL)分类器和近邻平面(NNP)分类器。NNL 只需要计算测试样本到每类的近邻线的距离。近邻线是由来自同一个类别中的两个最靠近测试样本的训练样本组成的特征线。同样地,NNP 只需要计算测试样本与每一类的最近邻平面之间的距离。

这些基于最近邻分类器的主要区别在于其系数向量不同。首先,系数向量的维数不同。例如,NFL、NFP 和 NFS 分类器中的系数向量的维数分别是 2、3 和 n。n 是来自同一类别的训练样本的个数。其次是它们的系数是否满足和为 1 的限制条件。例如,NFL 方法满足这一限制条件,但是 NFP 和 NFS 方法却不满足。

一定程度上,也可将基于稀疏描述的分类(SRC)看作是 K 近邻分类的改进。基于分类准则,可以将 SRC 中同一类别的所有训练样本的加权和看作是"类别中心"。基于此,我们可认为 SRC 将测试样本分类为与其距离最近的"类别中心"。SRC 通过稀疏学习的方法获得权值。实验显示,SRC 方法优于一般的 K 近邻分类器。

从更广意义上说,NFL、NFP、NFS、NNL、NNP 以及 SRC 都可以看作是只用一定数量的训练样本对测试样本进行线性表达的一类识别算法。利用训练样本的线性组合与测试样本的接近程度对测试样本进行分类,是这些方法的最大共同点。这些分类算法认为,某类的训练样本的"最佳"线性组合与测试样本间的误差越小,测试样本属于该类别的概率就越大。这些分类算法的主要区别在于,使用不同的训练样本去线性表达测试样本,并且评估线性组合与该测试样本之间误差的方式不同。例如,NFL 和 NFP 算法分别只用了同一类别中的两个和三个训练样本去表达测试样本,并且利用其最小误差做分类。SRC 使用所有的训练样本去"稀疏"表达测试样本。稀疏表达意味着一些系数可能为 0 或者接近于 0。

下面介绍近邻特征空间。令 S_i 为来自于第 i 个类别中的所有训练样本张成的特征空间。NFS 方法将其定义为

$$S_i = \left\{ \boldsymbol{x} \mid \boldsymbol{x} = \sum_{j=1}^{N_i} \alpha_j \boldsymbol{x}_j^{(i)}, \alpha_j \in R, j = 1, 2, \cdots, N_i \right\} \tag{6.13}$$

式中:$\boldsymbol{x}_j^{(i)}$ 为来自第 i 类的第 j 个训练样本;N_i 为第 i 类的训练样本总数。

NFS 方法将测试样本 $\boldsymbol{y}$ 与 S_i 之间的最小距离值作为测试样本 $\boldsymbol{y}$ 与第 i 类之间的距离。测试样本 $\boldsymbol{y}$ 与第 i 类之间距离的计算公式为

$$d_S^i(\boldsymbol{y}) = \min_{\alpha_j \in R, \, j=1,2,\cdots,N_i} \left\| \boldsymbol{y} - \sum_{j=1}^{N_i} \alpha_j \boldsymbol{x}_j^{(i)} \right\|_2 \tag{6.14}$$

若 $l = \arg \min_{1 \le i \le c} d_S^i(\boldsymbol{y})$,则 NFS 分类器将 $\boldsymbol{y}$ 分类到第 l 个类别。

6.3.2　改进的近邻特征空间方法

改进的近邻特征空间方法包含两个步骤。第一步首先从每一类的所有训练样本中选择出 k 个样本,这 k 个训练样本称为某一类的"代表样本"。假如共有 c 个类别,第一步共选择出 kc 个"代表样本"。第二步利用这 kc 个"代表样本"的线性组合表达测试样本。线性组合的系数确定之后,第二步将评估每一类的"代表样本"在表达测试样本中的贡献,并将测试样本归类于贡献最大的类别中。

第一步的具体步骤如下:$\boldsymbol{x}_1^{(i)}, \cdots, \boldsymbol{x}_{N_i}^{(i)}$ 表示第 i 类中的 N_i 个训练样本。第一步首先用训练样本去线性表达测试样本 y,即

$$y = \boldsymbol{x}^{(i)} \boldsymbol{A}^{(i)} \tag{6.15}$$

式中:$\boldsymbol{x}^{(i)} = \left[\boldsymbol{x}_1^{(i)}, \cdots, \boldsymbol{x}_{N_i}^{(i)} \right]$。

$\boldsymbol{A}^{(i)}$ 通过 $\hat{A}^{(i)} = (\boldsymbol{x}^{(i)\mathrm{T}} \boldsymbol{x}^{(i)} + \lambda \boldsymbol{I})^{-1} \boldsymbol{x}^{(i)\mathrm{T}}$ 求解。λ 和 $\boldsymbol{I}$ 分别是一个很小的正数常量和单位矩阵。$\hat{a}_k^{(i)}$ 表示 $\hat{A}^{(i)}$ 中的第 k 个分量。用 $z_1, \cdots, z_k$ 表示 $\boldsymbol{x}_1^{(i)}, \cdots, \boldsymbol{x}_{N_i}^{(i)}$ 中任意 k 个训练样本。第一步,利用下式计算 $z_1, \cdots, z_k$ 对表达测试样本的贡献,即

$$ce_i(z_1, \cdots, z_k) = \left\| y - \sum_{g=1}^{k} z_g \hat{b}_g^{(i)} \right\| \tag{6.16}$$

式中：$\hat{b}_1^{(i)},\cdots,\hat{b}_k^{(i)}$ 为 $\{\hat{a}_1^{(i)},\cdots,\hat{a}_{N_i}^i\}$ 中分别对应 $z_1,\cdots,z_k$ 的 k 个元素；ce_i 表示测试样本与第 i 类的线性表达结果之间的误差。

从第 i 类所有的 N_i 个训练样本中选择出任意 k 个训练样本，有 $\boldsymbol{M} = K\begin{pmatrix} k \\ N_i \end{pmatrix} = $

$\dfrac{N_i(N_i-1)\cdots(N_i-k+1)}{k!}$ 种不同方式。改进的近邻特征空间方法的第一步认为，ce_i 越小贡献越大，并将有最小贡献的 k 个样本 $\boldsymbol{x}_1^{(i)},\cdots,\boldsymbol{x}_{N_i}^{(i)}$ 作为第 i 类的"代表样本"。

第二步首先用 $\boldsymbol{p}_1,\cdots,\boldsymbol{p}_{kc}$ 表示所有 c 个类别中的 kc 个线性"代表样本"。然后假设如下方程近似成立，即

$$y = \sum_{j=1}^{kc} \eta_j \boldsymbol{p}_j \tag{6.17}$$

式中：$\boldsymbol{P} = [\boldsymbol{p}_1,\cdots,\boldsymbol{p}_{kc}]$；$\boldsymbol{\eta} = [\eta_1,\cdots,\eta_{kc}]^{\mathrm{T}}$。$\boldsymbol{\eta}$ 的求解公式为

$$\hat{\boldsymbol{\eta}} = [\hat{\eta}_1,\cdots,\hat{\eta}_{kc}]^{\mathrm{T}} = (\boldsymbol{P}^{\mathrm{T}}\boldsymbol{P} + \gamma\boldsymbol{I})^{-1}\boldsymbol{P}^{\mathrm{T}}\boldsymbol{y} \tag{6.18}$$

式中：$\boldsymbol{I}$ 表示单位矩阵；γ 表示一个很小的正数常量。第 i 类对应的对测试样本的贡献表达为

$$ca_i = \| \boldsymbol{y} - \boldsymbol{G}_i\hat{\boldsymbol{\eta}}_i \| \tag{6.19}$$

式中：$\hat{\boldsymbol{\eta}}_i = [\hat{\eta}_{(i-1)k+1},\cdots,\hat{\eta}_{(i-1)k+k}]^{\mathrm{T}}$；$\boldsymbol{G}_i = [\boldsymbol{p}_{(i-1)k+1},\cdots,\boldsymbol{p}_{(i-1)k+k}]$，包含第 i 类中的 k 个线性"代表样本"；ca_i 同样表示测试样本与第 i 类"代表样本"之间的误差。若 $q = \mathrm{argmin}\,ca_i$，那么，第二步将测试样本分类为第 q 类。

6.3.3 改进的近邻特征空间方法分析

6.3.3.1 理论基础分析

下面介绍改进的近邻特征空间方法的理论基础。第一步从每一类的训练样本中选择出与测试样本最相似的 k 个训练样本。该步骤的基本思路为，k 个"代表样本"和其他的训练样本分别是某类中与测试样本最相似的和最不相似的样本。假设与测试样本不相似的训练样本会对测试样本的分类带来干扰，则第二步只利用"代表样本"去表达和分类测试样本是非常合理的。

在人脸识别应用中，因为姿势、人脸表情和光照的变化，同一个人的人脸图像也会有很多不同。我们都知道，同一个人脸在不同光照下的变化往往大于不同个体之间的变化。所以，在实际人脸识别应用中，如果某人脸的训练样本与测试样本有较大不相似则，二者是否来自同一类别也是很难判定的。因此，利用与测试样本不相似的训练样本去判定测试样本的类别将非常不可靠。鉴于此，从应用的角度看，改进的近邻特征空间方法只使用与测试样本相似的训练样本对测试样本进行

分类,这也是合理的。

在第二步中,由于所有"代表样本"同时参与测试样本的表达,来自不同类的"代表样本"间存在竞争关系。具体地,所有类的"代表样本"的加权和(也称为总和)比较接近测试样本;但当某类的"代表样本"的加权和对总和的构成影响较大时,其他类别起到的作用将减小。换言之,每一类的"代表样本"都对总和有贡献(该类的"代表样本"的加权和与总和的偏差越小,贡献越大),而不同类的贡献存在"此消彼涨"的现象。容易说明,原始的稀疏描述方法的分类方案(也是本书所有描述方法的分类方案)如下:首先计算每一类的"代表样本"的加权和与总和的偏差,然后将测试样本分类到偏差最小的类别。可认为,改进近邻特征空间方法的第二步,能充分利用不同类间存在的竞争来确定与测试样本最相似的类别。而第一步,旨在为各类挑选出最具竞争力的训练样本参与第二步的竞争。这也从另一方面体现了方法的合理性。我们借助图 6.11 和图 6.12 阐释此点。图 6.11 中,线条的颜色相同代表是同一类别样本,细线条和粗线条分别代表训练样本和测试样本,粗细线条之间的距离代表训练样本与测试样本之间的距离。

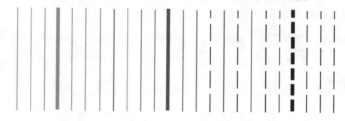

图 6.11　某类样本接近于其他类样本的图示

图 6.12　改进的近邻特征空间方法表达测试样本

图 6.11 形象地展示了一些样本可能很接近一些来自其他类的样本。图 6.12 显示改进的近邻特征空间方法不使用同一类别中远离测试样本的那些训练样本去表达测试样本,此图的原始样本如图 6.11 所示。

图 6.13 ～图 6.15 分别是来自 AR 数据库中的测试样本和改进的近邻特征空间方法对此测试样本的识别结果,图中的第一幅图均表示同一个测试样本。此例中,$k=3$,改进的近邻特征空间方法使用每人的前六幅图像做训练样本,而其余样本作为测试样本。图 6.13 给出了测试样本的来自训练样本集合的近邻。图中,第

2~6幅图像代表的是测试样本的前五幅近邻,最后一幅图像代表的是第34幅近邻图像。在34幅近邻图像中,只有最后一幅图像与测试样本属于同一个类别。这些近邻是通过计算测试样本与训练样本之间的欧式距离得到的。图6.14是改进的近邻特征空间方法中第二步对该测试样本的正确分类。第2~4幅图像是最接近测试样本类别的三幅图像,第5~7幅图像是第二接近测试样本类别的三幅图像,第8~10幅图像是第三接近测试样本类别的三幅图像。图6.15是改进的近邻特征空间方法的第一步得到的最接近测试样本的前三个类别的训练样本,第2~4幅图像是最接近测试样本类别的三幅图像,第5~7幅图像是第二接近测试样本类别的三幅图像,第8~10幅图像是第三接近测试样本类别的三幅图像。与测试样本最接近的类别为第17个类。因此,如果依据方法的第一步进行分类,将会错分该测试样本。如果仅仅依据方法的第一步的结果去做分类,将不能得到正确的分类结果,如图6.15所示。换言之,如果仅依据方法第一步的结果,并认为与测试样本越近的类别有越小的ce_i值,那么,将很容易得到错误的分类结果。依据方法的第一步和第二步的结果进行分类的最大区别在于:方法的第二步利用了不同类的训练样本在表达测试样本中的竞争关系,而第一步没有。

图6.13　测试样本和其来自训练样本集合的近邻

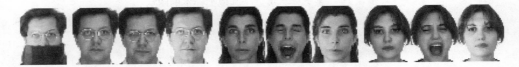

图6.14　改进的近邻特征空间方法的第二步得到前三个类别的训练样本

图6.15　改进的近邻特征空间方法的第一步得到的前三个类别的训练样本

图6.16和图6.17分别表示的是图6.13~图6.15中的测试样本与用改进的近邻特征空间方法得到的"代表样本"之间的偏差,如图6.16和图6.17所示。具有最小误差的类别并不是测试样本正确的类别,如图6.16所示,该测试样本实际上来自第三类。在这两幅图中我们可以看到水平和垂直坐标方向的误差值。合法类别的标号为3。图6.17是基于改进的近邻特征空间方法的第二步得到的"代表

样本"的表达结果,测试样本与第三类别的"代表样本"之间的表达误差最小。那么,第二步将测试样本正确的分类到第三个类别。此图说明具有最小误差的类别正是测试样本所属的类别,该测试样本被正确分类。图 6.16 所示为第一步错误地将测试样本归类到第 54 类。

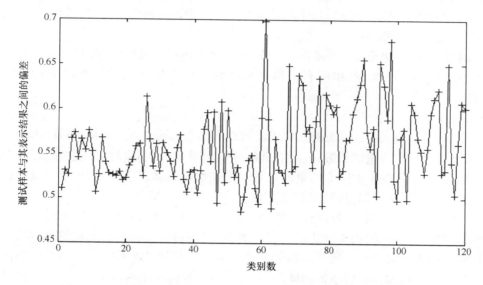

图 6.16　方法的第一步得到的测试样本的表达结果与其本身间的误差

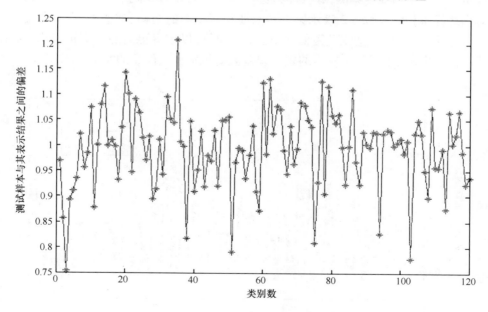

图 6.17　方法的第二步得到的测试样本的表达结果与其本身间的误差

6.3.3.2　表达错误和分类正确率

改进的近邻特征空间方法基于测试样本的表达结果进行分类。不难知道，表达误差是与分类正确率直接相关的。有如下推论和定理。

【推论1】　如果一组向量中的元素的个数大于该组向量的维数，那么，这一组向量必定是线性相关的。

【定理1】　如果训练样本的个数等于或大于样本向量的维数，并且训练样本向量线性无关，那么，利用所有训练样本的线性组合表达测试样本时表达误差为零。

证明：

令 $u = \{y, x_1, \cdots, x_n\}$ 为测试样本和所有训练样本的集合。如果训练样本的个数大于等于样本向量的维数，且所有训练样本向量 $x_1, \cdots, x_n$ 线性无关，那么，集合 u 中元素的个数必大于样本向量的维数。根据线性代数基本理论，u 是一线性相关组，且测试样本可以零误差地表达为 $x_1, \cdots, x_n$ 的线性组合。

在人脸识别应用中，训练样本的个数大于等于样本向量的维数的条件经常不满足。然而，一般地，用于表达测试样本的训练样本越多，表达误差就越小。另一方面，低的表达误差不一定对应高的分类正确率。使用 AR 库中每人的前四幅图像做训练样本，而其他样本做测试样本时，利用所有训练样本的线性组合表达测试样本得到库中前 300 幅测试图像的表达误差，如图 6.18 所示。图中，$k = 4$ 表示所有训练样本做训练，$k = 2$ 表示第二步只使用每个类的两幅"代表样本"。显然，当 $k = 4$ 比 $k = 2$ 时的表达误差更低，但是，$k = 2$ 时可以获得更高的识别正确率（如前所述）。图中给出了测试样本的表达误差大而识别率反而高的实例。

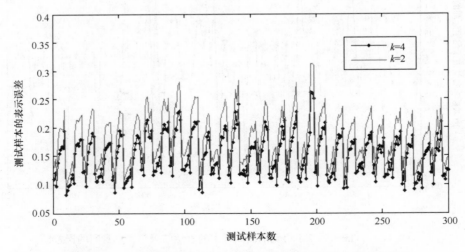

图 6.18　用不同数目的训练样本线性组合表达测试样本的表达误差

6.3.4　实验结果

6.3.4.1　AR 人脸数据库中的实验

下面使用 AR 数据库测试改进的近邻特征空间方法。采用 AR 数据库中 120 个人的 3120 幅灰度图像（每人 26 幅），先将原始的人脸图像缩小为 40×50 的矩阵。

表 6.8 和表 6.9 的实验结果表明，改进的近邻特征空间方法可取得比其他方法更低的错误率。此外，改进的近邻特征空间方法中第一步的错误率比第二步高很多。这说明第二步在表达与分类的过程中起到了更加关键的作用。主要原因是第二步能利用各类别的训练样本在表达测试样本中存在的竞争关系，而第一步不能。

表 6.8　改进的近邻特征空间方法在 AR 数据库上的实验结果

训练样本的个数	"代表样本"个数	方法第一步的 分类错误率/%	改进方法的 分类错误率/%
4	1	42.69	32.39
	2	41.89	32.46
	3	41.93	32.63
	4	41.86	32.46
6	2	37.12	28.54
	3	37.37	28.54
	4	37.00	28.33
8	2	40.09	29.17
	3	40.19	28.47
	4	40.28	28.80
	8	40.37	30.05
12	2	33.04	25.12
	3	32.20	24.58
	4	32.20	25.18
14	2	16.32	9.86
	3	13.75	9.24

表 6.9　AR 数据库上使用 NFL、NFS 方法的分类错误率

训练样本的个数	4	6	8	12	14
NFL	42.12%	37.29%	40.46%	32.92%	15.97%
NFS	41.86%	37.46%	40.46%	32.02%	12.99%
NFP	41.93%	41.86%	40.09%	37.98%	17.02%

图 6.19 和图 6.20 分别是用 NFS 方法分类错误和用改进的近邻特征空间方法分类正确的例子。在图 6.19 中,第一列是原始的测试样本,第二列是 NFS 方法得到的结果图像。在每一行中,第一幅图像是原始的测试样本,第二幅图像是 NFS 方法得到的结果图像。图 6.20 的测试样本与图 6.19 中的完全相同。图 6.20 中,第一列是原始的测试样本,第二列是改进的近邻特征空间方法得到的结果图像。其中,每人的前四幅样本和剩余的样本分别作为训练样本和测试样本。在改进的近邻特征空间方法中,$k = 2$。图 6.20 中的结果图像是第二步与测试样本间偏差最小的类别的“代表样本”的加权和转换为二维矩阵后的图示。图 6.19 中的结果图像是与测试样本距离最小的类别的所有样本的加权和转换为二维矩阵后的图示。根据方法的分类规则,可通过观察结果图像判断出测试样本是否能被正确分类。如果图像看起来是由测试样本所属类别的训练样本构成,则测试样本能被正确分类;否则,测试样本不能被正确分类。

图 6.19 NFS 方法分类错误的图示   图 6.20 改进的近邻特征空间
方法分类正确的图示

6.3.4.2 Lab2 数据库中的实验结果

使用 Lab2 数据库中在“左右光照”和“左光照”条件下的可见光人脸图像做训练样本,而其他图像做测试样本。表 6.10 给出了 NFL、NFP 和 NFS 在 Lab2 数据库上的实验结果。改进的近邻特征空间方法的分类错误率明显比 NFL、NFP 和 NFS 方法低。由表 6.11 可知如果仅仅使用改进的近邻特征空间方法中的第一步做分类识别,将获得更高的错误识别率。

表 6.10 NFL、NFP 和 NFS 方法在 Lab2 数据库中的实验结果

方法	NFL	NFS	NFP
被错误分类的测试样本个数	319	278	289

表 6.11　改进的近邻特征空间方法在 Lab2 数据库中的实验结果

	改进的近邻特征空间方法			
"代表样本"个数	6	7	8	9
方法第二步得到的被错误分类的测试样本个数	216	194	195	190
方法第一步得到的被错误分类的测试样本个数	419	409	402	362

6.3.5　结论

改进的近邻特征空间方法包含两个步骤。第一步确定出每一类中的 k 个"代表样本",这一步将获得 c 个类别中的共 kc 个"代表样本"。第二步,使用 kc 个"代表样本"对测试样本进行线性表示。线性表达的系数确定之后,第二步将评估出每一类在表达测试样本中的贡献,并将测试样本分类给贡献最大的那一类别。这一方法的理论依据如下:第一步,在所有的训练样本集合中确定出与测试样本最相似的一部分训练样本,并去掉对测试样本的分类作用很小的训练样本。第二步,不同类别的"代表样本"以"竞争"的方式参与测试样本的表达。实验显示,"竞争"方式能有效提高识别正确率。

因为改进的近邻特征空间方法是从所有的训练样本中确定出一部分"代表样本",并据此对测试样本进行分类。可以认为此方法是一种"稀疏表达"方法。改进的近邻特征空间方法具有稀疏表达的优势,并且可以获得预期的正确率,且计算复杂度低,易于实现。

第7章 稀疏描述思想与改进的降维方法

常规变换方法利用所有训练样本的信息来获得变换轴,并利用相同的变换轴对所有样本进行特征抽取。稀疏描述方法与常规变换方法不同,它利用不同的训练样本,分别为不同的测试样本产生一个误差最小的描述,并依据描述结果进行分类。如果将产生测试样本描述结果的过程看作一个变换过程,则不同的测试样本分别使用不同的"变换轴"和系数向量。具体地,如果 y_j 为第 j 个测试样本,$X_j = [x_j^1, \cdots, x_j^k]$ 为 k 个训练样本组成的矩阵,$A_j = [a_j^1, \cdots, a_j^k]$ 为系数向量,则有 $\hat{y}_j = X_j A_j$。$\hat{y}_j$ 即为稀疏描述方法得出的测试样本 y_j 的描述结果。在稀疏描述方法中,X_j 即相当于"变换轴"。在测试样本的描述结果与原测试样本间具有最小误差的要求下,"变换轴"和系数向量均随测试样本变化而变化。

稀疏描述方法与常规变换方法的另一区别是:前者得出的测试样本的描述结果与原样本向量的维数相同,而常规(线性)变换方法得出的测试样本的变换结果比原样本维数更低。若对常规变换方法得到的变换结果进行反变换,则反变换结果与测试样本的维数也相同。由于常规变换方法的训练阶段仅利用所有训练样本的信息,而忽略了测试样本,得到的反变换结果与原测试样本之间的误差(两者之差的范数)达不到最小。

考虑到稀疏描述方法和常规变换方法各有优点,本章基于这两种方法提出了两个新的人脸识别方法,并进行了讨论和分析。

7.1 稀疏描述与常规变换方法的结合

常规变换方法仅仅利用了训练样本的信息来获得变换轴,这对训练样本是最佳的,而对将要被分类的测试样本不一定是最佳的。例如,PCA 方法能以最小的误差表示训练样本,但是它却不能以最小的误差表示每一个测试样本。本节提出了一种改进的变换方法,可看作稀疏描述与常规变换方法的结合,它利用所有训练样本为不同的测试样本提供不同的最优描述。这种变换方法不仅仅有常规变换方法的优势,而且对测试样本的分类十分有利。这种变换方法只需计算测试样本和"最相关"的那些训练样本间的权重距离。"最相关"的训练样本是指和测试样本依据某种测量"最近"的训练样本。

7.1.1　改进的常规变换方法

改进的常规变换方法(ICTM)不仅在新空间中使训练样本达到常规变换方法的效果,而且还能最好地表示测试样本。例如,对 LDA 的改进不仅能使类间距离与类内距离的比值最大,而且还能更好地利用某些训练样本来表示测试样本。

本节提出的方法包括三步。第一步,首先根据所有训练样本对测试样本的表达能力,确定出各测试样本的"最相关"训练样本。第二步,运用常规变换方法获得变换轴。第三步,利用变换轴、最相关的训练样本和相关的表示系数产生所有样本的特征,并计算测试样本和最相关的训练样本的距离,同时使用最近邻分类方法对测试样本进行。

7.1.1.1　ICTM 的第一步

ICTM 的第一步是从训练样本中为每个测试样本找到 k 个最近邻样本,作为表示测试样本的最相关的训练样本。该步认为这些训练样本与测试样本是密切相关的。

为每个测试样本 y 决定 k 个最近邻的方法如下:令 $x_i(i = 1, 2, \cdots, N)$ 表示列向量形式的所有训练样本。假定 $y = \sum_{i=1}^{N} c_i x_i$ 近似成立。定义 $C = [c_1, \cdots, c_N]$,通过 $\hat{C} = (X^T X + \gamma I)^{-1} X^T y$ 得到 C 的解,其中 $X = [x_1, \cdots, x_N]$,I 是单位矩阵,γ 是一个小的正常数。如果 $\hat{C}_i$ 是 $\hat{C}$ 的第 i 个值,那么,y 和 x_i 的距离可通过 $d_i = \| y - \hat{c}_i x_i \|$ 来计算。$\| \cdot \|$ 代表 l_2 范数。具有小最小距离的 k 个训练样本作为测试样本 y 的最相关的训练样本。

令 $x'_j(j = 1, 2, \cdots, k)$ 表示 k 个最相关的训练样本。ICTM 的第一步也利用 $x'_1, \cdots, x'_k$ 表达测试样本 y,并求解最大程度满足如下方程的 k 个系数,即

$$y = \sum_{j=1}^{k} b_j x'_j \tag{7.1}$$

b_j 通过如下方程解得

$$\tilde{b} = (X'^T X' + \gamma I)^{-1} X'^T y \tag{7.2}$$

式中:$X' = [x'_1, \cdots, x'_k]$ 和 $\tilde{b} = [\tilde{b}'_1, \cdots, \tilde{b}'_k]$。我们把系数 $\tilde{b}'_j(j = 1, 2, \cdots, k)$ 作为第 j 个最相关训练样本在表达测试样本中的权重。我们也认为 $\tilde{b}'_j$ 是表示 y 和 $x'_j(j = 1, 2, \cdots, k)$ 关系的表示系数。

7.1.1.2　ICTM 的第二步

ICTM 的第二步利用常规变换方法得到变换轴。下面以对 PCA 和 LDA 的改进举例说明 ICTM 的第二步。为了叙述的方便,用 x^i_j 来表示第 i 类的第 j 个训练样本。常规 PCA 的特征方程为 $S_t w = \lambda w$,其中产生的矩阵

$$S_t = \frac{1}{Ln_i} \sum_{i=1}^{L} \sum_{j=1}^{n_i} (\boldsymbol{x}_j^i - \overline{m})(\boldsymbol{x}_j^i - \overline{m})^{\mathrm{T}}$$

为协方差矩阵。n_i 表示第 i 类训练样本的数量。L 和 $\overline{m}$ 分别表示类别数和所有训练样本的均值。

常规 LDA 的特征方程为 $\boldsymbol{S}_b \boldsymbol{w} = \lambda \boldsymbol{S}_w \boldsymbol{w}$。$\boldsymbol{S}_b$ 和 $\boldsymbol{S}_w$ 分别是类间散度矩阵和类内散度矩阵,分别定义为

$$S_b = \sum_{i=1}^{L} (m_i - \overline{m})(m_i - \overline{m})^{\mathrm{T}}$$

$$S_w = \sum_{i=1}^{L} \sum_{j=1}^{n_i} (\boldsymbol{x}_j^i - m_i)(\boldsymbol{x}_j^i - m_i)^{\mathrm{T}}$$

式中:m_i 表示第 i 类训练样本的平均值。

常规的 PCA 和 LDA 是将最大的 p 个特征值对应的特征向量作为变换轴,把每个样本变换到这 p 维向量中。ICTM 则同时用变换轴和表示系数来实现变换。

7.1.1.3　ICTM 的第三步

ICTM 的第三步如下。令 $\boldsymbol{w}_1, \cdots, \boldsymbol{w}_p$ 表示 p 个变换轴,这些变换轴通过常规变换方法和 $\boldsymbol{W} = [\boldsymbol{w}_1, \cdots, \boldsymbol{w}_p]$ 获得。第三步利用下式对最相关的训练样本和测试样本 $\boldsymbol{y}$ 进行特征抽取,即

$$\boldsymbol{z}_j = \tilde{\boldsymbol{b}}_j' \boldsymbol{W}^{\mathrm{T}} \boldsymbol{x}_j', \quad j = 1, 2, \cdots, k \tag{7.3}$$

$$\boldsymbol{z} = \boldsymbol{W}^{\mathrm{T}} \boldsymbol{y} \tag{7.4}$$

式中:$\boldsymbol{z}$ 和 $\boldsymbol{z}_j$ 分别表示测试样本 $\boldsymbol{y}$ 和第 j 个最相关的训练样本 $\boldsymbol{x}_j'$ 的特征抽取结果。每个测试样本的特征抽取都受自己的表示系数影响。第三步计算测试样本和最相关的训练样本的距离公式为

$$d_j = \| \boldsymbol{z} - \boldsymbol{z}_j \| \tag{7.5}$$

如果 $m = \underset{j}{\mathrm{argmin}} d_j$,则测试样本被分类到 $\boldsymbol{x}_m'$ 所属的类别。

7.1.2　关于 ICTM 的分析

下面阐述 ICTM 的合理性。首先,ICTM 具有常规变换方法的优势,即训练样本在新空间中能满足一些约束条件,这种约束对模式分类是有利的。例如,关于 LDA 的 ICTM 在新空间中,不同类训练样本间距离与同类训练样本间距离的比值仍然是最大的。

其次,ICTM 对每个测试样本都进行了自适应的特征抽取,测试样本和训练样本的距离关系将能以一种较好的方式被计算。换句话说,ICTM 只需要计算测试样本和最相关的那些训练样本的"加权"距离。在"加权"距离中,表示系数用作权重,这个权重表示训练样本在表达测试样本中的重要性。表示系数的绝对值越大,

说明与之对应的训练样本在表达测试样本中越重要。换句话说,如果仅用一个训练样本来表达测试样本,那么,有最大表示系数的训练样本就是最佳的训练样本,测试样本与最佳训练样本之间的"加权"距离将是非常小的。所以,上面设计的特征抽取方法是合理的。

如果对 ICTM 的第三步中的特征抽取略做修改,也采用常规的特征抽取步骤提取测试样本 y 和最相关的训练样本的特征,则相应的特征抽取公式变化为 $g_j = W^T x_j'$ 和 $z = W^T y$。此时,关于距离计算的式(7.5)应被重写为

$$d_j = \| z - \tilde{b}_j' g_j \|, j = 1, 2, \cdots, k \tag{7.6}$$

如果 $m = \arg\min_j d_j$,则测试样本 y 被分类到 x_m' 所属的类别。因此,可说 ICTM 是一种基于常规变换方法改进的最近邻分类,它对最近邻分类的主要改进是采用加权距离,即计算出测试样本与所有最相关的训练样本间的加权距离后,将测试样本分类到与其最近或最相关的训练样本所属的类别。

图 7.1 给出了欧式距离和加权距离的示例。在示例中,用三个训练样本表达测试样本。原始的欧式距离的计算公式为

$$\| y - x_i \|, i = 1, 2, 3$$

式中: x_1、x_2、x_3 表示三个训练样本; y 表示测试样本。图 7.1 中,加权距离是通过

$$\| y - c_i x_i \|, i = 1, 2, 3$$

$$[c_1 \quad c_2 \quad c_3]^T = (X^T X + \gamma I)^{-1} X^T y$$

$$X = [x_1 \quad x_2 \quad x_3]$$

来计算的, γ 设置为 0.01。图中,测试样本和三个训练样本的原始欧式距离分别是 1.5524、1.7692 和 5.8034,加权距离分别是 0.8203、1.7680 和 1.7400,三个训练样本的权重系数分别是 0.4496、0.1226 和 0.1106。由图可知,测试样本与训练样本间加权距离和原始的欧氏距离有较大差别。特别地,当训练样本的表示系数为负,加权距离和原始的欧式距离的差别是非常大的。根据欧式距离,第 1~3 个训练样

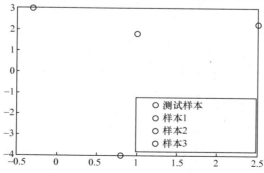

图 7.1　原始欧氏距离和加权距离

本分别是测试样本的第一、第二、第三个最近邻。然而,根据加权距离,第 1~3 个训练样本分别是测试样本的第一、第三、第二个最近邻。

7.1.3 实验结果

下面对 PCA、LDA、基于 PCA 的 ICTM 和基于 LDA 的 ICTM 进行对比实验。在实现 LDA 时,将类内离散度矩阵 S_w 替换为 $S_w + 0.01I$(其中的 I 是单位矩阵),以规避小样本问题。此外,在实验中当每人仅有一个训练样本时,用 $S_b w = \lambda w$ 代替 $S_b w = \lambda S_w w$ 作为 LDA 的特征方程,因为 S_w 不可计算。

7.1.3.1 AR 数据库中的实验结果

在 AR 人脸库中,利用 120 个人的 3120 张灰度图像(每个人 26 张)进行实验。把 AR 人脸库中每个图像的尺寸调整为 50×40。使用每类中的前 2~4 幅图像作为训练样本,其他的作为测试样本。在实验之前,所有的测试样本和训练样本都归一化到长度为 1 的向量中。

表 7.1 所列为在 AR 数据库上常规的变换方法和 ICTM 的分类正确率。最相关的训练样本数与所有训练样本数的比例为 1:10。通过常规 PCA 获得的变换轴的数量是训练样本的总数减 1,通过常规 LDA 获得的变换轴的数量是人的总数减 1。由表可知,ICTM 方法能取得更优的分类精度。下面把对常规 PCA 和常规 LDA 的改进方法分别称为 ICPCA 和 ICLDA。使用 ICPCA 能获得 10% 的精度改善。ICLDA 的精度也明显高于 LDA。图 7.2 和图 7.3 分别显示了在 AR 数据库不同光照的人脸图像上,随着变换轴数量的变化,导致常规 LDA(PCA)和 ICLDA(ICPCA)精度的变化。实验中,每个人的前两张人脸图像作为训练样本,其他的作为测试样本。结果表明,ICLDA(ICPCA)的性能明显优于 LDA(PCA)。

表 7.1 常规变换方法和 ICTM 的分类正确率

每人的训练样本数	2	3	4
PCA	55. 28%	54. 20%	52. 20%
ICPCA	65. 80%	65. 36%	63. 60%
LDA	60. 83%	59. 82%	60. 76%
ICLDA	66. 18%	65. 47%	63. 03%

7.1.3.2 在 HFB 数据库上的实验

在这节中,使用 HFB 中的近红外人脸图像与可见光人脸图像来测试我们的方法和原有其他常规方法。我们将原 128×128 的人脸图像变为 64×64 的大小,分别使用近红外的前两张人脸图像作为训练样本,剩下的所有图像作为测试样本。在应用之前,所有的样本被转化为长度为 1 的单位向量。

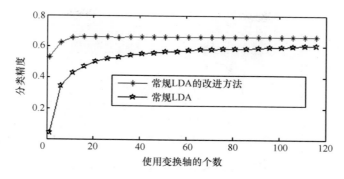

图 7.2　常规 LDA 和 ICLDA 的分类正确率

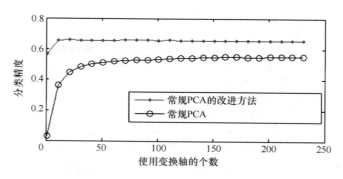

图 7.3　常规 PCA 和 ICPCA 的分类正确率

表 7.2 显示了在 HFB 数据库的近红外人脸图像与可见光人脸图像上,分别使用常规的 PCA,常规的 LDA、ICPCA 和 ICLDA 得到的实验结果。最佳训练样本数和所有的训练样本数的比例是 0.15。常规 PCA 的变换轴的数量为训练样本总数减 1。常规 LDA 的变换轴的数量是人的总数减 1。图 7.4 和图 7.5 分别显示了在 HFB 的可见光人脸数据库上,变换轴数量的变化引起常规的 LDA(PCA)和 ICLDA(ICPCA)分类精度的变化。可以看出,ICLDA 和 ICPCA 分别比常规的 LDA 和常规的 PCA 具有更高的分类精度。此外,当少量的变换轴被使用的时候,常规的 LDA 和常规的 PCA 分类正确率较低,而 ICPCA 和 ICLDA 仍然能够获得较高的分类正确率。

表 7.2　在 HFB 数据库上的常规变换方法和 ICTM 的实验结果

每人的训练样本数	可见光人脸图像		近红外人脸图像	
	1	2	1	2
LDA	55.0%	74.0%	72.7%	80.0%
ICLDA	87.0%	93.0 %	93.0 %	95.0%
PCA	63.0%	63.0%	89.7%	91.0%
ICPCA	87.7%	93.0 %	93.3%	92.5%

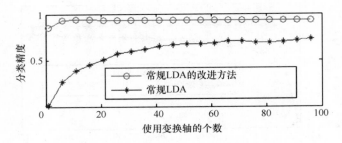

图 7.4　常规 LDA 和 ICLDA 的分类正确率

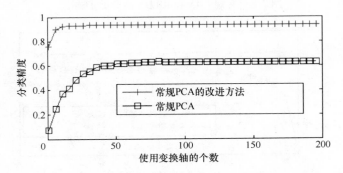

图 7.5　常规 PCA 和 ICPCA 的分类正确率

7.1.4　结论

对于每个测试样本,ICTM 根据单个训练样本和测试样本间的距离确定出若干个最相关的训练样本,并且利用这些最相关的训练样本来对测试样本进行分类,这种分类方式在理论上具有一定的合理性。由于仅需计算测试样本和与其最相关的训练样本间的加权距离,并据此进行分类,ICTM 能减少训练样本中的"野点"(Outlier)对测试样本分类的影响。对于常规变换方法来讲,训练样本中的"野点"可能距离某些其他样本非常近,却与它们来自不同类别,这样的"野点"会对样本的正确分类带来很大的干扰。

7.2　基于描述和降维的人脸识别

本节介绍利用基于描述的分类和常规的降维相结合的人脸识别方法(即基于描述和降维的人脸识别方法)。该方法能够很好地表达每个测试样本,并且能取得较低分类错误率。该方法同时具有常规的降维方法和稀疏描述方法两者的优势。此外,该方法具有简单、计算效率高和易于实现的优点。实验结果表明,该方法在人脸识别精度上,与常规的降维方法相比有显著的改进。

7.2.1　基于描述和降维的人脸识别方法

我们将基于描述和降维的人脸识别方法简写为 RRDFR。RRDFR 不仅可以使训练样本达到降维的目的,而且能够使测试样本很好地被表达。RRDFR 包括以下三个步骤。第一步,首先利用所有训练样本去表示测试样本并获得相应的表达系数;第二步,获得降维需要的投影轴;第三步,利用投影轴将所有的样本变换到新的低维空间,并利用基于描述的方法进行分类。我们为 RRDFR 设计了两个算法,分别称为算法 1 和算法 2。

假设 y 表示测试样本,$x_i(i=1,2,\cdots,N)$ 表示第 i 个训练样本。假设所有的样本均为列向量。我们描述算法 1 的主要步骤如下。

算法 1

　　步骤 1　利用所有训练样本的线性组合确定一个和测试样本间差异最小的训练样本。假设 $y = \sum_{i=1}^{N} c_i x_i$ 近似成立,通过 $\hat{C} = (X^T X + \gamma I)^{-1} X^T y$ 得到 c_i,其中 $X = [x_1, x_2, \cdots, x_N]$,$I$ 是单位矩阵,γ 是一个小的正常数。如果 $\hat{C} = [\hat{c}_1, \hat{c}_2, \cdots, \hat{c}_N]$,我们可以认为 $\hat{c}_i x_i$ 是第 i 个训练样本对测试样本 y 的表达贡献。$\hat{c}_i$ 是 x_i 的系数。此外,$\| y - \hat{c}_i x_i \|$ 的值越小,第 i 个训练样本的表达贡献越大。

　　步骤 2　利用投影轴进行降维。令 $w_1, w_2, \cdots, w_d$ 表示前 d 个投影轴(利用常规降维方法得出)。该步骤利用 $x_i' = W^T x_i (i = 1, 2, \cdots, N)$ 得到每个训练样本的特征,其中 $W = [w_1, w_2, \cdots, w_d]$。通过 $y' = W^T y$ 获得测试样本的特征。y' 和 x_i' 都是 d 维向量。

　　步骤 3　计算测试样本特征 y' 和第 j 类样本特征的偏差,计算公式为

$$d_j = \| y' - t_j \|, t_j = c_j^1 z_j^1 + \cdots + c_j^{n_j} z_j^{n_j}$$

式中:c_j^i 是 $\hat{C}$ 中的一个元素,也是第 j 类得第 i 个样本得特征 z_j^i 的系数。如果 $k = \arg\min_j d_j$,测试样本 y 被分到第 k 类。

基于 RRDFR 的算法 2 包括四个步骤。步骤 1 和算法 1 中的步骤 1 相同,步骤 3 和步骤 4 分别和算法 1 中的步骤 2 和步骤 3 很相似。然而,算法 2 中的步骤 2,与算法 1 有很大区别。算法 2 的步骤 2 确定较少能很好表达测试样本的"最佳"训练样本。不同的测试样本对应不同的"最佳"训练样本。换而言之,算法 2 在算法 1 的基础上,首先选取能够"最佳"表示测试样本的较少训练样本,然后利用这些"最佳"训练样本进行最后的分类,算法 2 的主要步骤如下所示。

算法 2

　　步骤 1　和算法 1 中的步骤 1 相同。

步骤 2　确定"最佳"训练样本。把测试样本和第 i 个训练样本的距离设为 $d_i = \parallel \boldsymbol{y} - \hat{c}_i \boldsymbol{x}_i \parallel$。把 s 个和测试样本距离最小的训练样本作为"最佳"训练样本，$D_1, D_2, \cdots, D_s$。令 $bx_1, bx_2, \cdots, bx_s$ 代表测试样本 $\boldsymbol{y}$ 的"最佳"训练样本。假设 $\boldsymbol{y} \approx \sum_{i=1}^{s} b_i bx_i$，通过 $\hat{\boldsymbol{B}} = [\hat{b}_1, \hat{b}_2, \cdots, \hat{b}_s]^{\mathrm{T}} = (\boldsymbol{D}^{\mathrm{T}} \boldsymbol{D} + \gamma \boldsymbol{I})^{-1} \boldsymbol{D}^{\mathrm{T}} \boldsymbol{y}$ 得到 b_i 的值。$\hat{b}_i$ 是 b_i 的解并且作为 bx_i 的系数。

步骤 3　利用 RRDFR 得到投影轴，通过投影轴获取测试样本和"最佳"训练样本的特征。特征抽取方法和算法 1 中的步骤 2 相同。

步骤 4　首先计算测试样本特征 $\boldsymbol{y}'$ 和第 j 类特征的距离，计算公式为
$$d_j = \parallel \boldsymbol{y}' - bt_j \parallel, \qquad bt_j = b_j^1 bz_j^1 + \cdots + b_j^s bz_j^s$$
式中：b_j^m 是 $\hat{\boldsymbol{B}}$ 中的元素并且是第 j 类第 m 个样本的特征 bz_j^m 的系数。如果 $k = \arg\min_j d_j$，则测试样本 $\boldsymbol{y}$ 被分到第 k 类。

7.2.2　方法合理性分析

7.2.2.1　方法的表达误差

RRDFR 与常规的基于描述的人脸识别方法都会产生相似的表达误差，证明如下。

如前所述，有 $\boldsymbol{y} \approx \hat{\boldsymbol{X}}, \hat{\boldsymbol{X}} = \boldsymbol{X}\hat{\boldsymbol{C}}$，因此，$\boldsymbol{W}^{\mathrm{T}} \boldsymbol{y} \approx \boldsymbol{W}^{\mathrm{T}} \hat{\boldsymbol{X}}$ 成立。这意味着，特征抽取之后，测试样本可以用训练样本的线性组合近似表示。该公式可以表示为 $\boldsymbol{y}' \approx \boldsymbol{X}'\hat{\boldsymbol{C}}$，$\boldsymbol{y}' = \boldsymbol{W}^{\mathrm{T}} \boldsymbol{y}, \boldsymbol{X}' = [\boldsymbol{x}_1', \boldsymbol{x}_2', \cdots, \boldsymbol{x}_n'] = \boldsymbol{W}^{\mathrm{T}} \hat{\boldsymbol{X}}, \boldsymbol{x}_i' = \boldsymbol{W}^{\mathrm{T}} \boldsymbol{x}_i, i = 1, 2, \cdots, n$。其中，$\boldsymbol{y}'$ 代表 $\boldsymbol{y}$ 经变换所得的特征，$\boldsymbol{X}'$ 是所有训练样本特征组成的矩阵。

假设 $\boldsymbol{y} = \boldsymbol{X}\hat{\boldsymbol{C}} + \varepsilon$，可以得到在原始空间中测试样本的表达误差为

$$e_y = \frac{\parallel \boldsymbol{y} - \boldsymbol{X}\hat{\boldsymbol{C}} \parallel}{\parallel \boldsymbol{y} \parallel} = \frac{\parallel \varepsilon \parallel}{\parallel \boldsymbol{y} \parallel} = \frac{\parallel \varepsilon \parallel}{\parallel \boldsymbol{X}\hat{\boldsymbol{C}} + \varepsilon \parallel} \tag{7.7}$$

在特征抽取后的，有 $\boldsymbol{y}' = \boldsymbol{W}^{\mathrm{T}} (\boldsymbol{X}\hat{\boldsymbol{C}} + \varepsilon) = \boldsymbol{X}'\hat{\boldsymbol{C}} + \boldsymbol{W}^{\mathrm{T}} \varepsilon$。因此，测试样本的表达误差可以表示为

$$e_y' = \frac{\parallel \boldsymbol{y}' - \boldsymbol{X}'\hat{\boldsymbol{C}} \parallel}{\parallel \boldsymbol{y}' \parallel} = \frac{\parallel \boldsymbol{W}^{\mathrm{T}} \varepsilon \parallel}{\parallel \boldsymbol{y}' \parallel} = \frac{\parallel \boldsymbol{W}^{\mathrm{T}} \varepsilon \parallel}{\parallel \boldsymbol{X}'\hat{\boldsymbol{C}} + \boldsymbol{W}^{\mathrm{T}} \varepsilon \parallel} \tag{7.8}$$

也可以改写为 $e_y' = \frac{\parallel \boldsymbol{W}^{\mathrm{T}} \varepsilon \parallel}{\parallel \boldsymbol{W}^{\mathrm{T}} (\boldsymbol{X}\hat{\boldsymbol{C}} + \varepsilon) \parallel} \leqslant \frac{\parallel \boldsymbol{W}^{\mathrm{T}} \parallel \cdot \parallel \varepsilon \parallel}{\parallel \boldsymbol{W}^{\mathrm{T}} (\boldsymbol{X}\hat{\boldsymbol{C}} + \varepsilon) \parallel}$。在一般情况下，如果 e_y

有一个较小的值, e_y' 的值也会较小。实际上, $\dfrac{e_y'}{e_y} \leqslant \tau, \tau = \dfrac{\|\boldsymbol{W}^{\mathrm{T}}\| \cdot \|\boldsymbol{X}\hat{\boldsymbol{C}} + \varepsilon\|}{\|\boldsymbol{W}^{\mathrm{T}}(\boldsymbol{X}\hat{\boldsymbol{C}} + \varepsilon)\|}$ 。这

说明, $e_y' \leqslant e_y \tau (\tau > 1)$,因此,RRDFR 得出的测试样本的表达误差 e_y' 有界且和 e_y 直接相关。

7.2.2.2　RRDFR 和 DR + RM 方法的不同

本小节将证明 RRDFR 不同于常规降维方法加基于描述的方法(DR + RM)。首先,应该指出基于描述的方法非常适合基于图像的识别应用,因为在基于图像的识别应用中,该方法对噪声具有较强鲁棒性。在人脸识别中,姿势的变化,光照和面部表情变化等因素引起的人脸图像的变化都可看做"噪声"。

其次,基于描述的方法相对于低维样本来说,它更适合应用于高维样本。假设训练样本是非常低维的数据并且训练样本的数量比样本向量的维数大得多,则通常基于描述的方法能够用训练样本准确、零误差地表示测试样本。此外,也可能在利用训练样本表示测试样本时,真正来自测试样本类的训练样本可能无法发挥主导作用。因此,在这种情况下,基于描述的方法难以对测试样本得出正确分类。

然而,当样本维度非常高且比训练样本的数量大时,基于描述的方法通常能够使来自测试样本类的训练样本能更好地表达测试样本。直观地看,这是因为和测试样本相同类的训练样本更近似于测试样本,并且在训练样本数目非常有限条件下,只有"相似"的训练样本的表示贡献更大,测试样本才能被更好地表示。大量的实验结果表明,如果样本维度非常低,RRDFR 在分类性能上也大大优于 DR + RM 方法。

7.2.3　实验结果

首先在 AR 人脸数据库上测试 RRDFR。该数据库的人脸图像是在多种不同的姿势、面部表情和光照条件下采集的,其中也包含大量的人脸遮挡图像。本实验使用来自 120 个个体的 3120 灰度人脸图像,并且每张图像的大小调整为 50×40 。实验中分别将每人的前 6 幅、8 幅、12 幅和 18 幅人脸图像作为训练样本,剩下的其他图像作为测试样本。表 7.3 展示了在 AR 人脸数据库上使用不同方法得出的分类正确率。我们看到基于 LDA 的 RRDFR 算法 1 与算法 2 的分类性能都明显优于 LDA 与 PCA。

表 7.3　在 AR 人脸数据库上的分类正确率

每人的训练样本个数	6	8	12	18
LDA	67.9%	67.2%	70.4%	93.8%
PCA	57.0%	54.5%	63.3%	67.9%
RRDFR 算法 1(基于 LDA)	70.8%	70.0%	73.0%	91.8%
RRDFR 算法 2(基于 LDA)	71.8%	72.2%	78.5%	95.5%

7.2.4 结论

RRDFR 同时具有常规降维方法和基于描述的分类这两类方法的优点。该方法可以使每一个测试样本都能够被全部或部分训练样本的线性组合很好地表达，而且当 RRDFR 方法将样本变换到另一个低维空间时，该方法仍能像普通降维方法那样具有统计上的一些属性。RRDFR 也可认为是一种具有降维过程的基于描述的分类方法。

7.3 讨 论

本节给出了一个关于正确分类的前提条件：在基于距离的分类方法中，测试样本的真实类别应至少和其最近邻的 k 个训练样本中的一个相同。我们还通过理论上的形式化分析指出，线性降维方法不会大幅度改变样本间的近邻关系。换言之，在都采用基于距离的分类方法时，与原始空间中的分类结果相比，单纯的线性降维方法一般不会取得有里程碑意义上的分类结果的提升。

7.3.1 正确分类的前提条件

绝大部分分类方法都依据训练样本和测试样本间的距离对测试样本进行分类。例如，最近邻分类器将测试样本分类到距离其最近的训练样本所属的类别，而 k 近邻分类器根据与测试样本最近的 k 个训练样本的类别对测试样本进行分类。显然，如果测试样本的真实类别与其最近邻训练样本或其 k 个最近邻训练样本均不相同，则最近邻分类器和 k 近邻分类器均不能对该测试样本进行正确分类。所以，测试样本被正确分类的前提条件是在基于距离的分类方法中，测试样本的真实类别应至少和其 k 个最近邻训练样本中的一个相同。换言之，测试样本的真实类别和其中一些最近邻训练样本类别相同是测试样本能被正确分类的一个基本条件。

上述正确分类的前提条件也适用于基于描述的分类。基于描述的分类方法在形式上不同于最近邻分类与 k 近邻分类，它依据各类别的训练样本对测试样本的描述能力进行分类。表面上，这种分类方式中没有直接体现训练样本与测试样本间的距离，但从分类规则上可看出，基于描述的分类首先利用训练样本的线性组合表达测试样本，并确定相应的表达系数，然后根据测试样本和每一类训练样本的加权和（线性表示系数作为权重）的距离分类。实际上，也可将测试样本和每一类的训练样本的加权和的差的 2 范数看作一种距离度量。大量实验发现，在原空间中距离测试样本近的训练样本一般存在如下现象：如果训练样本在原始空间中和测试样样本距离很小，那么，乘上相应系数后的训练样本和测试样本间的距离依然非常小。所以，关于正确分类的前提条件对基于描述的分类也成立。这也可看作本章方法以及第 5 章的快速稀疏描述方法，利用距离测试样本最近的（若干）训练样本来表达和分类测试样本的一个理论基础。

图 7.6 给出了两个关于正确分类的前提条件的实例。在图 7.6(a)和(b)中,一种颜色代表一种类别,一共有三个类别。图 7.6 中的五星(Star)代表测试样本,其他均为训练样本。图 7.6(a)显示,黑色五星表示的测试样本与来自同类别的一些训练样本间的距离最近,因此,其很容易被正确分类。图 7.6(b)显示,红色五星表示的测试样本与来自同类别的训练样本间相距很远,因此,其很难被正确分类。实际实验的结果也和预期完全相同,最近邻分类、k 近邻分类与基于描述的分类均不能正确地对图 7.6(b)中的测试样本进行分类,而都能对图 7.6(a)中的测试样本进行正确地分类(见文前彩插)。

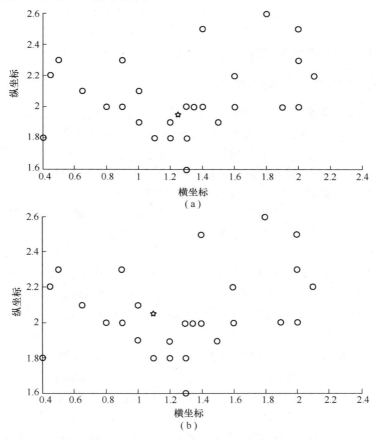

图 7.6　两个关于正确分类的前提条件的实例

(a)测试样本与同类别的训练样本距离近的情况;(b)测试样本与同类别的训练样本距离远的情况。

7.3.2　线性降维与样本近邻关系

本节将说明全局的线性降维方法不会大幅改变样本的近邻关系。令 W 是全

局线性降维方法的变换轴所组成的矩阵(称为变换矩阵)。令 A、B 分别是两幅人脸图像的一维向量,则 A、B 的变换结果可分别表示为 $U = WA$ 和 $V = WB$。因此,在变换后所得的空间中 A、B 间的距离是 $d_n = \| U - V \| = \| WA - WB \|$,而原空间中两者间的距离为 $d_0 = \| A - B \|$。

假如上文中向量和矩阵的范数分别是常用的 2 范数和 Frobenius 范数,则 $\| WA - WB \| \leqslant \| W \| \cdot \| A - B \|$ 一定成立。由于对所有样本,$\| W \|$ 的值都固定不变,故可将其看作常数。所以,如果 $\| A - B \|$ 接近零,则 $\| WA - WB \|$ 也接近零。换言之,如果原空间中有两个距离非常近的样本,则在通过变换矩阵 W 变换得到的新空间中,这两个样本依然会非常靠近。进而,可得出结论:全局的线性降维方法不会大幅度改变样本的近邻关系。进一步,如果在原空间中,测试样本的真实类别不同于和其距离最近的任意训练样本,则在全局线性降维方法得到的新空间中该情况会基本相同,即在新空间中该测试样本也将很难被正确分类。

7.3.3 描述误差与分类精度

测试样本的描述误差(即测试样本和其描述结果之差,其大小由差值的范数得到)和分类精度有着直接联系。但是,小的描述误差并不一定对应更高的分类精度。其实,和第 5 章的基于全局表达方法的图像测试样本描述与识别方法和快速稀疏描述方法对比,很容易发现,基于全局的线性表达方法利用所有训练样本的线性组合来表达测试样本,其取得的测试样本的描述误差更小,表达能力更强。然而,利用部分训练样本的线性组合来表达测试样本的快速稀疏描述方法却取得了更高的分类精度。这个实例已充分说明小的描述误差并不一定对应更高的分类精度。

因此,对基于描述的分类而言,问题的关键不在于取得多小的描述误差,而在于来自测试样本真实类别的训练样本在表达测试样本中起到多大的作用。显然,当来自测试样本真实类别的训练样本在表达测试样本中起的作用最大时,测试样本就能被正确分类。

在 7.1 节和 7.2 节中,利用距离测试样本最近的(若干)训练样本来表达和分类测试样本,这样的做法实际上有较强的合理性。首先,如前文所述,可认为测试样本满足其能被正确分类的基本条件,即测试样本的真实类别和其一个或一些最近邻训练样本相同。在该条件下,7.1 节和 7.2 节的方法有着一个很合理的逻辑。其次,在测试样本满足其能被正确分类的基本条件下,利用距离测试样本最近的(若干)训练样本来表达测试样本时,容易使得来自测试样本真实类别的训练样本在表达测试样本中起到最大作用。

此外,也容易说明,在利用相同数量的训练样本来表达测试样本的条件下,利用距离测试样本最近的若干训练样本来表达测试样本时,测试样本的描述误差也将较小。这说明,此种情况下,测试样本的描述误差和分类错误率能同时达到较小。此点在图 7.7 得到了直观的显示,红色箭头代表测试样本对应的向量,而其他箭头代表训练样本对应的向量。直观上,两个褐色箭头对应的向量和测试样本对应的向量非常相似。实际上,它们也是距离测试样本最近的两个向量。在用任意两个训练样本表达测试样本的情况下,两个褐色箭头对应的训练样本对测试样本的描述误差最小(见文前彩插)。

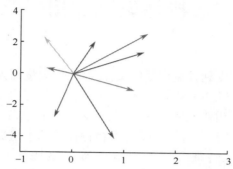

图 7.7　测试样本与训练样本间关系的示例图

第8章 基于描述的方法与多生物特征识别应用

近年来,生物特征受到日益广泛的关注[78-81]。大量深入的研究发现,从识别精度来看,多生物特征几乎总是优于单生物特征[24,28],主要是因为相比单生物特征,多生物特征能够利用待识别个体的更多生物特征信息。

双模态生物特征不仅包含了多模态生物特征的基本组成成分,而且可以看作一种最简单的多生物特征[24]。针对双模态生物特征人们进行了大量的研究[82-85],之前的鉴别方法通常以三种方法对两种特征进行融合。第一种方法叫做匹配得分层融合。该方法通常首先对每个样本的两类生物特征分别进行特征抽取,然后对每个测试样本,分别与第一类和第二类特征训练样本进行匹配得分,然后将两类得分融合进行身份鉴别。其中,测试样本和第一类训练样本的匹配得分称为第一类匹配得分,而测试样本和第二类训练样本的匹配得分称为第二类匹配得分。第二种方法称为特征层融合,该方法首先对两类生物特征在特征层上进行融合,然后从获得的数据中抽取特征,进而进行身份鉴别。第三种方法称为决策层融合,该方法首先分别对第一种和第二种特征进行识别,然后结合两个识别结果从而获得最终识别结果。这种方法便是所谓的决策层融合。

大量的研究显示,在三类融合方法中,匹配得分层融合往往能取得较优的鉴别性能。相比决策层融合只对表示类别的整数进行融合,匹配得分层融合对各生物特征的实数形式的匹配得分进行融合,因而后者融合了更多信息。匹配得分层融合首先独立对待各生物特征,在得出其各自的识别结果之后再进行融合。而特征层融合采用首先直接将所有生物特征直接连接成为一个样本,然后再进行识别的方式,该方式理论上可提供比匹配得分层融合更多的信息。然而,因为该方式平等地对待不同的生物特征,可能会由于不同生物特征识别精度存在较大差异,从而较大地影响最终的识别性能,使得融合结果并不优于单独生物特征识别的最优性能。

本章主要介绍了两种多生物特征的匹配得分层融合方法和一种特征层融合方法。其中8.1节的方法提出了两个不同生物特征之间的交叉得分的概念,并设计了同时利用三个匹配得分进行多生物特征识别的算法。该方法非常适用于同一人的多个生物特征具有一定相似性的情况(如多光谱人脸图像和多光谱掌纹等)。8.2节设计的方法为利用多个 Gabor 特征融合进行人脸识别的匹配得分层融合方法。该方法采取的融合策略能充分利用不同 Gabor 特征的幅值和相位信息进行人脸识别。8.3 节的特征层融合方法非常适合于两个生物特征的重要性有明显差异的双模态生物特征识别。该特征层融合方法使用两个不同的权值来反映该差异,以充分发挥不同生物特征的性能。值得注意的是,8.1 节与 8.3 节的方法属于融合两个不同生物特征的匹配得分层融合方法,而 8.2 节的方法属于融合同一生物特征的不同特征(Features)的匹配得分层融合方法。

8.1　基于交叉得分的多生物特征识别方法

在实际应用中,有一种特殊的双模态生物特征识别系统,该系统包含了两种相似的生物特征,如可见光与近红外人脸[82]图像和双波段掌纹[84]图像。尽管上述例子十分特殊,然而,当前尚无针对的方法提出。注意到在这种特殊的双模态生物特征识别系统中,尽管同一个体的第一类特征与第二类特征非常相似,然而,对于不同个体却并非如此。因此,本节提出利用这两种生物特征的相似性用于身份鉴别,对第一类特征进行匹配得分、对第二类特征进行匹配得分和交叉匹配得分的集成。

该方法具有以下一些优势。首先,由于这是一种加权的匹配得分层融合策略,不但相对决策层融合能表达两种生物特征的更多信息,而且能够通过加权系数的选取,更恰当地设置三种匹配得分的影响因子。其次,对于身份鉴别,交叉匹配得分策略使得同一个体的相似性能够得以充分利用。因此,鉴于传统的加权匹配得分层融合算法,只能对两种生物特征的匹配得分进行融合,相比之下,本节提出的这种方法能够利用生物特征中包含的更多鉴别信息。

本节内容具有以下贡献:定义了基于两种相似生物特征的匹配得分,如同一个体的可见光与近红外人脸成像和双波段掌纹图像,并提出了对应生物特征识别系统的一种加权得分层融合策略。实验结果表明,相比传统的得分层融合方法,我们提出的融合方法能够获得更高的识别精度。

8.1.1　具体方法

本小节对利用交叉得分的多生物特征识别的方法进行详细介绍。令 x_j^i 与 $y_j^i (1 \leqslant j \leqslant M,\ 1 \leqslant i \leqslant n)$ 为一个训练样本的两种生物特征,分别表示个体 j 的第一类和第二类生物特征中的第 i 个样本向量。令 t^1 和 t^2 为测试样本,分别表示某一未知个体的第一类和第二类生物特征向量。假定所有的样本向量均为列向量。

基于交叉得分的多生物特征识别方法由以下四个步骤组成:前三步分别计算第一类匹配得分、第二类匹配得分以及交叉匹配得分,第四步结合以上三个得分进行身份鉴别,具体步骤如下所示。

第一步:首先,假定 t^1 可以近似表示为所有 x_j^i 的线性组合,即

$$t^1 = a_1 x_1^1 + \cdots + a_n x_1^n + \cdots + a_{nM} x_M^n \tag{8.1}$$

式(8.1)可以重写为 $t^1 = XA$，其中 $X = [x_1^1, \cdots, x_M^n]$，$A = [a_1, \cdots, a_{nM}]^T$。按下式求解式(8.1)，即

$$\hat{A} = (X^T X + \gamma I)^{-1} X^T t^1 \tag{8.2}$$

式中：I 表示单位矩阵；γ 表示一很小的正常量。

第一步，按下式计算匹配得分，即

$$s_1^j = \| t^1 - \sum_{i=1}^{n} \hat{a}_{(j-1)n+i} x_j^i \|, 1 \leqslant j \leqslant M \tag{8.3}$$

式中：$\hat{a}_{(j-1)n+i}$ 表示 $\hat{A}$ 的第 $(j-1)n+i$ 个元素。s_1^j 实际上是一个距离度量，表示 t^1 与训练样本中第 j 个个体的第一类特征的相似性（$1 \leqslant j \leqslant M$），越小的 s_1^j 值表明该测试样本越有可能来自第 j 个个体。

第二步以和第一步相似的方式进行计算。首先，假定 t^2 可以近似表示为所有 y_j^i 的线性组合，即

$$t^2 = b_1 y_1^1 + \cdots + b_n y_1^n + \cdots + b_{nM} y_M^n \tag{8.4}$$

式(8.4)可以重写为 $t^2 = YB$，其中 $Y = [y_1^1, \cdots, y_M^n]$，$B = [b_1, \cdots, b_{nM}]^T$。按下式求解式(8.4)，即

$$\hat{B} = (Y^T Y + \gamma I)^{-1} Y^T t^2 \tag{8.5}$$

第二步，按下式计算匹配得分，即

$$s_2^j = \| t^2 - \sum_{i=1}^{n} \hat{b}_{(j-1)n+i} y_j^i \|, 1 \leqslant j \leqslant M \tag{8.6}$$

式中：$\hat{b}_{(j-1)n+i}$ 表示 $\hat{B}$ 的第 $(j-1)n+i$ 个元素；s_2^j 表示 t^2 与训练样本中第 j（$1 \leqslant j \leqslant M$）个体的第二类特征的距离度量。实际上，第一类匹配得分和第二类匹配得分以一种完全相同的方式进行计算，这些匹配得分是第 5 章的原空间中全局表达方法得出的某类训练样本和测试样本间的偏差。

第三步，按下式计算交叉匹配得分，即

$$s_3^j = n - \sum_{i=1}^{n} (t^2)^T x_j^i / \| t^2 \| / \| x_j^i \|, 1 \leqslant j \leqslant M \tag{8.7}$$

式中：$(t^2)^T x_j^i / \| t^2 \| / \| x_j^i \|$ 表示第二类特征测试样本和第一类特征、第 j 个个体中第 i 个训练样本的相似度，显然，对于以图像形式存在的生物特征，该相似度位于区间 $[0,1]$ 之间。式(8.7)具有以下特征：首先，它必须为一非负值；其次，易知 s_3^j 值越小，第一类特征中第 j 个个体的训练样本和第二类特征测试样本的相似度越高。此外，若 s_1^j（或 s_2^j）的值越小，第一（或第二）类特征中第 j 个个体的训练样本和测试样本的相似度也越高，可见，s_1^j、s_2^j、s_3^j 相互兼容，因此可以使用加权求和的方式进行分类。

第四步,首先将同一测试样本的第一类匹配得分、第二类匹配得分以及交叉匹配得分按下式进行归一化,即

$$\hat{s}_g^j = \frac{s_g^j - \min(s_g^j)}{\max(s_g^j) - \min(s_g^j)}, g = 1,2,3,1 \leqslant j \leqslant M \tag{8.8}$$

$\max(s_g^j)$ 与 $\min(s_g^j)$ 分别表示 $s_g^1, \cdots, s_g^M$ 中的最大值和最小值。接下来按下式对三个归一化后的匹配得分进行融合,即

$$s^j = w_1 \hat{s}_1^j + w_2 \hat{s}_2^j + (1 - w_1 - w_2) \hat{s}_3^j, j = 1,2,\cdots,M \tag{8.9}$$

权重系数 w_1、w_2、$1 - w_1 - w_2$ 分别称为第一类匹配得分、第二类匹配得分和交叉匹配得分的权重系数,它们使得三种匹配得分对最终身份鉴别具有不同的影响因子。s^j 称为最终匹配得分。若 $k = \arg\min_j s^j$,则第四步将测试样本归为第 k 个个体的类别。整个算法流程如下所示。

> **算法主要流程**
> (1) 按式(8.3)计算第一类匹配得分。
> (2) 按式(8.6)计算第二类匹配得分。
> (3) 按式(8.7)计算交叉匹配得分。
> (4) 按式(8.8)和式(8.9)计算最终匹配得分并进行身份鉴别。

8.1.2　算法特点与原理

这一部分将讲述所提出方法的一些特性和基本原理。作为一种匹配得分层融合方法,本节提出的方法非常适合两类生物特征具有相似性的双模态生物特征识别。传统的匹配得分层融合方法首先分别计算两种特征的匹配得分,然后利用第一类匹配得分和第二类匹配得分的总和进行个人身份鉴别。但是,本节的方法将结合第一类匹配得分和第二类匹配得分来进行身份鉴别。如果两个特征是相似的,那么,它们的交叉匹配得分将包含一些有用的信息。实际上,我们所关注的同一个体的两类特征是相似的,第二类特征的测试样本和同一个体的第一类特征的训练样本相似。因此,相关的交叉匹配得分会很小。然而,某一个体第二类特征的测试样本将和另一个体第一类特征的训练样本存在很大区别,因此,相关的交叉匹配得分会较大。显然,对于所有三种匹配得分,越低的匹配得分意味着越高的相似度。因此,所提出的方法利用它们的加权和来对测试样本进行分类是非常合理的。

图 8.1 和图 8.2 分别显示了我们采集的同步双模态人脸库的可见光与近红外人脸图像的交叉得分概率分布和可见光人脸图像的匹配得分概率分布。根据真实用户和假冒者得分的分布发现,真实用户和假冒者的普通匹配得分概率分布间的差异性较大,其对识别具有较强的应用价值。真实用户和假冒者的交叉得分概率分布间的差异性相对较小,但仍提供了对识别有指示意义的信息,因此,它也可在

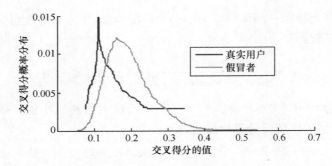

图 8.1　同步双模态人脸库的可见光与近红外人脸图像的交叉得分概率分布

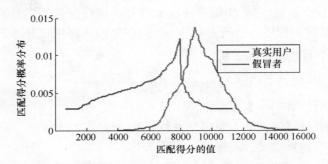

图 8.2　同步双模态人脸库的可见光人脸图像的匹配得分概率分布

识别中发挥作用。

8.1.3　实验结果

在这一部分,将利用数据集对本节提出的方法进行测试,同时也利用传统的双生物特征加权匹配得分融合方法做对比实验。传统的双生物特征加权匹配得分融合方法由三个阶段组成:第一阶段和第二阶段与本节方法所示的前两阶段相同,第三阶段赋予第一类匹配得分和第二类匹配得分两个权重 w'_1、w'_2($w'_1 + w'_2 = 1$),并使用加权求和的方式进行身份鉴别。s^j 称为第 j($1 \leqslant j \leqslant M$)个个体的第一类匹配得分、第二类匹配得分的加权和,若 $p = \arg \min_j s^j$,则传统方法将测试样本归为第 p 个个体的类别。所有试验中 γ 均设为 0.01。

首先介绍关于人脸的实验及结果。本节使用同步双模态人脸库进行实验,其中同一人的可见光人脸图像和对应的近红外人脸图像在同一时刻采集,它们具有明显的姿态和表情变化。对每人的人脸图像,其中编号相同的可见光人脸图像与近红外人脸图像即代表在同一时刻采集。本实验弃用其中只包含两个可见光人脸图像和近红外人脸图像的个体,只使用其他 118 人的人脸图像进行实验,每人至少有五幅可见光人脸图像和近红外人脸图像。我们将每人的前两幅可见光人脸图像和近红外人脸图像作为训练样本,而其他图像作为测试样本。可见光人脸图像和近红外人脸图像分别当作第一类和第二类生物特征。表 8.1 给出了实验结果。本实验中,我们没有对第一类匹配得分、第二类匹配得分以及交叉匹配得分进行归一化,而是直接使用原始得分进行融合。图 8.3 给出了三个分别被常规加权匹配得分融合方法和本节方法错误和正确识别的可见光人脸图像样例。图中每一行的第一幅图像为原始测试样本,第二幅图像为测试样本被常规加权匹配得分融合方法错误分类的结果,而本节方法得到了正确的分类结果。

表 8.1　不同方法在同步双模态人脸库上的对比实验结果

	错误分类测试样本数	错误识别率	$w_1(w_1')$	$w_2(w_2')$
本节方法	58	16.38%	0.6	0.35
	58	16.38%	0.6	0.30
常规加权匹配得分融合	80	22.60%	0.4	0.6
	65	18.36%	0.5	0.5
	63	17.80%	0.6	0.4
	65	18.36%	0.7	0.3

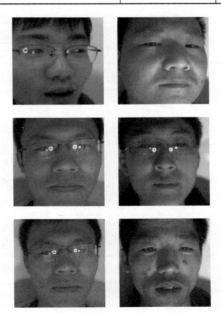

图 8.3　三个分别被常规加权匹配得分融合方法和本节方法错误和正确识别的图像

接下来介绍在 PolyU 多光谱掌纹数据集上的实验。PolyU 多光谱掌纹数据集包含了来自 250 个人的掌纹图像(55 位女士和 195 位男士),均使用 PolyU 开发的掌纹采集设备获得。每一个人均分别提供左手和右手的掌纹图像。由于存在红光、绿光、蓝光以及近红外四个波段,所以存在四种多光谱掌纹图像,即红光、绿光、蓝光以及近红外掌纹图像。这些多光谱掌纹图像由两个不同的时间段收集而来。

每个阶段中,每一个手掌提供六个不同光谱的掌纹图像,因此对于每一光谱而言,数据库包含来自 500 个个体不同手掌的共 6000 幅图像。在接下来的实验中,我们只使用第一阶段采集的图像。每个手掌的每一光谱中的前三个图像作为训练样本,其余的图像作为测试样本。原始掌纹图像的分辨率为 352×288,使用 128×128 的掌纹 ROI(感兴趣区域)。将 ROI 缩放至 32×32,并进一步将其转换为一维向量。在执行本节提出的方法前,首先将每一样本向量规范化为单位向量。

表 8.2～表 8.5 给出了本节中方法的实验结果以及常规加权匹配得分融合关于 PolyU 多光谱掌纹数据集的实验结果。显然,与传统的加权匹配得分层融合方法相比,本节提出的方法总是可以获得更低的识别错误率。

表 8.2　不同方法在近红外和绿光掌纹图像数据库中的实验结果

	错误分类测试样本数	错误识别率	$w_1(w_1')$	$w_2(w_2')$
本节方法	14	0.93%	0.5	0.3
	14	0.93%	0.5	0.4
	15	1.00%	0.5	0.3
常规加权得分融合	27	1.80%	0.4	0.6
	25	1.67%	0.5	0.5
	19	1.27%	0.6	0.4

表 8.3　不同方法在红光和蓝光掌纹图像数据库中的实验结果

	错误分类测试样本数	错误识别率	$w_1(w_1')$	$w_2(w_2')$
本节方法	27	1.80%	0.6	0.3
	26	1.73%	0.5	0.4
	29	1.93%	0.5	0.45
	26	1.73%	0.45	0.4
常规加权得分融合	32	2.13%	0.5	0.5
	36	2.40%	0.4	0.6
	31	2.07%	0.6	0.4

表 8.4　不同方法在近红外和蓝光掌纹图像数据库中的实验结果

	错误分类测试样本数	错误识别率	$w_1(w_1')$	$w_2(w_2')$
本节方法	15	1.00%	0.6	0.3
	13	0.87%	0.5	0.4
	15	1.00%	0.5	0.45
	14	0.93%	0.6	0.25
常规加权得分融合	24	1.60%	0.4	0.6
	20	1.33%	0.5	0.5
	17	1.13%	0.6	0.4

表 8.5　不同方法在绿光与蓝光掌纹图像数据库中的实验结果

	错误分类测试样本数	错误识别率	$w_1(w_1')$	$w_2(w_2')$
	52	3.47%	0.5	0.3
本节方法	52	3.47%	0.6	0.3
	50	3.33%	0.6	0.25
	49	3.27%	0.6	0.2
常规加权	56	3.73%	0.4	0.6
得分融合	56	3.73%	0.5	0.5
	55	3.67%	0.6	0.4

8.1.4　结论和讨论

本节的方法主要针对实际生物应用中包含了两种相似的生物特征的特殊双模态生物特征识别问题。以上分析及实验结果表明,在这种双模态生物特征识别系统中,对两类特征交叉匹配得分的识别方法能够获得更高的匹配精度。根本原因在于,一方面,由于同一个体的两类特征具有相似性,因此,其相互的交叉匹配得分使得这种相似性能在一定程度上得以反映;另一方面,某一个体的第一类特征和来自另一个体的第二类特征又具有极大的差异,而交叉匹配得分能够很好地反映这种差异性。因此,对第一类匹配得分、第二类匹配得分和交叉匹配得分进行结合具有合理性。

本节中的算法也有值得进一步完善之处。例如,如何自动获取最优权重以进一步提高方法的识别精度即是值得进一步研究的一个课题。

8.2　基于多 Gabor 特征融合的人脸识别

基于 Gabor 特征的人脸识别方法可以分为分析方法和全局方法。分析方法计算图像的 Gabor 小波在一组离散位置(如眼睛、眉毛、下巴和鼻子等)的响应值,而全局方法使用人脸图像的全局响应值[32]。在人脸识别的应用中,全局方法通常结合 PCA、LDA、2DPCA 和核方法等。在人脸识别中,全局方法一般优于分析方法,且基于 Gabor 特征的全局方法优于基于 Gabor 特征的分析方法。这主要是因为全局方法和算法,不仅依靠在数量有限的面部标志上计算得来的 Gabor 系数(就像分析方法做的那样),同时也提取面部结构全局分布的相关信息。然而,分析方法具有易于实现的优势。

在研究人脸图像的 Gabor 变换结果的融合策略时发现,许多基于 Gabor 特征的人脸识别应用考虑了包含五个频率和八个方向的滤波器组。此外,大多数基于 Gabor 特征的人脸识别方法首先就不同方向和空间频率提取人脸图像的 Gabor 特征,将所有的 Gabor 特征串联起来表示人脸图像。这些方法可统称为传统的基于 Gabor 特征的人脸识别方法(CGFRM)。此后的 Gabor 特征表示一幅图像关于频率和方向的变换结果。Gabor 特征是与原始图像大小相同的复矩阵,一个 Gabor 特征中复数的实部和虚部分别表示一个像素变换结果的实部和虚部。大多数的 CGFRM 方法直接在特征层融合 Gabor 特征。另一方面,在以前的文献中也有关于 Gabor 特征在决策层和匹配得分层融合的例子。例如,Wang 等人把 64 个人脸 Gabor 特征分组,同时在这些特征组中使用分类算法,然后给出了决策层的融合作为最终的分类结果[86]。Serrano 等人在匹配得分层融合了 Gabor 特征。他们首先分别将 40 个分类器应用到 40 个 Gabor 特征中,然后直接将 40 个 SVM 匹配得分相加作为最终的匹配得分[87]。

研究发现,原有的基于 Gabor 特征的人脸识别方法仍有改进的空间。首先,决策层的融合往往不能完全发掘和利用多特征信息。其次,CGFRM 在特征融合层平等对待所有的 Gabor 特征,忽视了不同的 Gabor 特征在人脸识别上可能会有不同的影响。实验结果表明,在人脸识别中包含不同频率和方向的 Gabor 组的性能不同。因此,匹配得分层融合在 Gabor 特征的融合中具有很大优势。

先前的研究也尝试通过同时在 Gabor 特征的方向和相位上选取 Gabor 小波的最佳参数来提高 Gabor 特征的判别能力。例如,Perez 等人使用熵和遗传算法来选取 Gabor 流[88]。Štruc 等人将 Gabor 特征的相位集成到 LDA 中进行人脸识别[89]。以前的研究还表明,使用 Gabor 特征相位的编码或直方图而可取得比使用相位本身更好的人脸识别性能,这在某种程度上确实意味着相位的低分辨率表示更适合人脸识别。

不同生物特征识别应使用不同的 Gabor 特征信息。例如,虽然基于 Gabor 的人脸识别通常使用包含了 Gabor 特征实部和虚部的信息的幅值,但基于 Gabor 特征的掌纹识别通常只使用 Gabor 特征的实部。

本节提出了 Gabor 特征的匹配得分层融合的方法。该方法的第一个方案是对于不同的分辨率在不同的空间频率提取 Gabor 特征作为人脸图像的特征,然后直接将匹配得分相加作为最终的匹配得分。这些特征被称为人脸图像的多分辨率 Gabor 特征。第二个方案首先将 Gabor 特征编码,然后取 Gabor 特征幅值、相位的加权匹配得分和不同空间频率作为最后得分。这种加权的融合方案的原理如下: Gabor 特征的幅值和相位在人脸表示和识别中有不同的性能,将较大的权值赋给较优的特征有利于取得最佳的分类结果。本节还指出了在人脸识别中,Gabor 特征的低分辨率表示(如相位的编码)比相位本身更具鉴别性。

8.2.1 Gabor 变换及本节的方法

Gabor 滤波器在空间频率范围内定义为

$$\psi_{u,v}(z) = \frac{\|\boldsymbol{k}_{u,v}\|}{\sigma^2} e^{(-\|\boldsymbol{k}_{u,v}\|^2 \|z\|^2 / 2\sigma^2)} \left[e^{izk_{u,v}} - e^{-\sigma^2/2} \right] \tag{8.10}$$

式中: $z = (x, y)$, $\sigma = 2\pi$, $\boldsymbol{k}_{u,v} = \begin{pmatrix} k_v \cos\phi_u \\ k_v \sin\phi_u \end{pmatrix}$, k_v 和 ϕ_u 分别控制 Gabor 小波的尺度和方向。括号内的第一项是核函数的振荡部分, 第二个是 DC 补偿值。令图像矩阵 $\boldsymbol{I}(z)$ $(z = (x, y))$ 为人脸矩阵, Gabor 人脸描述为 $\boldsymbol{I}(z)$ 和 Gabor 小波 $\psi_{u,v}(z)$ 的卷积, 具体的定义为

$$\boldsymbol{O}_{u,v}(z) = \boldsymbol{I}(z) * \psi_{u,v}(z) \tag{8.11}$$

8.2.1.1　第一个方案

第一个方案首先选取出所有空间频率。对每个空间频率, 该方案首先对所有人脸图像的不同方向做 Gabor 变换, 然后对不同方向下的人脸图像的所有 Gabor 特征的幅值组成一个矩阵。令 $\boldsymbol{Y}_f$ 和 $\boldsymbol{X}_f^i$ 分别表示测试样本和第 i 个训练样本对频率 f 的 Gabor 特征矩阵。第一个方案用如下方法计算训练样本和测试样本之间的距离, 即

$$d_i^f = \| \boldsymbol{X}_f^i - \boldsymbol{Y}_f \| \tag{8.12}$$

式中: d_i^f 表示测试样本和第 i 个训练样本对频率 f 的 Gabor 特征幅值的匹配得分, 匹配得分采用如下方法融合, 即

$$d_i = \sum_{f=f_1}^{f_N} d_i^f \tag{8.13}$$

式中: $f_1, \cdots, f_N$ 表示 N 个频率; d_i 指测试样本和第 i 个训练样本的最终匹配得分。d_i 明确给出了测试样本和第 i 个训练样本的 N 个 Gabor 特征的相似性的和。可以看出, d_i 越小, 测试样本和第 i 个训练样本的相似度越高。如果 $k = \operatorname*{argmin}_i d_i$, 第一个方案认为测试样本和第 k 个训练样本的类别相同。

8.2.1.2　第二个方案

第二个方案使用加权的匹配得分融合策略来融合 Gabor 特征的幅度和相位编码。该方案中 Gabor 特征方向的选取方法和第一种方案相同。同时, 该方法将相位编码也应用到人脸识别中。

第二个方案的主要步骤如下: 首先, 在选取的所有空间频率下, 对人脸图像的不同方向做 Gabor 变换。对于每个频率, 该方法利用人脸图像不同方向的 Gabor 特征的幅值来构建一个矩阵(即幅值矩阵)。对于每个频率, 该方法也连接所有 Gabor 的特征相位编码来构建一个矩阵(相位矩阵)。如果有 m 个频率, 那么, 每个频率就对应一个幅值矩阵和一个相位矩阵。

令 $\boldsymbol{X}_f^i$ 和 $\boldsymbol{Y}_f$ 分别对应频率为 f 时, 第 i 个训练样本和测试样本的幅值矩阵。$\boldsymbol{X}_f^i$ 和 $\boldsymbol{Y}_f$ 之间的距离为

$$d_i^f = \| \boldsymbol{X}_f^i - \boldsymbol{Y}_f \| \tag{8.14}$$

式中:d_i^f 同时也是当频率为 f 时,测试样本和第 i 个训练样本之间的匹配得分。

第二个方案使用 1、2、3、4 对"相位"编码。令 I 为 Gabor 特征,"幅值"的编码方式如下:

$$C(m,n) = 1, \text{ 如果 } \mathrm{Re}(I(m,n)) > 0 \text{ 且 } \mathrm{Im}(I(m,n)) > 0 \tag{8.15}$$

$$C(m,n) = 2, \text{ 如果 } \mathrm{Re}(I(m,n)) > 0 \text{ 且 } \mathrm{Im}(I(m,n)) \leq 0 \tag{8.16}$$

$$C(m,n) = 3, \text{ 如果 } \mathrm{Re}(I(m,n)) \leq 0 \text{ 且 } \mathrm{Im}(I(m,n)) \leq 0 \tag{8.17}$$

$$C(m,n) = 4, \text{ 如果 } \mathrm{Re}(I(m,n)) \leq 0 \text{ 且 } \mathrm{Im}(I(m,n)) > 0 \tag{8.18}$$

式中:$I(m,n)$ 表示位于 I 中第 m 行和第 n 列的元素;C 表示编码结果,它与 I 大小相同。C 是相位矩阵,也叫做相位编码。$C(m,n)$ 代表位于 C 中第 m 行和第 n 列的元素。

令 $\tilde{Y}_f$ 和 $\tilde{X}_f^i$ 分别表示当频率为 f 时,测试样本和第 i 个训练样本的相位矩阵。$\tilde{X}_f^i$ 和 $\tilde{Y}_f$ 之间的距离为

$$\tilde{d}_i^f = \| \tilde{X}_f^i - \tilde{Y}_f \| \tag{8.19}$$

第二个方案采用如下方法归一化匹配得分,即

$$e_i^f = \frac{d_i^f - d_{\min}^f}{d_{\max}^f - d_{\min}^f} \tag{8.20}$$

$$\tilde{e}_i^f = \frac{\tilde{d}_i^f - \tilde{d}_{\min}^f}{\tilde{d}_{\max}^f - \tilde{d}_{\min}^f} \tag{8.21}$$

式中:$d_{\max}^f$ 和 $d_{\min}^f$ 分别表示 d_i^f 的最大值和最小值;$\tilde{d}_{\max}^f$ 和 $\tilde{d}_{\min}^f$ 分别表示 $\tilde{d}_i^f$ 的最大值和最小值。显然,$0 \leq e_i^f, \tilde{e}_i^f \leq 1$。

第二个方案计算最终匹配得分的公式为

$$d_i = q_1 \sum_{f=f_1}^{f_2} e_i^f + q_2 \sum_{f=f_1}^{f_2} \tilde{e}_i^f \tag{8.22}$$

式中:q_1 和 q_2 表示权值。如果 $k = \arg\min_i d_i$,则测试样本被分类到第 k 个训练样本所属的类别。

8.2.2 方法的分析

这部分主要描述本节方法的基本原理和特点。首先,该方法是基于匹配得分层融合策略的,其基本原理如下:在多特征的融合策略中,匹配得分层融合是最常见的策略之一,因为其在融合不同生物特征得分上,具有较强的灵活性。并且得分匹配层融合承载了比决策层融合更多的生物特征信息,这是因为对于一个测试样本来说,决策层的融合以一个整数的形式预测了其类别号,然而,匹配得分层融合以实数的形式提供了匹配得分作为最终结果,并且匹配得分意味着测试样本和每个训练样本之间的相似性或差异性。特别地,如果有 N 个频率和 M 个训练样本,

本节方法将会根据 NM 个实数来产生最终分类结果。然而,决策层的融合方法只用 N 个整数来获取最终分类结果,这 N 个整数中,每个整数表示了测试样本在某个频率的预测类别标签。和特征层融合不同的是,匹配得分层融合可对不同特征区别对待。因此,当整合所有生物特征的匹配得分来获取最终分类结果时,可以对精度高的生物特征设置大一点的权重,这有利于获取最佳分类结果。

其次,本节方法的第二个方案提供了一个合理的方式来融合人脸图像 Gabor 特征的幅值频率和相位频率。以前的大多数文献认为,人脸图像 Gabor 特征的相位特征,在按幅值将样本分类上不是很重要,并且大多数基于 Gabor 特征的人脸识别方法并不提取相位。然而,相关文献已经证明相位的编码对区分人脸非常有用。最后,本节提出的方法利用 Gabor 特征的编码和匹配得分融合幅值和相位编码是非常合理的。如下节所示,实验结果也证明了相位编码比相位矩阵本身更具鉴别性。

8.2.3　实验

本小节给出相关的对比实验。

8.2.3.1　FERET 人脸数据库上的实验

本节用 FERET 人脸数据库的子集来测试所提出的方法。该子集包含了 200 个人的 1400 张图片,每个人有七张图片。该子集包含了变化的面部表情、光照及姿态。我们将每个原始图像的面部裁切出来并将其调整到 80×80 像素,然后使用直方图均衡化来预处理这些图片。为了减少计算量,将图片进一步缩减到 40×40 的矩阵。图 8.4 展示了人脸图像库子集中使用的两个人的人脸图像,其中第一行和第二行的图片分别来自不同的两个人。用每个人的前四张人脸图像作为训练图像,用剩下的作为测试图像。在测试本节方法和其他方法之前,将每个人脸图像归一到一个行向量中。

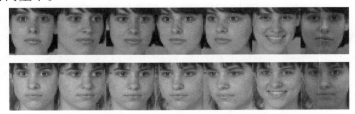

图 8.4　人脸图像库子集中两个人的人脸图像

表 8.6 展示了 CGFRM、本节方法第一个方案和第二个方案在 FERET 人脸数据库上的识别错误率,表中圆括号中的实数表示本节方法第二个方案中 w_1 的值。在本节中的所有表格中,f 和 g 分别表示空间频率和方向的值。$u = n$ 表示式(8.11)中 ϕ_u 分别设置为 $0, 1/\pi, 2/\pi, \cdots, (n-1)/\pi$。$v = m$ 表示式(8.11)中 k_v

分别设置为 $\pi/2^{0/2}$, $\pi/2^{1/2}$, $\cdots$, $\pi/2^{(m-1)/2}$。可以看出,本节方法的第一个方案和第二个方案都比 CGFRM 有着较低的识别错误率。此外,本节方法的第二个方案优于第一个方案。这主要因为第二个方案在人脸识别上可以给重要的 Gabor 特征赋予较大的权重。表 8.7 展示了基于相位编码和原始相位角在 FERET 人脸特征库上的人脸识别错误率。表 8.7 表明基于相位编码的人脸识别产生比基于原始相位角更低的识别错误率。原始相位角按照如下方法计算:$A(m,n) = \arctan a(m,n)$, $a(m,n) = \mathrm{lm}(I(m,n))/\mathrm{Re}(I(m,n))$。$A(m,n)$ 就是所谓的原始相位角。基于原始相位角的人脸识别获取原始相位角作为人脸图像的特征,然后采用最近邻分类法完成分类。基于相位编码的人脸识别使用式(8.15)~式(8.18)获取相位编码作为人脸图像的特征,然后用最近邻分类法完成分类。

表 8.6　不同的识别方法在 FERET 人脸库上的识别错误率

	$v=3, u=3$	$v=3, u=5$	$v=4, u=3$	$v=4, u=4$
CGFRM	28.3%	21.0%	26.2%	28.3%
本节方法的第一个方案	27.8%	20.2%	24.33%	26.3%
本节方法的第二个方案	26.83%(0.95) 26.00%(0.90) 26.17%(0.80) 25.17%(0.75) 25.83%(0.70)	19.67%(0.95) 19.83%(0.90) 22.17%(0.80) 24.17%(0.75) 26.67%(0.70)	23.50%(0.95) 23.17%(0.90) 22.50%(0.80) 23.50%(0.75) 23.17%(0.70)	26.33%(0.95) 25.67%(0.90) 24.83%(0.80) 25.33%(0.75) 27.50%(0.70)

表 8.7　基于相位编码和基于原始相位角在 FERET 人脸库上的识别错误率

	$v=3, u=3$	$v=3, u=5$	$v=4, u=3$	$v=4, u=4$
相位编码	60.50%	54.83%	53.50%	50.00%
原始相位角	76.83%	66.50%	57.67%	59.33%

8.2.3.2　Yale B 人脸库上的实验

Yale B 人脸库包含不同光照和不同姿态下的人脸图片。我们用每个人的 pose 00 的 45 张人脸图片来做实验。每张图片被裁切成 32×32 的图片。将这些人脸图像划分成四个子集。子集 1 中的样本作为训练样本,剩下的作为测试样本。图 8.5 展示了 Yale B 人脸库中一个人的 45 张人脸图片,其中第一行、第二行、第三行和第四行分别展示了子集 1、2、3 和 4 中的图片。

表 8.8 展示了 CGFRM、本节方法第一个和第二个方案在 Yale B 人脸库上的识别错误率,圆括号中的实数表示本节方法第二个方案中 w_1 的值。表 8.9 展示了基于相位编码和基于原始相位角的人脸识别在 Yale B 人脸库上的识别错误率。这两个表格也证实了本节方法的第一个和第二个方案可获得比 CGFRM 更低的识别错误率。两个表格同时也证明了基于相位编码的人脸识别比基于原始相位角的人脸识别可获得更低识别错误率的结论。

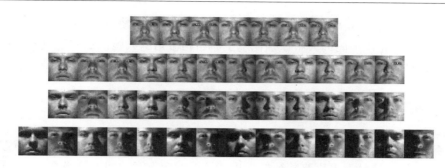

图 8.5　Yale B 中一个人 pose 00 的 45 张人脸图片

表 8.8　不同的识别方法在 Yale B 人脸库上的识别错误率

	$v=3, u=3$	$v=3, u=5$	$v=4, u=3$	$v=4, u=4$
CGFRM	28.42%	29.21%	27.89%	28.16%
本节方法的第一个方案	27.89%	27.63%	27.63%	28.42%
本节方法的第二个方案	9.74% (0.10)	11.84% (0.10)	11.84% (0.10)	14.21% (0.10)
	9.21% (0.15)	11.84% (0.15)	11.58% (0.15)	14.21% (0.15)
	8.95% (0.20)	12.11% (0.20)	11.84% (0.20)	13.95% (0.20)
	9.74% (0.25)	12.11% (0.25)	11.84% (0.25)	13.42% (0.25)
	10.26% (0.30)	12.11% (0.30)	11.58% (0.30)	13.42% (0.30)
	10.00% (0.35)	11.84% (0.35)	11.84% (0.35)	13.42% (0.35)
	10.26% (0.40)	11.84% (0.40)	12.11% (0.40)	13.95% (0.40)
	11.05% (0.50)	12.89% (0.50)	12.63% (0.50)	13.42% (0.50)

表 8.9　基于相位编码和基于原始相位角分别在 Yale B 人脸库上的识别错误率

	$v=3, u=3$	$v=3, u=5$	$v=4, u=3$	$v=4, u=4$
相位编码	10.79%	12.11%	13.16%	14.21%
原始相位角	33.16%	29.21%	30.53%	33.42%

8.2.4　结论

本节的实验表明,在人脸识别中基于 Gabor 特征的匹配得分层融合方法是一个较优的分类方法,本节提出的两种融合方案都可以获得很好的分类性能。本节提出的匹配得分层融合方案基本原理如下:首先,本节提出的方案可以承载人脸识别过程中多 Gabor 特征的丰富信息。由于多分辨率的 Gabor 特征反映了人脸图像的不同特征,且这些 Gabor 特征的处理过程和融合过程是相互独立的,匹配得分层融合可以充分利用不同 Gabor 特征的信息,使人脸识别性能优于基于 Gabor 特征的直接特征层融合方案。其次,本节提出的第二个方案为在匹配得分层来融合 Gabor 特征的幅值和相位方面,提供了一种非常有效的方法。实际上,通过合理设置权重,第二个方案可非常容易地控制幅值和相位对最终结果的影响。本节实验也表明了基于相位编码的人脸识别比基于原始相位角的人脸识别产生更低的识别错误率。

8.3 复空间局部保持投影方法

本节介绍一种新的局部保持投影(LPP)方法——复空间局部保持投影方法(CLPP)。该方法针对多生物特征的常规特征层融合方案的如下缺陷而提出:常规特征层融合平等地对待不同的生物特征,它首先直接将所有生物特征连接成为一个实向量或实矩阵形式的样本,然后再进行识别。然而,不同生物特征的识别性能往往具有很大的差异,而采用常规特征层融合方案融合两个识别准确率差别很大的生物特征,其简单融合方式可能"淹没"高精度生物特征的性能,使得出现融合结果并不优于单独生物特征识别的最优性能的情况。

鉴于上述问题,本小节提出如下新颖的特征层融合方法:该方法首先利用一个复向量来指代一对双模态生物特征样本。为体现两个生物特征的不同重要性,复向量的实部与虚部分别为来自同一个体的两类生物特征,并且在每类生物特征前面乘上了相应的权重值。权重值表示生物特征的相对重要性。

本节的新颖性和主要贡献如下。首先,首次提出了基于复向量的局部保持投影方法。其次,提供了一个非常简单和有效的方式来标记和表示两个"非平衡"的两类生物特征的样本。同时,该方法能够将原始向量映射到低维空间中,并且使原始样本向量的局部结构得以保持。最后,本节也清楚地展示了所提出的方法的基本原理。

8.3.1 CLPP

本节介绍 CLPP 方法的公式和基本步骤,并对其进行理论分析。我们称分别来自两类生物特征的两个样本为一对样本,令 A_k、B_k 为向量形式的第 k 对样本。假设在训练阶段有 $2n$ 个样本向量 $A_1, \cdots, A_n, B_1, \cdots, B_n$。我们称复向量 $C_k = aA_k + \mathrm{i}(1-a)B_k (k=1,2,\cdots,n, 0 \leq a \leq 1)$ 为 CLPP 的第 k 个训练样本。我们将在下文中叙述使用权重系数 a 的理由,并给出 CLPP 的一些理论证明。

CLPP 的广义特征方程定义为

$$CWC^{\mathrm{H}}z = \lambda CDC^{\mathrm{H}}z \qquad (8.23)$$

式中:$C = [C_1, \cdots, C_n]$。D 和 W 定义如下:如果 C_i 是 C_j 的 M 近邻之一或者 C_j 是 C_i 的 M 近邻之一,那么,W 的第 i 行第 j 列的元素 $w_{ij} = \exp\left(-\frac{\parallel C_i - C_j \parallel^2}{t}\right)$($t$ 为阈值);在其他的情况下,w_{ij} 的值为 0。D 为由式 $D_{ii} = \sum_j w_{ij}$ 所定义的对角矩阵。

令 H 代表共轭转置,则我们有如下命题。

【命题 1】　CWC^H 和 CDC^H 都是 Hermite 矩阵,并且 CLPP 有实特征值。

证明:因为 $(CWC^H)^H = CWC^H$ 和 $(CDC^H)^H = CDC^H$,所以 CWC^H 和 CDC^H 都是 Hermite 矩阵。因为这两个矩阵均为 Hermite 矩阵,CLPP 的广义特征方程的特征值自然均为实数。

依据 LPP 需保持样本局部结构的方法学要求,还有下面的命题。

【命题 2】　$CWC^H z = \lambda CDC^H z$ 的 m 个最大特征值对应的特征向量必定是 CLPP 最佳投影轴。

我们可以利用式 $CWC^H z = \lambda CDC^H z$ 的前 m 个最大特征值对应的特征向量,作为投影轴,进而取得样本的 m 维 LPP 特征。由于原始样本是复向量的形式,所以获得的特征也是一个复向量。

CLPP 不仅可以使用一个复向量来表示双模态生物特征识别的两个特征,而且可以有效地从这两个生物特征中提取出有利于生物特征识别的特征。事实上,当 CLPP 被应用在双模态生物特征识别上时,CLPP 也可以看作是对多生物特征识别上的特征层融合。因此 CLPP 可以承载比匹配得分层融合和决策层融合更多的信息。特征层融合有望达到一个比匹配得分层融合和决策层融合更高的精度,但是,由于以往的特征层融合方案不具有应有的灵活性,特征层融合很少在以往的实验中表现出非常优异的性能。

本节中,我们使用 $C_k = aA_k + i(1-a)B_k (k = 1,2,\cdots,n)$ 而不使用 $C_k = A_k + iB_k$ 来表示样本的合理性如下:在双模态生物特征识别技术中,两个生物特征往往有不同的认证精度,因而有不同重要性。因此,为了有利于最终取得较优性能,应在特征融合中体现这种重要差异。当使用 $C_k = aA_k + i(1-a)B_k$ 来表示样本时,一个体现这种差异的做法就是分配一个更大的权重给精度更高的那个生物特征。另一方面,如果我们使用 $C_k = A_k + iB_k$ 来表示样本,那么,这两种生物特征将被同等对待而它们之间重要程度的差异将被完全忽略。

也可对 $C_k = aA_k + i(1-a)B_k$ 的合理性进行如下简单的形式化分析。

令 $X = X_1 + iX_2$ 为 CLPP 的投影轴,当对训练样本 C_k 做 CLPP 特征提取时,有

$$X^H C_k = (X_1 + iX_2)^H (aA_k + ibB_k) \tag{8.24}$$

式中:$b = 1 - a$,式(8.24)可变形为

$$X^H C_k = (X_1^T - iX_2^T)(aA_k + ibB_k) = a(X_1^T - iX_2^T)A_k + ib(X_1 - iX_2^T)B_k \tag{8.25}$$

显然,CLPP 的投影轴 X 关于测试样本 $C = aA + ibB$ 的特征抽取结果为

$$X^H C = (X_1^T - iX_2^T)(aA + ibB) = a(X_1^T - iX_2^T)A + ib(X_1^T - iX_2^T)B \tag{8.26}$$

因此,C_k 与 C 的特征间的距离为

$$\| X^H C_k - X^H C \|^2 = \| a(X_1^T - iX_2^T)(A_k - A) + ib(X_1^T - iX_2^T)(B_k - B) \|^2 = \hat{A}^2 + \hat{B}^2 \tag{8.27}$$

式中：$\hat{A} = a X_1^T (A_k - A) + b X_2^T (B_k - B)$，$\hat{B} = b X_1^T (B_k - B) - a X_2^T (A_k - A)$。可以看出，权重 a 和 b 都直接地被包含在公式中。因此，当采用基于距离的分类器时，a 和 b 直接地影响着分类的结果。这里的 $\hat{A}$ 也暗含着分配一个更大的权重给那个更"准确"的生物特征是非常合理的，因为此时更"准确"的生物特征对个人身份识别将产生更大的影响。为了论述的简单，上述分析没有考虑 a 和 b 对投影轴计算产生的影响。

反之，如果不使用 $C_k = a A_k + i(1-a) B_k$ 而使用 $C_k = A_k + i B_k$，那么，CLPP 将会平等地处理这两种生物特征。

值得注意的是，在双模态生物特征识别问题上，CLPP 可以在较大范围内为两个生物特征设置权重。如果设置 $a = 0$ 或者 1，CLPP 将会分别在第一或者第二生物特征上退化为传统的 LPP。如果设置 $a \ll 1$ 或者 $1 - a \ll 1$，CLPP 将主要依靠第二或者第一生物特征来进行个人身份验证。在实验部分，将对不同的权重对结果的影响作一个比较。

8.3.2　实验

我们使用了两个生物特征数据库进行实验。实验中，先把每一幅图像转换成一个长度为 1 的单位列向量。当求解 CLPP 的特征方程时，用 $XDX^T + \mu I$ 代替 XDX^T，μ 是一个小的正常数，I 是单位矩阵。这样做的目的是为了避免出现 XDX^T 是奇异矩阵导致特征方程无法求解的情况。在每次实验中，都使用最近邻分类器来分类。

8.3.2.1　在 HFB 人脸数据库的实验

首先，利用 HFB 人脸数据库来测试我们的方法。在本节的实验中，只使用库中的可见光和近红外人脸图像进行实验，共有 57 名男性和 43 名女性共 100 人。每人分别含有四个可见光（VIS）和近红外（NIR）人脸图像。先把彩色可见光人脸图像变换成灰度图像。然后，使用下采样方法来调整每幅图像使之成为 32×32 的图像。把每人的 VIS 人脸图像和 NIR 人脸图像按顺序配对组成一对样本，也称为一个双模态样本。用前两个双模态样本作为训练样本，剩下的两个双模态样本作为测试样本。可见光人脸图像和近红外人脸图像将被分别作为双模态生物特征的第一和第二生物特征。当设置传统 LPP 和 CLPP 的参数 w_{ij} 时，只考虑每个样本的前三个近邻样本，并将阈值 t 设置为训练样本间欧式距离的最大值。

为了测试传统 LPP 算法，我们也利用 HFB 人脸数据库中的 VIS 和 NIR 人脸图像实现了常规 LPP 的直接特征层融合（DFLF－LPP）和常规 LPP 的匹配得分层融合（MSLF－LPP）的实验。常规 LPP 的直接特征层融合步骤如下：首先，连接每一个 VIS 人脸图像及其配对的 NIR 人脸图像，使之成为一个新的实向量；然后，如果原始的人脸图像是用一个 N 维向量表示的,那么,这个新的实向量的维数是 $2N$;最后,对这些 $2N$ 维的向量直接使用 LPP。

相应地,常规 LPP 的匹配得分层融合有如下步骤。首先,对 VIS 人脸图像和 NIR 人脸图像分别使用常规 LPP。因此,我们将获得每一个 VIS 和 NIR 人脸图像的常规 LPP 特征。这里的 VIS 和与其配对的 NIR 人脸图像的常规 LPP 特征分别指的是,双模态样本的 VIS – LPP 特征和 NIR – LPP 特征。计算每一个训练样本和每一个测试样本的 VIS – LPP 特征距离,并称这些距离为 VIS 距离。同样地,计算每一个训练样本和每一个测试样本的 NIR – LPP 特征距离,并称这些距离为 NIR 距离。对每一个测试样本,把这两个距离相加作为最终距离。利用了这些最终的距离和最近邻分类器来进行分类。也就是说,按照上面最终距离的计算方式,把最靠近于来自同一类测试样本的训练样本作为被识别出的训练样本。

图 8.6 显示了 CLPP(即复空间 LPP)和常规 LPP 在 HFB 人脸数据库上不同的分类正确率。图 8.7 显示了在设置不同的权重系数时,CLPP 在 HFB 人脸数据库上分类正确率的变化。可以看出,虽然都同时使用了 VIS 和 NIR 人脸图像,CLPP获得了比 DFLF – LPP 和 MSLF – LPP 更高的分类正确率。此外,常规 LPP 在 VIS 人脸图像上的分类正确率要高于 NIR 人脸图像。在双模态生物特征识别中,主导的生物特征是指那个可以比别的特征能取得更高分类正确率的特征。至于 CLPP分类正确率与权重系数 a 之间的关系,从图 8.7 中可以看出,只要设置一个合适的 a 值,就可以达到一个非常理想的分类正确率。此外,如果第一个生物特征是主导的生物特征,那么,设置 $a > 0.5$ 就可以取得一个较高的分类正确率。

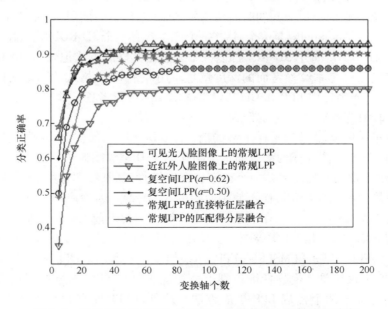

图 8.6　常规 LPP 和 CLPP 在 HFB 人脸数据库上的分类正确率

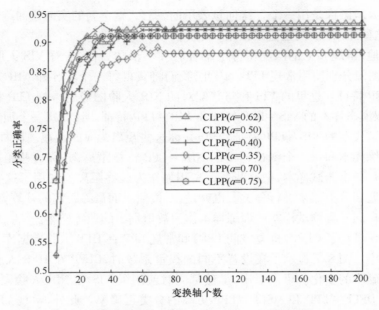

图 8.7　CLPP 在 HFB 人脸数据库上的分类正确率的变化

8.3.2.2　在 2D 和 3D 掌纹数据库上的实验

本节还在 PolyU 2D 和 3D 掌纹数据库上测试了 CLPP（即复空间 LPP）方法的效果。该数据库包含来自 400 个不同手掌的 8000 个样本。来自于这些手掌的每 20 个样本都是在两个被分开的时间段采集的，其中每个时间段采集 10 个样本，两个时间段的平均时间间隔是 1 个月。每个样本含有一个 3D ROI（感兴趣区域）和它相应的 2D ROI。每个 3D ROI 都以一个二进制文件的方式记录，它用 128×128 浮点值来表示一个掌纹参考面的深度信息。用一个 BMP 格式的图像文件来记录 2D ROI[90]。当为常规 LPP 和 CLPP 设置参数 w_{ij} 时，只考虑样本的前五个近邻样本。2D 和 3D 掌纹图像将分别作为第一和第二特征。

使用第一时间段里被采样手掌的前三个 2D 掌纹图像作为训练样本，并且使用剩下的 2D 掌纹图像作为测试样本。同样地，3D 掌纹图像也这样被划分。由于原 3D 掌纹图像的平均曲率是一个稳定且有价值的 3D 掌纹图像特征，所以在实验中使用平均曲率图像（MCI）而不使用原始的 3D 图像。因为使用全部掌纹图像可能会造成 MATLAB 程序"内存不足"，所以实验中只使用前 120 个手掌。

我们分别在 2D 和 3D 掌纹图像上使用常规 LPP 算法，并且在这两种掌纹图像上实现了 DFLF - LPP 和 MSLF - LPP，结果如图 8.8 所示。图 8.8 说明了本节提出的 CLPP 不仅在单一生物特征识别上性能优于常规 LPP，而且在双模态生物特征识别上也优于两个常规 LPP 扩展方法。此外，CLPP 也获得比 DFLF - LPP 和 MSLF - LPP 更高的准确率。图 8.8 也显示了 3D 掌纹图像在识别中是主导的特征。图 8.9 显示了设置不同的权重系数时,CLPP(复空间局部保持投影方法)在 PolyU 2D 和 3D 掌纹数据库上分类正确率的变化,该图也暗示,当第二个生物特征作为 CLPP 的主导特征时,权重系数 a 偏向一个较小的值。

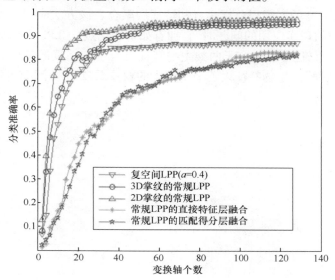

图 8.8 常规 LPP 和 CLPP 在掌纹数据库上的分类正确率

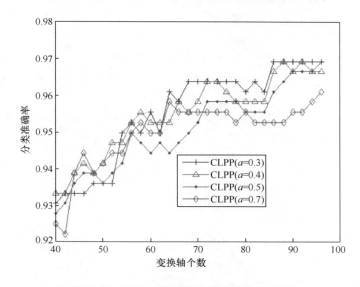

图 8.9 CLPP 在掌纹数据库上分类正确率

8.3.3 结论

CLPP 是一个简单且合理的特征提取方法。此外,它是 LPP 的有效补充,为双模态生物特征识别提供了一个非常有用的方法。其实,因为 CLPP 也是一个特征层融合,能够传递比匹配得分层融合和决策层融合更丰富的信息,所以有可能实现更高的精度。人脸和掌纹识别实验显示,本节提出的 CLPP 方法取得了较好的性能,优于常规 LPP 的匹配得分层融合和特征层融合。该方法应用在如双模态生物特征识别一类的现实应用的问题时,它拥有如下的优点: CLPP 能够为不同的特征设置不同的权重,这非常适合于两类生物特征具有不同精度的情况。我们的实验表明,为更"准确"的生物特征设置一个较大的权重系数是一个可行的方案。

第9章 彩色人脸识别的研究与发展

在早期的人脸识别研究中,人们主要关注利用人脸的灰度图像进行人脸识别而没有认识到人脸颜色信息对人脸识别的价值。早期的大多数人脸识别方法直接利用人脸灰度图像识别人脸,或者,将原始的彩色人脸图像通过已有的灰度换算公式变换为灰度图像后,再进行人脸识别。本章的彩色人脸识别是指,利用彩色人脸图像的所有彩色分量的信息进行人脸识别。毫无疑问,彩色人脸图像包含了比人脸灰度图像多得多的信息。因此,如果合理利用彩色人脸图像的信息分类人脸,将能得到比基于灰度图像的人脸识别更高的性能。到目前为止,关于彩色人脸识别的研究大致分为全局彩色人脸识别、局部彩色人脸识别和其他彩色人脸识别等几类方法。全局彩色人脸识别和局部彩色人脸识别为其中最受关注的方法。

大部分全局彩色人脸识别首先将彩色人脸图像中的三个颜色通道提取出来,然后进行处理,并根据(三通道的)输出结果进行人脸识别。而局部彩色人脸识别方法首先利用局部算子(如 LBP、Gabor 变换、SIFT[91] 等)提取彩色分量的局部特征,并利用这些特征进行人脸识别。概括地说,局部彩色人脸识别方法和全局彩色人脸识别方法的主要区别如下:全局彩色人脸识别方法直接分析处理并提取整个彩色图像或整幅的单通道彩色图像的特征,然后进行人脸识别。而局部彩色人脸识别方法首先将单通道彩色图像或整个彩色图像分割为若干个区域,分别提取出各区域的特征,并利用这些特征进行人脸识别。

9.1 全局彩色人脸识别方法

目前已发展出多种全局彩色人脸识别方法,例如,有分别提取三个颜色通道的鉴别特征,然后将这些鉴别特征的联合作为彩色人脸图像的特征进行人脸分类的方法;也有将原彩色人脸图像变换到一个最优色彩空间,并在新空间中进行人脸分类的方法;还有将三个彩色分量最优表示为一个分量,并根据此分量的特殊彩色人脸识别方法。下文中主要介绍利用颜色通道分类的全局方法和其他方法。

9.1.1 基于各颜色通道的全局方法

本节介绍几个将彩色人脸图像的各通道颜色分量作为整体对待的全局彩色人脸识别方法。在简要介绍这些方法的同时,也介绍主要的实验结果和结论。本节内容也包括一些证实彩色人脸识别有用性的介绍。

1999 年，Torres 等人首次分别利用彩色人脸图像的三通道颜色分量进行人脸识别[33]。Torres 的研究表明，基于彩色信息的特征脸方法能获得较高人脸识别精度。基于不同色彩空间和颜色分量的实验结果（表 9.1），Torres 还得出如下结论：首先，基于 HSV（色度，饱和度和纯度）色彩空间的识别性能优于 RGB 色彩空间；其次，在一个具体色彩空间中，不同的彩色分量对应的人脸识别性能之间的差异各不相同。例如，在 YUV 色彩空间中，光照分量 Y 对应的人脸识别正确率最高。而在 RGB 色彩空间中，三个彩色分量对应的人脸识别性能相差无几。在 HSV 空间中，单独的色度分量将对应较差的人脸识别性能。

表 9.1　Torres 等人的实验结果

颜 色 分 量	识 别 率
Y（YUV 空间的 Y 分量）	84.75%
RGB	84.75%
HSV	88.14%
SV（HSV 空间的 SV 分量）	88.14%

2006 年，Peichung Shih 等人利用 YIQ 及 YCbCr 色彩空间进行人脸识别，并与 FRGC 基线算法生物实验环境（BEE）算法比较[34]。他们研究色彩空间中不同颜色配置对人脸识别的影响，即研究单独的颜色或彩色图像中的几种颜色相结合使用对应的人脸识别性能。以 YIQ 色彩空间为例，他们对比分析颜色配置为 Y、I、Q、YI、YQ、IQ、YIQ 时的人脸识别性能。具体做法如下：首先对每一组颜色配置中的每一个颜色分量图像做预处理和正则化，然后将正则化后的各颜色分量图像连结为一个向量，将该向量作为人脸图像样本的特征并进行人脸识别。该方法得到的主要结论是，包含两个或两个颜色分量以下的颜色配置对应的人脸识别正确率，一般低于利用一个色彩空间中的所有颜色分量的人脸识别正确率。图 9.1 ~ 图 9.3 为颜色配置的人脸识别性能和 BEE 算法的比较[34]。

有学者利用颜色信息之间的互补信息去掉彩色人脸图像中的冗余信息。例如，Jing 等人提出了基于彩色图像判别的全局正交分析（HOA）方法[92]。HOA 能降低特征层的颜色信息的相关性。Sun 等提出了基于四元数矩阵的彩色人脸识别算法[93]。色彩空间正则化（CSN）方法能有效提高色彩空间关于人脸识别的鉴别性能。他们利用 CSN 来正则化 RGB 色彩空间以得出更有表达力的新空间 $\widetilde{RGB}$。这一方法将彩色人脸图像表示成为矩阵形式，然后用 2DPCA 方法来提取特征。

9.1.2　其他全局方法

本小节中，主要介绍一些不同于上一小节中分别利用三个颜色通道的信息的全局彩色人脸识别方法。

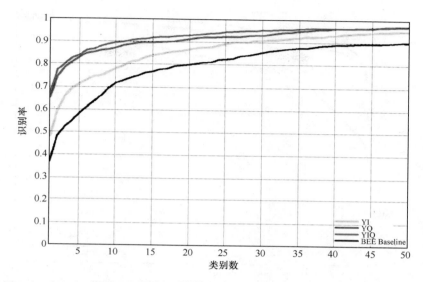

图 9.1　定义在 YIQ 色彩空间中的颜色配置的 CMC 曲线与 BEE 基本性能的比较

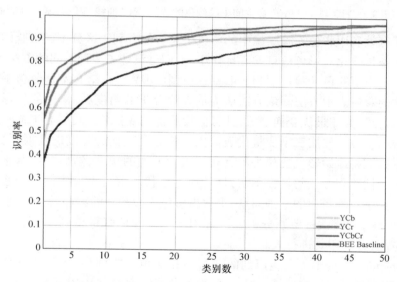

图 9.2　定义在 YCbCr 色彩空间中的颜色配置的 CMC 曲线与 BEE 基本性能的比较

　　我们知道,颜色为目标识别、索引和检索提供了重要的线索。例如,颜色不变性和直方图非常有利于大型图像数据库的检索,也有利于存在图像变形的目标识别。虽然颜色信息被证明有助于人脸识别,但是同一人脸的颜色也会随着光照条件的变化而变化。也因为如此,一些研究认为颜色对于人脸识别的重要性很小,而另一些研究认为颜色是人脸识别中的重要线索。因此,如何充分利用颜色信息以取得较优人脸识别性能是一个值得深入探讨的问题。

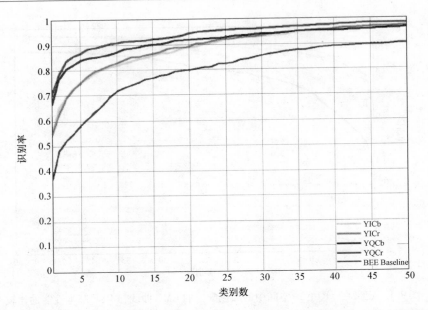

图 9.3　定义在 YIQ 与 YCbCr 色彩空间中的颜色配置的 CMC 曲线与 BEE 基本性能的比较

　　为了有效利用彩色人脸图像中的彩色中包含的有利于区分不同人脸的信息和削弱光照条件变化对彩色信息的干扰作用,人们已设计了多种不同的方法。例如,杨健等人给出了彩色人脸识别的一般鉴别模型(GDM),它结合鉴别分析手段得出一种最优的彩色表示方法。该方法认为从人脸分类的角度看,常用的将彩色变换为灰度的公式,并非最优变换公式,并且假设最优的变换公式可结合 Fisher 线性鉴别模型得出。方法先用三个变量代表最优的将彩色变换为灰度的变换系数,并假设变换系数能将原始彩色变换为最有利于人脸分类的灰度;然后写出基于人脸灰度图像的线性鉴别方法的目标函数;最后通过迭代求解得出最优的变换系数。依据最优变换系数和得出的鉴别向量,提取出彩色人脸图像的特征后,即可实现人脸识别。Thomas 等将线性鉴别分析方法应用于三维颜色张量得到关于彩色的线性鉴别子空间,并利用其进行人脸识别。

　　Chengjun Liu 提出了人脸识别的学习不相关色彩空间(UCS)、独立色彩空间(ICS)和判别色彩空间(DCS)[35]。这些新的色彩空间来自 RGB 色彩空间,RGB 空间由三色 R、G、B 成分组成。而 UCS 用 PCA 方法将图像的三种颜色分量去相关,而 ICS 来自图像三种颜色的盲源分离,如独立成分分析(ICA)。DCS 利用鉴别分析且定义了三种颜色分量能够有效应用于人脸识别。通过将图像的成分连接在一起有效地得到彩色图像的表示方法,用这一彩色图像表示法和 EFM 相结合达到了有效地分类彩色图像的效果。

　　目前,在视频监控等应用中常存在低分辨率的人脸图像。研究显示,当图像分辨率低于一定值时,人脸识别性能一般会明显降低。低分辨率情况下,实验评估得出的人脸识别性能的可靠性也会显著降低。虽然理论上可采用超分辨率技术来提高人脸图像的分辨率,但是该技术应用的前提条件在实际应用常常不满足。关于这一问题,Jae Young Choi 等人指出在图像低分辨率情况下,图像颜色信息的利用可以大幅度提高人脸识别性能,同时还在理论上提出了一个称为"比例增益变化"的矩阵,且证明了该矩阵在低分辨率彩色人脸识别中的应用价值[94]。Jae Young Choi 指出,与强度特征相比,颜色信息对分辨率的改变不大敏感。此外,他们还指出,低分辨率的彩色人脸识别正确率可能高于高分辨率的灰度人脸图像的识别正确率[94]。

Zhiming Liu 和 Chengjun Liu 提出了一种将频率、空间和颜色特征融合到一个新的色彩空间并进行人脸识别的方法[95]。他们将从图像频域的实部和虚部提取的频率特征与人脸图像不同尺度的空间特征,以及新色彩空间的混合颜色特征组合成为 RIQ 色彩空间。在 RIQ 色彩空间中每个颜色分量都有两个尺度。首先,将频率特征抽取过程同时应用到这两个尺度;然后,从频域数据中提取出鉴别特征,并用余弦相似性度量来进行相似度计算;最后,对 RIQ 色彩空间的三通道图像进行基于加权得分层融合的人脸识别。图 9.4 为人脸图像的 R、I、Q 成分与其正则化的效果[95]。

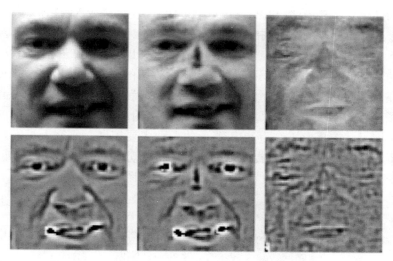

图 9.4 图像的 R、I、Q 成分及其正则化的结果

Hashem 等人于 2009 年提出了一种高性能的人脸识别系统[96]。由于颜色直方图具有较好鲁棒性,Hashem 等人利用颜色直方图与离散余弦变换(DCT)提取彩色人脸图像的特征,并将测试样本与训练样本的颜色直方图之间的交叉相关应用于人脸识别。Jae Young Choi 等人于 2011 年利用 Boosting 方法进行颜色分量特征选取[97]。该颜色特征选取方法的目的是,找出不同色彩空间中最好的颜色分层集合,以达到最佳的人脸识别效果。Jae Young Choi 认为彩色人脸识别的一个重要问

题就是,如何从不同的颜色模型中选取颜色分量以便达到最好的识别效果。所提出的方法将最好的颜色分量特征选取出来,然后为特征分配不同的权值,以充分发挥各特征的人脸识别性能。

为了获得高精度的彩色人脸识别性能,Arandjelović 研究了颜色不变性问题[98]。在他的研究中,训练数据和测试数据之间存在巨大的光照变化。该研究有如下主要贡献。首先,利用大的视频数据库评估了基于不同色彩空间的人脸识别性能。评估显示,颜色不变量有很强的鉴别性能,能显著提升低分辨率图像条件下的人脸识别效果。其次,研究提出了一些新的适宜于表达人脸的颜色不变量。

9.2　局部彩色人脸识别方法

局部彩色人脸识别方法首先利用局部算子(如 LBP、Gabor 变换和 SIFT 等)提取彩色分量的局部特征并利用这些特征进行人脸识别。本节主要介绍基于 LBP 和 Gabor 的局部彩色人脸识别。

9.2.1　局部二元模式算子

最初的局部二元模式(LBP)算子是一个固定大小为 3×3 的矩形块,共对应于九个灰度值。将四周的八个灰度值和中心灰度值相比较,大于等于中心灰度值的子块由 1 表示,反之由 0 表示。根据顺时针方向读出的八个二进制值作为该 3×3 矩形块的特征值,如图 9.5 所示[99]。最后以直方图的形式统计出整个扫描区域中每个特征值的数量,由此作为对扫描区域中纹理特征的描述。为了改善最初的 LBP 算子存在的无法提取大尺度结构的纹理特征的局限,使用不同数量的邻近子块以及不同尺寸的矩形块作为 LBP 算子的一种主要扩展。研究人员发现当邻近子块数量和半径尺寸很大时,提取出的特征中大部分对纹理的描述很有限。使用 LBP 算子扫描整个人脸图像,就可以得到 LBP 编码图像。

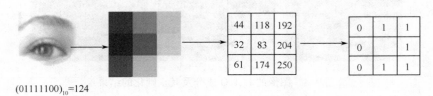

$(01111100)_{10}=124$

图 9.5　基本的 LBP 算子

付晓峰利用 LBP 提出了高级局部二元模式直方图映射(ALBPHP)方法,将标记信息完整且标记位置统一的高级局部二元模式(ALBP)直方图映射到局部保持投影(LPP)空间获得低维 ALBPHP 特征。相比于 ALBP 特征,ALBPHP 特征不仅维数低而且在表征人脸图像时具有更强的鉴别力。

9.2.2　基于 Gabor 变换的局部彩色人脸识别方法

Gabor 变换获得的图像的多方向与多尺度特征非常适合描述人脸图像。在 2006 年,Abbott 等利用超复数的 Gabor 分析进行人脸识别。为了提高这一滤波器在人脸识别上的效率,将其应用于人脸的伸缩图像上并延伸到彩色图像上,并与相应的单色和多色的识别系统进行了对比。定义在复数域上 Gabor 滤波器,非常适合于应用到诸如单色图像的单值信号中。Raghu 和 Yegnanarayana 等人将多谱图像的 Gabor 分析独立地用在彩色平面上。Jain 和 Healy 用 Gabor 滤波器提取彩色图像的特征,并定义了两种类型的颜色特征:光泽度和颜色成分特征。Wei Lu 提出了彩色人脸识别的局部四元 Gabor 二进制模式。这一方法基于四元 Gabor 特征(QGF)的局部二进制模式(LBP)。通过将四元 Gabor 分析引入到图像表示中,充分利用不同颜色通道之间的关系来增强人脸识别系统的性能。QGF 被用来编码人脸成分的位置和属性,然后用非参数变换将这些 QGF 用 LBP 方法获得稳健性来防止姿势、光照和面部表情的多变性。

9.3　其他彩色人脸识别方法

Demirel 等人为了在不同颜色通道中用概率分布函数来对姿势不变的人脸加以识别,提出了一种新的高性能的不变姿势人脸识别系统,这一系统基于不同颜色通道的色素概率分布函数(PDF)。通过最小化给定人脸的概率分布函数和数据库中的概率分布函数之间的 Kullback – Leibler 距离,将均等的被分割的人脸图像的概率分布函数作为人脸识别的统计特征向量。特征向量融合(FVF)和多数表决方法(MV)被用来将从 HSI 和 YCbCr 颜色空间中得到的不同的颜色通道结合起来,从而改进识别性能。

在 2008 年,Zhi – Kai Huang 对彩色图像的多姿势人脸识别提出了一种改进的人脸识别方法,强调了光照和姿势多变性这一问题。首先,彩色多姿势图像特征被带有不同方向和尺度滤波器的 Gabor 小波提取出来;然后,滤波图像输出的均值和标准偏差作为人脸识别的特征来计算。此外,这些特征能够用到支持向量机上来进行人脸识别。在此方法中,先将原 RGB 图像变换到不同的颜色空间图像。多姿势人脸表达和不同颜色空间中基于 Gabor 滤波器输出计算出来。最后,得到的 Ga-bor 特征向量在支持向量机上用来识别人脸,其在不同颜色空间中的识别结果加以互相比较。

在 2009 年,Anbarjafari 等人提出一种新的高性能的人脸识别系统,这是基于从 HSI 和 YCbCr 颜色通道的图像概率分布函数,其图像分解来自于离散小波分解。空间图像中的均等图像的概率分布函数和不同颜色通道的子空间作为识别用的统计向量,识别过程将给定图像的概率分布函数和数据库中的概率分布函数之间的 Kullback – Leibler 距离最小化。多数投票方式和特征向量融合被用来将从不同颜色通道得到的特征向量结合起来,进行识别。

最近,局部连续均值量化变换(SMQT)算法已经运用到人脸识别上并在预处理阶段取得了不错的效果。在独立人脸图像的 HSI 颜色空间和 YCbCr 颜色空间上的颜色概率分布函数被用来作为人脸的描述器。用输入人脸的概率分布函数和训练集中的概率分布函数之间的 Kullback – Leibler 距离来进行人脸识别。FVF 和 MV 方法将不同颜色通道的概率分布函数结合来提高识别性能。为了降低模糊效应,提出了一种基于图像红、绿、蓝颜色通道的强度矩阵的奇异值分解。在此方法中,引入了高效的不变姿势的人脸识别系统,这是基于不同颜色通道的概率分布函数。其中,用到一种新的处理方法用来使图像色彩均衡化。局部 SMQT 算法用来将人脸从背景中分离出来,用基于概率分布函数匹配的方法执行人脸分类。

Xutao Zhang 等人提出的彩色人脸识别方法将 Mallat 小波变换来获得原始图像的 LL2 频率波段作为原数据。利用主成分分析将原数据映射到低维空间中,并利用基于多项式核函数的支持向量机进行人脸图像的模糊分类。支持向量机能应用于人脸识别中样本有限和线性不可分的场合。同时,由于隶属度函数被引入到了支持向量机中,它有更强的处理线性不可分问题的能力。

Peichung Shih 和 Chengjun Liu 为人脸识别提出了一种新的颜色特征的提取方法。首先,他们提出的两种新的色彩空间均被定义为 RGB 色彩空间的线性变换。第一种色彩空间包含一个亮度通道(L 通道)和两个色度通道(C_1,C_2)。第二种色彩空间包括一个 L 通道和三个色度通道(C_1,C_2,C_3)。其次,他们分别得出将 RGB 色彩空间转化为 LC_1C_2 和 $LC_1C_2C_3$ 空间的最佳变换(图 9.6 和图 9.7)[100]。

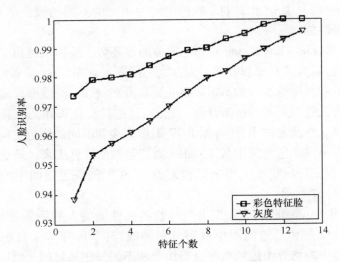

图 9.6　在 CVL 人脸库[101] 的识别结果

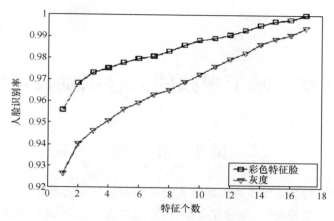

图 9.7　在 PIE 人脸库的识别结果

亮度通道 L 代表图像亮度的强度和性质,而色度通道 C_1、C_2、C_3 代表诸如色彩和饱和度等颜色性质。将 RGB 空间转化为 LC_1C_2 的定义为

$$\begin{bmatrix} L \\ C_1 \\ C_2 \end{bmatrix} = \begin{bmatrix} a_1 & a_2 & a_3 \\ a_4 & a_5 & a_6 \\ a_7 & a_8 & a_9 \end{bmatrix} \begin{bmatrix} R \\ G \\ B \end{bmatrix} \tag{9.1}$$

这里的 $a_i, i = \{1,2,\cdots,9\}$ 必须满足

$$\begin{cases} 0 < a_i < 1, \text{若 } i = 1 \text{ 或 } i = 2 \\ -1 < a_i < 1, \text{其他} \\ a_1 + a_2 + a_3 = 1 \\ a_4 + a_5 + a_6 = 0 \\ a_7 + a_8 + a_9 = 0 \end{cases} \tag{9.2}$$

同样,将 RGB 空间转化为 $LC_1C_2C_3$ 的变换为

$$\begin{bmatrix} L \\ C_1 \\ C_2 \\ C_3 \end{bmatrix} = \begin{bmatrix} a_1 & a_2 & a_3 \\ a_4 & a_5 & a_6 \\ a_7 & a_8 & a_9 \\ a_{10} & a_{11} & a_{12} \end{bmatrix} \begin{bmatrix} R \\ G \\ B \end{bmatrix} \tag{9.3}$$

这里的 $a_i, i = \{1,2,\cdots,12\}$ 必须满足

$$\begin{cases} 0 < a_i < 1, \text{若 } i = 1 \text{ 或 } i = 2 \\ -1 < a_i < 1, \text{其他} \\ a_1 + a_2 + a_3 = 1 \\ a_4 + a_5 + a_6 = 0 \\ a_7 + a_8 + a_9 = 0 \\ a_{10} + a_{11} + a_{12} = 0 \end{cases} \tag{9.4}$$

第 10 章　基于视频的人脸识别技术综述

10.1　引　言

由于关于人脸的视频流可以提供人脸时间和空间的连续信息,连贯且直接地反映出待识别人脸的动作、表情和姿态等特征,提高自动识别的准确性及实时性,因此基于视频的人脸识别技术越来越受到重视。基于视频的人脸识别是指输入一段视频,利用已知身份的人脸图像库或人脸视频库,对输入视频中的人脸进行识别或验证。本章所指的基于视频的人脸识别技术还包括标记出视频中存在人脸的片断以及检测和保存所有检测到的人脸,以供后续的检索和人工查看的技术。与基于单幅或多幅静态人脸图像进行人脸识别的技术相比,基于视频的人脸识别除包含更多有利于识别的信息外,还可实现一些静态人脸识别所没有的功能。例如,基于视频的人脸识别可根据人眼睛的运动等信息实现人脸检测和跟踪等功能。

与基于指纹、掌纹等特征的识别技术相比,人脸识别技术在公共场所具有更好的适用性和发展前景。基于指纹、掌纹等特征信息的识别技术通常需要被识别者的"主动"参与,而且它还需要和被识别者进行肢体、皮肤等的接触,这往往造成被识别者的抵触心理,也降低了被识别者的参与积极性。尤其是在海关、楼宇、银行等需要安全监控的公共场所,需要被监控者"主动"参与的识别技术,均遭遇不同程度的限制。人脸识别技术可以在被监控者即待识别者不知不觉的情况下进行识别,无需他们"主动"参与。即一旦进入被监控区域,人脸识别技术将会根据监控需要及要求,自动对被监控者进行识别或验证,而不需干扰被监控者的正常活动。

与基于静态图像的人脸识别相比,基于视频的人脸识别能够利用视频中人脸的时空信息以及运动轨迹等动态信息,利用各类合适的算法对视频中的人脸图像进行统计、分析和分类等处理,进而实现对视频中人脸的识别或验证。由于采用人脸图像的动态信息,基于视频的人脸识别可取得优于基于静态图像的人脸识别的性能,同时应用领域也更加广泛。例如,在海关等需要安全监控的场所,被监控者通常都是运动着的,监控摄像头也是以视频的形式提供监控的输入数据。在这种场景中,如果只采用单张静态图像进行人脸识别,那么,将很有可能由于视频中人脸的姿态、动作等原因使得无法正确识别。如果采用基于视频的人脸识别技术,那么可结合视频跟踪技术,连续地提取同一人的多幅人脸图像,动态地实现对监控录像中人脸的识别。如下为对在自助银行的视频监控中需对人脸进行动态监控和识别的另一个实例：自助银行常发生违法分子在自助取款机上安装读卡器或摄像头，以达到复制他人银行卡或盗取密码的目的。由于作案时间很短，第一次发现嫌疑人后，往往在来不及对他采取任何措施的情况下嫌疑人即离去。此种情况下，银行可从历史视频中检测出该嫌疑人的人脸图像，然后将这些人脸图像作为训练样本发布到所有自助银行网点，当事后嫌疑人继续在自助银行从事违法活动时，可通过基于视频的人脸识别技术定位到该嫌疑人，同时自动地对相应视频做标记，记录下该嫌疑人出现的时间、地点等。

10.1.1　基于视频的人脸识别技术的特点

对比基于静态图像的人脸识别技术，基于视频的人脸识别技术优势归纳如下。

（1）允许多图像的融合以得到更好的识别效果。由于同一人一般在视频中持续出现一段时间，因此，如果检测出该段时间内同一目标的所有人脸图像，则可对这些单个人脸图像的识别结果进行融合，以给出该目标较准确的识别结果。多人脸图像的融合可得出更高识别精度的主要原因是，某些单个的人脸图像可能存在姿态、表情等的特殊性，难以取得较可靠的识别结果（而另一些人脸图像的识别结果较可靠）；在无法判断从视频中取出的多幅人脸图像中，哪些人脸图像更适合做识别的情况下，同时融合这些图像的识别结果，得出的最终的人脸辨识或认证结果将更加可靠。

（2）视频流提供了人脸的连续时空信息。对比静态图像中单一、静态的特征信息，视频提供的时空信息更加丰富和完整。时空信息是对人脸特征信息在时间和空间两个维度上的描述，包含了多种情况下（不同姿态等）的人脸图像。因此，由于视频本身所提供的信息更加立体、全面，即使在只检测和标记出存在人脸的视频，而在没有准确识别人脸的情况下，这些被标记的视频和检测出的人脸本身也具有较强应用价值，能方便人们快速找到包含了人脸的视频和查看所有的人脸。

这两个特点不仅有利于基于视频的人脸识别技术取得较高识别率，而且也有效拓展了该技术的应用领域。

10.1.2　基于视频的人脸识别技术的几个问题

在应用中基于视频的人脸识别技术可能遇到如下难题。

（1）剧烈光照变化。实际应用中可能存在测试视频和训练样本间光照差异很大的情况（图 10.1（a）），由此会造成人脸识别性能的下降。此外，从视觉效果看，剧烈光照变化会影响人脸图像中包括肤色等色彩信息以及人脸轮廓。例如，光照强度较高时，就会出现类似"曝光"的现象，无法辨识出人脸正常的特征信息，甚至是人脸的轮廓；光照强度较低时容易造成人脸图像的五官、肤色等特征模糊，甚至人脸与周围环境融为一体，人脸轮廓不明显等。

（2）人脸姿态的变化（图 10.1（b））。同一人不同姿态下的人脸图像间可能存在很大的差异。如果测试样本与训练样本间存在较大姿态上的差别,则会引起人脸识别性能的下降。由于视频中的人脸时刻处于运动状态,人脸姿态的不停变化是影响基于视频的人脸识别性能的一个重要因素。

（3）人脸不可预知的遮挡(图10.1(c)所示,帽子、墨镜、口罩和头发会对人脸产生遮挡）。显然,对同一人来说,存在遮挡的人脸图像与无遮挡的人脸图像间的差别非常明显。因此,假设训练样本是无遮挡的人脸图像,而用做测试的视频包含的是存在遮挡的人脸图像,则很容易导致对测试样本的错分。

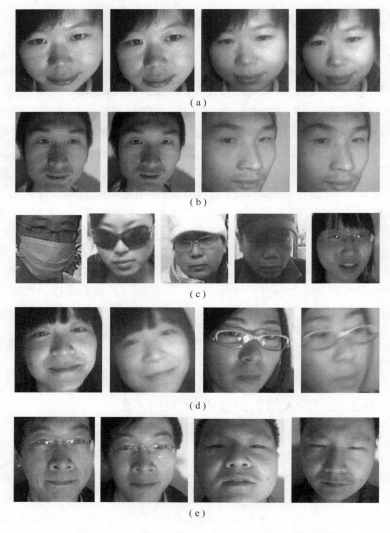

图 10.1　实际视频中的人脸图像存在各种不同的变化
(a)光照变化样本图像;(b)姿态变化样本图像;(c)不可预知的遮挡样本图像;
(d)不同清晰度的样本图像;(e)不同的拍摄角度和距离样本图像。

（4）配置水平参差不齐的硬件设备对视频质量的影响（图 10.1(d)）。实际应用中，由于摄像头等硬件设备的不同以及设备老化等原因，同一人在不同情况下拍摄的人脸图像也会有较大差异。这些差异体现在人脸图像间清晰度以及色彩差别会较大。此外，如果待识别者运动速度较快时，配置较低的摄像头对其所产生的运动模糊无法有效的滤除，也会影响基于视频的人脸识别的性能。

（5）拍摄角度、距离等因素对识别的影响等，如图 10.1(e)所示。例如，由于被监控者处于运动状态，很可能出现摄像头拍摄到被监控者侧脸的情况。此外，监控系统摄像头的拍摄角度与距离可能与人脸训练样本拍摄时的差异较大，这也会导致人脸识别时，测试样本与训练样本的差异过大，无法正确识别出视频中人脸。拍摄距离对人脸识别性能也有类似的影响。

10.1.3　基于视频的人脸识别技术流程图

由于视频是时时变化更新的，为了能够有效地描述视频所提供的时空信息并刻画视频中待识别人脸的运动轨迹，基于视频的人脸识别技术一般包括人脸跟踪模块。基于视频的人脸识别技术的流程如图 10.2 所示。

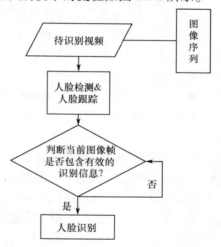

图 10.2　基于视频的人脸识别流程图

从流程图可以看出，基于视频的人脸识别技术主要包括人脸检测、人脸跟踪和人脸识别三部分，接下来将分别对三个模块进行介绍。

10.2　各模块的主要技术与方法

10.2.1　基于视频的人脸检测

根据 Yang 等人的定义，人脸检测是指任意给定一幅图像或者一组图像序列，判定该图像或图像序列中是否存在人脸,若存在,则确定其位置、大小、个数和空间分布等信息。由于视频中人脸的运动特性,基于视频的人脸检测技术需要解决的问题,不仅有普通人脸识别技术中所面临的如光照变化、人脸姿态变化、人脸细节变化等问题,还有人脸检测的实时性问题。通常基于视频的人脸检测技术会和跟踪技术(后续将会介绍)结合使用,以期通过改善检测的实时性提高基于视频的人脸检测的性能。

近几年,基于视频的人脸检测技术也取得了较大的进展。目前,基于视频的人脸检测技术主要包括两类:典型的人脸检测方法和实现多视角的实时人脸检测方法。

(1)典型的人脸检测方法。典型的人脸检测方法主要是借鉴基于静态图像进行人脸检测的方法,如基于模板匹配、基于人工神经网络、基于支持向量机和基于隐马尔可夫模型等。这类方法通常是从视频流中分割出图像帧,然后基于静态图像进行人脸/非人脸二值分类,以判断图像中是否存在人脸。有文献提出了一种使用迭代动态规划的快速模板匹配方法,该方法能够在线检测出正面人脸图像,同时跟踪非正面人脸图像。而且,他们还发现,人脸五官附近的边缘比人脸其他区域的边缘要清晰很多。基于这一特点,有研究者提出了边缘像素计数算法,用于检测并跟踪视频图像中的人脸特征。Rowley 等人则提出利用多层神经网络实现人脸检测的方法。经实验验证,该方法具有较高的检测率和较小的计算负担,不过它只能检测直立且正面的人脸图像,这显然限制了它在实际场景中的应用。有研究者提出基于组件的人脸检测方法,它使用了 15 个支持向量机,其中 14 个支持向量机分别对应 14 个组件,最后一个支持向量机则用于对组件的几何结构进行分类。

(2)多视角的实时人脸检测方法。多视角的实时人脸检测是在充分分析视频图像特点基础上发展得来的人脸检测方法。此类方法能够利用视频图像的多视角特点。目前,许多实现实时人脸检测的方法,建立在 Viola 等人提出的级联 AdaBoost 算法(图 10.3)的基础上。其中一部分方法同时利用色彩信息实现实时人脸检测。有两类主要的多视角人脸检测:一类是利用一个检测器处理各种不同视角的人脸图像;另一类是利用多个检测器分别处理不同视角的人脸图像。例如,使用五个检测器,通过检测基于主成分分析所得的特征空间中人脸的轨迹来感知人脸

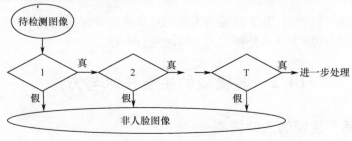

图 10.3　级联 AdaBoost 算法

姿态的变化,进而实现多视角的人脸检测。有研究者提出检测器的金字塔结构,通过对视角进行由粗到细的分解,实现从简单到复杂的人脸/非人脸检测与分类,整合级联 AdaBoost 算法及多个检测器的算法,以实现多角度的实时人脸检测。而针对多视角人脸数据库中的类内变化比正面人脸数据库的大(即不同视角下的人脸存在较大差异)这一现实问题,有人提出建立金字塔结构的检测器并结合 AdaBoost 算法的解决方法。该方法取得不错的效果,不过它计算负担过高,并且在训练过程中易出现过拟合等问题。

10.2.2　基于视频的人脸跟踪

人脸跟踪是指在输入图像序列或视频流中确定某个人脸的运动轨迹及大小变化的过程,它通常和人脸检测技术结合使用,以实现对输入图像序列或视频流中人脸的检测与定位。在基于视频的人脸识别技术中,人脸跟踪技术是获取视频中时空信息及动态信息的有效途径。在实际应用中,复杂的环境背景对人脸跟踪技术造成很大干扰,例如,在楼宇门禁、机场的安检通道等环境中,通常每次只需识别一人,而在很多其他情况下的检测范围内可能会出现多人的现象,这对人脸检测与跟踪提出了很高的速度与精度要求。在街道、海关等公共场所,巨大的人流量是对人脸跟踪技术性能的最大考验,如何有效且不混淆地跟踪这大量的对象成为实际应用中亟待解决的问题。

按照跟踪部位的不同,人脸跟踪通常可分为三类:头部跟踪;面部特征跟踪;结合头部及面部特征的跟踪。根据跟踪所采用的信息类型,目前人脸跟踪技术主要分为:基于统计模型如外观模型和利用人脸图像的色彩、形状等信息。

(1) 基于统计模型的人脸跟踪。主动外观模型(Active Appearance Model, AAM)利用包含目标形状及灰度外观的统计模型对形状及纹理信息进行编码。在 AAM 基础上,有研究者提出主动模型(Active Model),用于跟踪面部特征。对 AAM 进行改进并提出了适应性模板;经实验验证,基于该模板的方法取得了比 AAM 更好的跟踪效果。有学者提出了一种基于人脸检测技术的人脸跟踪算法,该算法利用前一帧的人脸检测结果预测当前帧中人脸可能的尺度及位置范围,在限定的范围内采用模板匹配和人工神经网络分类的方法定位人脸,从而实现快速而可靠的人脸跟踪。实验证明,该算法在具有复杂、动态变化背景的识别环境中有较好的效果。有学者提出一种基于模型的人脸跟踪方法,该方法建立了一个用于描述人脸关于其姿态、光照、形状和表面反射等的模型,并利用该模型实现人脸跟踪。实验证明该方法能够很好地处理姿态和光照变化。有学者通过在线更新双高斯混合模型,实现了基于视频的人脸跟踪和识别的在线学习,进而提高了基于视频的人脸跟踪及识别性能。该方法针对人脸跟踪与识别两类任务的不同,分别用不同的规则初始化混合高斯模型,并利用训练视频样本及在线增量学习算法对其进行更新。在此基础上,该方法还使用了贝叶斯推理来累计视频中的时空信息。实验证明,该方法具有很好的跟踪和识别性能。

（2）基于色彩及形状的人脸跟踪。参考文献［102］提出了基于色彩特征的 Mean shift 跟踪方法。另外有学者采用色彩直方图和运动线索实现了基于视频的多目标跟踪系统,该方法在跟踪过程中通过更新被跟踪目标的直方图信息,来刻画目标在色彩、姿态、及环境中光照变化等因素的改变。

10.2.3　基于视频的人脸识别

如本书引论所述,人脸识别是指利用人脸的各种特征信息,根据已知的人脸数据库,对输入的人脸图像或视频流进行识别或身份验证的计算机技术。本章主要介绍狭义的、基于视频的人脸识别技术,即在检测到视频中人脸的基础上,对比现有的人脸数据库,实现对视频中人脸的识别与分类。不同于基于静态图像的人脸识别技术,基于视频的人脸识别技术,可利用视频连续的时空信息以及视频中人脸的动态信息进行识别分类。

根据识别采用的信息类型不同,目前基于视频的人脸识别方法主要可以分为三类:基于特征信息的人脸识别方法、基于统计模型的人脸识别方法和基于混合线索的人脸识别方法。

（1）基于特征信息的人脸识别方法。这类方法通常在对时空信息或其他特征进行分析的基础上,采用投票、Bayes 决策等方式进行人脸的识别和分类。有研究通过基于人脸的形状、纹理模型和 Kernel 特征等采用简单投票的方式进行人脸识别。有学者通过结合时间信息,利用跟踪状态向量及验证身份变量描述待识别人脸,并利用序贯重要性采样（SIS）算法完成识别,此方法旨在随时间推移整合运动及身份信息。在对两段待识别视频进行降维处理的基础上,以 EMD（Earth Mover's Distance）表征视频间的特征相似度,然后利用直接匹配的方法实现基于视频的人脸识别。有文献通过计算主成分分析所得特征空间中人脸序列所形成的轨迹间的欧氏距离,实现从头部图像序列中识别出人脸的功能。还有文献将测试样本和训练图像序列的主要组成部分所形成的参考子空间之间的角度作为衡量相似度的手段,以此实现基于图像序列的人脸识别。有研究者使用自适应隐马尔可夫模型从一段视频中学习人脸图像的时间统计数据,以此实现基于视频的人脸识别。

有学者将测试样本和训练样本均为视频的人脸识别（也称为基于视频—视频的人脸识别）问题看作动态系统识别和分类的问题。为此,可利用一个外观随姿态变化的模型对运动的人脸进行建模,并使用自回归运动平均模型描述基于视频—视频的人脸识别系统。该文献利用子空间角度来计算测试视频序列和训练视频序列间的距离,并依此进行人脸识别。经实验验证,该方法在处理姿态、表情及光照变化方面具有很好的效果和应用前景。有研究者提出了一种基于快速级联的三个人脸验证模块和一个联合分类器实现基于视频的人脸检测与识别的方法。该方法使用的三个验证模块是人脸皮肤特征验证模块,人脸对称性验证模块和眼部模板验证模块。这三个验证模块的使用能够消除视频中倾斜的人脸、后脑勺及非人脸的运动物体等有碍正常人脸检测与识别的因素;经过这三个验证模块的处理后,只有正面的、适合做人脸检测与识别的图像被输送到人脸识别阶段。人脸识别过程则利用集合了三个经训练的人工神经网络分类器的集成分类器实现。

（2）基于统计模型的人脸识别方法。基于统计模型的视频人脸识别方法大多利用已有的统计模型(如贝叶斯理论、隐马尔可夫模型、支持向量机等)实现基于视频的人脸识别。

在贝叶斯理论的框架下,利用时间序列模型刻画人脸的动态变化,并通过把身份变量和运动向量作为状态变量的方式引进时间和空间信息。该文献采用序贯重要性采样(SIS)方法估计出身份变量和运动向量的联合后验概率分布,并通过边缘化提取出身份变量的概率分布。这样的方法存在如下问题:当姿态变化时,识别率会有较大幅度的降低。为克服这个问题,提出了自适应外观变化模型,并采用自适应运动模型以求更准确地处理姿态的变化。该文献还利用似然函数进行权重更新使得整个算法更加有效。上述两种方法由于引进了时间信息,能得到很高的正确识别率。方法中的序贯重要性采样能很好地克服非高斯分布和非线性系统情况下概率密度难以估计的问题。但是,方法存在概率密度估计需要很大计算量的缺点。

可以分别用运动方程、特征方程和观测方程表征所追踪的运动向量的运动行为、相应特征向量随时间的演变以及两者间的联系。采用 SIS 方法估计出联合概率密度分布,然后通过边缘化的手段得出身份变量的分布并完成人脸识别。不过,相应算法存在着鲁棒性低和计算复杂度高等问题。卡耐基 - 梅隆大学的 Xiaoming Liu 和 Tsuhan Chen 采用主成分分析变换,为数据库中的每段人脸视频建立特征子空间,然后建立关于特征子空间的自适应隐马尔可夫模型;最后,根据计算出的每个序列的后验概率进行人脸识别。

有研究利用支持向量机 SVM 实现基于视频的自动人脸验证及识别系统。该系统包括人脸检测、人脸特征定位、人脸样本归一化、SVM 训练及人脸识别等四个模块。其中的人脸检测模块利用基于 LUT 的 AdaBoost 算法。系统利用简单直接外观模型(Simple Direct Appearance Model,SDAM)实现人脸特征定位,然后,系统对检测得到的人脸的特征点的几何分布及灰度分布进行归一化处理,并利用不同的 SVM 策略实现基于视频的人脸识别。还有学者提出了一种基于外观模型的人脸跟踪与人脸识别方法,该方法所采用的外观模型为活动形状模型与无形状纹理模型的结合。

（3）基于混合线索的人脸识别方法。为了能够更充分且全面地利用视频所提供的信息,一些学者除了利用常规人脸特征(如色彩、形状、时空信息等)进行身份识别外,还利用音频、步态等其它特征进行身份识别,并取得了很好的识别效果。

可以同时利用视频中的人脸和步态特征识别人的身份。有学者利用视频中待识别人物的侧脸及其步态特征。还有学者利用无约束的视频及音频实现身份识别。在人脸检测及跟踪阶段,该方法首先利用肤色信息进行人脸检测,然后采用对称性变换及图像的亮度梯度等信息检测人脸的大致位置,并计算特征轨迹。在此基础上,利用得到的特征轨迹信息重塑 3D 结构和 3D 面部姿态,并利用 3D 头部模型经旋转和归一化等处理得到正面人脸图像。在人脸识别阶段,该方法则在采用已获取的图像信息基础上,利用隐马尔可夫模型对线性光谱特征进行刻画,同时结合相应的音频信息(Mel 频率倒谱系数等)实现基于视频及音频的人脸识别。此外,该方法还能利用人脸 3D 深度信息抵抗对人脸识别系统的欺骗。

10.3　基于视频的人脸识别技术难点

正如前面所述,基于视频的人脸识别技术存在着一些技术难点。近年来,不少学者针对光照变化、姿态变化及低分辨率等问题对基于视频的人脸识别技术的影响作了深入研究。下面将主要介绍针对三类热点问题的解决技术及方法。

10.3.1　光照的影响

Adini、Moses 和 Ullman 等人首次发现光照变化是影响人脸识别性能的重要因素之一。针对这一问题,研究者们相继提出了许多解决方法。例如,有文献提出采用主成分分析方法进行人脸识别,并认为人脸的前几个最大特征值对应的主成分主要反映由光照所引起的变化,丢弃这几个主成分可大大削弱光照变化对人脸识别带来的干扰。自 Ojala 等人首次提出局部二元模式后,该方法已得到许多研究者的重视。例如,多分辨率的局部二元模式将不同尺寸的近邻看作不同尺度的纹理,利用 0 - 1 或 1 - 0 的变换进行特征化,得到统一的局部二元模式,以更好地表示原始结构如边缘、棱角等信息。有学者提出了一个具有强大的预处理和纹理分析能力的改进的局部二元模式,并利用它(LBP)进行非可控照明下的人脸识别。Li 等人提出通过从 NIR 图像中提取 LBP 特征来获得光照不变的人脸描述方法,以克服光照变化这一难题。然而,该方法并不适用于室外场景。

10.3.2　姿态变化的影响

姿态的变化是引起人脸识别问题复杂性的原因之一,同时也是影响人脸识别效果的重要因素之一。目前,针对这一问题的解决方法可大致分为多图像法和混合法。基于照明锥处理多用于处理光照及姿态变化等问题的方法,为多图像法的典型代表之一。该方法需要由同一目标的多张在不同光照条件下成像的图像来生成照明锥。有研究利用发际线等特征为整个头部建立 3D 模型的方法也属于多图像法,该方法能够处理在头部跟踪及基于视频的人脸识别中较大的姿态变化问题。

混合法是目前为止有关处理姿态变化问题的技术中最为实用的方法之一,它主要包括基于线性类的方法和基于图匹配的方法等。有文献提出的新主动外观模型(Active Appearance Model, AAM)方法能处理姿态和表情的变化等问题。有学者提出了通过从训练样本集中学习视图离散外观流形的方法,该方法能处理人脸识别中的姿态变化问题,同时能利用视图间的变换概率规范搜索空间。

有文献介绍了一种基于多视角的人脸识别系统。该系统主要用于视频中姿态变化较大的情况。为了处理姿态变化问题,该系统采用验证曲面(Identify Surface)用于捕捉视频中的时空信息。验证表面是将个体的所有图像投射到由头部姿态参数化的判别特征空间所形成的超曲面。同时,该系统使用了偏角和倾斜角作为特征空间的基准坐标刻画头部姿态,其他基准坐标则用于表示人脸的判别特征模式。此外,该系统还根据恢复的姿态信息,构建了输入特征模式的轨迹。在此基础上,获取同一时间顺序中已知人物的特征轨迹,并将它们在各自的验证曲面上合成。最终通过将合成的特征轨迹和待识别者的特征轨迹进行匹配,完成人脸识别工作。

10.3.3　低分辨率的影响

低分辨率不仅影响图像和视频的质量,同时也影响人脸识别的性能。目前,主要有两种减小低分辨率对人脸识别性能影响的方法:SR(Super Resolution)方法和MRF(Multiple Resolution – faces)方法。SR 方法能利用低分辨率的视频或图像中估计出高分辨率的视频或图像。与需要同一个人在相同的场景下的多种图像的SR 方法不同,MRF 方法没有此要求,但该方法的人脸识别应用具有很高计算复杂度和高存储空间要求。有学者提出一种利用低分辨率视频中相邻的时空信息构造高分辨率视频帧的方法即属于 SR 方法。不少实验已表明利用低分辨率图像产生高分辨率图像对提高人脸识别性能有帮助。但是,在实际应用中,需认真评估此类方法的效果以及仔细研究方法能取得最好性能的参数条件。

10.4　基于视频的人脸识别技术在 ATM 中的应用

ATM 机已在全球大量应用。在国内,ATM 机的无人值守也为违法分子提供了可乘之机。目前,已发生很多起蓄意破坏 ATM 机或在 ATM 机上安装读卡器的案件。在这种情况下,非常有必要利用 ATM 机上安装的摄像头,自动监控接近 ATM机人员的行为,以预防和减少犯罪。此外,人脸识别技术也可应用于基于 ATM 机的人脸辨识和人脸认证,以帮助发现可疑人物。

10.4.1　基于视频的人脸识别技术在 ATM 中应用的技术方案

我们提出利用图像中稳定且易于提取与分析的 Harr 特征和检测效果得到广泛认可的 AdaBoost 算法,进行基于视频的人脸检测,再利用本书第 5 章所述的快速稀疏描述方法的融合方案,实现基于视频的人脸识别技术在 ATM 中的应用这一技术方案,进而实现利用 ATM 的监控视频,对可疑人物及在案犯罪分子的有效监控。

上述面向 ATM 机的视频人脸识别具有如下四个特点:不同的 ATM 机的背景差异非常大;视频中的待识别者表情动作等变化幅度小,而姿态变化幅度较大;早上与傍晚时段视频中的光照变化比较明显;视频背景中存在其他人员或者过往车辆造成的干扰。图 10.4 部分显示了如上特点。

姿态变化大   光照变化明显而且背景干扰多

图 10.4   不同特点的 ATM 监控视频截图

10.4.2   技术方案流程图

本书第 5 章已通过实验验证了快速稀疏描述方法在人脸识别方面具有相当高的识别率。在本章面向 ATM 机的视频人脸识别中,快速稀疏描述方法用于对单张图像进行人脸识别。同时,为了充分利用视频的特点,我们利用基于快速稀疏描述方法的融合方案对同一用户的不同人脸图像的识别结果进行匹配得分融合。这样的方案能克服 ATM 监控视频中人脸图像姿态变化较大可能造成的单幅人脸图像识别结果较差的影响。方案的具体流程如图 10.5 所示。

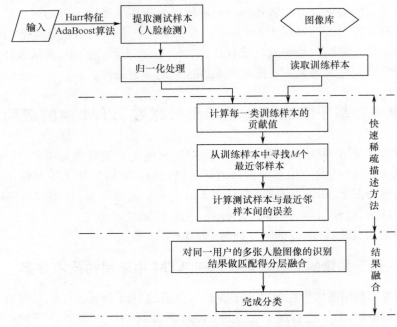

图 10.5   ATM 场景中人脸识别流程图

10.4.3　人脸识别的融合算法介绍

在利用 Viola 提出的运用人脸 Haar – like 特征并基于 AdaBoost 训练的级联人脸检测方法完成人脸检测的基础上,我们把检测出的图像即待识别的人脸图像归一化为与训练样本同尺寸(70×100)的灰度图像。然后利用快速稀疏描述方法,计算同一用户的多帧测试图像和训练集中每个人的相似性,再利用相似性的匹配得分层融合,最终得出当前用户的识别结果。接下来将主要介绍该技术方案中基于快速稀疏描述方法的融合算法。

我们采用的快速稀疏描述方法实现多图像匹配得分层融合的方案,能适应 ATM 机视频中待识别者姿态变化比较大的特点。实际应用中,由于一段视频所包含图像帧的数目非常大,而相邻图像帧的差距又很小,如果要对每一帧都处理,势必会造成很大的计算负担与系统消耗。为此,我们采用从视频中隔帧提取图像并使用快速稀疏描述方法对其进行处理,然后,利用融合算法将同一用户的多张图像处理结果融合的方法,实现基于视频的人脸识别。基于快速稀疏描述方法融合算法的具体步骤如下所述。

> **步骤 1**　假设 y_{ip} 表示第 i 个用户的第 p 帧图像(第 p 个测试样本),b_{pk} 表示训练样本 $\tilde{x}_k$ 在描述测试样本 y_{ip} 的线性组合中的相应系数。假设第 i 个用户的第一个至第 p 个测试样本关于快速稀疏描述方法第二步中的所有训练样本的线性组合分别为
>
> $$y_{i1} = \sum_{k=1}^{M_1} b_{1k}\tilde{x}_k$$
>
> $$\cdots$$
>
> $$y_{ip} = \sum_{k=1}^{M_p} b_{pk}\tilde{x}_k \tag{10.1}$$
>
> **步骤 2**　根据快速稀疏描述方法,每一类训练样本在描述同一用户的 p 帧图像过程中均会产生误差。根据快速稀疏描述方法给出的公式,很容易计算出每一类的训练样本在表达一个测试样本时的偏差。令第 k 类的训练样本在表达一个用户的第 p 个测试样本时的偏差为 D_{kp},则第 k 类的训练样本在表达该用户的所有测试样本时的偏差为 $TD_k = \sum_{p=1}^{P} D_{kp}$。如果 $s = \underset{k}{\arg\min} \, TD_k$,则认为当前用户是训练集中的第 s 个用户。

10.4.4　实验验证

为了更好地测试基于视频的人脸识别算法对真实应用环境的适应性能,我们利用 ATM 机内置摄像头记录的真实视频制作了两个图像库,其中一个是静态人脸图像库,另一个是人脸视频库。人脸视频库是从真实视频中截取的若干视频片断的集合,利用该库可综合测试基于视频的人脸识别技术在人脸检测和识

别等方面的性能。而人脸静态图像库可对基于视频的人脸识别技术进行仿真测试。

1. 静态图像库

静态图像库利用真实的 ATM 监控视频制作而得。从视频中检测出人脸图像后,将其归一化为同样的尺寸。对来自同一人的人脸图像按照其在视频中出现的先后顺序编号。静态图像库共包含 1063 个人,共 76424 张图像,图像分辨率均为 96×96,男女比例约为 $1:1$。不过由于每个人在 ATM 监控录像中的时间长短不同,致使他们包含的静态样本图像数目也不尽相同。据统计,每个人包含的静态样本图像数目从 $2 \sim 339$ 张不等。大部分人的人脸图像数量为 $35 \sim 70$。它们真实记录了在不同的光照情况下,待识别者姿态、表情、动作、环境背景等因素的变化,以及待识别者部分遮挡等情况。

下面是静态图像库所包含的变化模式的部分截图(图 10.6)。

图 10.6　静态视频库样本示例

2. 人脸视频库

人脸视频库则包含了 282 段视频片段,且每段视频记录一个人的活动情况,视频的分辨率均为 352×288。由于每个人在 ATM 监控录像中的时间长短不同,致使每段视频的时长也不尽相同。据统计,视频库中视频片段的最短时长为 13 秒,最长时长为 7min59s,大多数视频时长在 1mm30s 左右。它们真实记录了在不同的光照情况、背景等因素下,待识别者在操作 ATM 机时的情况,包括运动轨迹、姿态、动作等的变化。图 10.7 是某一人的视频截图。

图 10.7　人脸视频库样本示例

10.5　实验设计与结果统计

为了能够较全面地进行测试,我们设计了两部分实验:使用静态图像库测试本技术方案中人脸识别算法的性能;设计视频库仿真实验测试本技术方案的综合性能。

1. 使用静态图像库测试

该测试实验旨在测试本技术方案中人脸识别算法的性能,故选择采用静态图像进行单张测试,即程序不包括融合算法,只是对每张静态图像进行识别处理。然后通过对识别结果进行统计,获取识别出的图像数量,再从中统计被正确识别出的图像数量、被错误识别出的图像数量等,分析本技术方案中人脸识别算法的识别率。

(1) 测试库和训练库的构造。我们从静态图像库中抽取图像数量大于或等于20 的人作为实验对象。这些实验对象包括不同年龄、不同性别和不同光照情况,而且每个人都有各自不同的姿态、表情和动作等。我们从每个待识别对象的全部图像中随机抽取了 20～30 张不同姿态、表情和动作的人脸图像作为训练样本,又从每个人剩下的图像中任取 3 张作为测试样本。为了减小系统的计算负荷,测试样本数目较大(如 1000)时,训练完成后将测试样本分批载入进行测试。

(2) 测试结果统计。测试结果统计如表 10.1 所列。

表 10.1　测试结果统计(一)

测试人数	测试图像数	训练人数	训练图像数	识别出的图像总数	未识别出的图像数	识别错误的图像数	正确识别的图像数	图像的平均识别率	误报率
44	132	1000	22792	121	1	13	108	81.8%	9.8%
114	342	1000	22792	306	36	1	305	89%	0.3%
158	474	1000	22792	425	49	6	419	88.4%	1.3%
285	855	1000	22792	716	139	13	703	82.2%	1.5%
399	1197	1000	22792	1030	167	14	1016	84.9%	1.2%
1000	3000	1000	22792	2598	402	47	2551	85%	1.6%

(3) 相关概念解释。

① 图像的识别正确率是指正确识别出的图像数和测试图像总数的百分比,而平均识别率是指,经过多次取样试验得出的识别正确率的平均值。

② 误报率是指识别错误的图像数和测试图像总数的百分比,即识别错误率。

(4) 测试结论。通过对实验结果进行分析,本技术方案的人脸识别算法具有不错的识别率,然而,它受测试样本和训练样本人本身差异的影响,即不同的样本人识别率也不同,而识别率受样本数目的影响并不显著。

2. 视频库仿真实验

该测试实验旨在通过模拟真实的应用环境,测试本技术方案的综合性能。选择采用自行构造图像序列模拟真实的视频数据进行测试,即从每一个待识别对象中选取多张静态图像,构造图像序列模拟对视频的处理过程,然后对构造的图像序列进行识别以及结果融合等处理。最后通过统计实验结果分析本技术方案的性能。

(1)测试库和训练库的构造。从静态图像库中选择图像数量大于或等于30的待识别对象,如果有些人图像的数量大于60,就抽取其前60张图像作为测试子库,经过这样的处理,每个待识别对象的图像数量为30~60,这将作为测试子库进行后续测试研究。在此基础上,把待识别对象前一半的图像作为测试样本,后一半的图像作为训练样本(遇到奇数时训练样本会比测试样本多一张)。再从每个待识别对象的测试样本中选择6张图像进行测试(6张图片是利用程序有规律抽取,保证了实验的可重复性)。

(2)测试结果统计。测试结果统计如表10.2所列。

表 10.2　测试结果统计(二)

参数的设置	测试样本数	训练样本数	未识别出的图像数	正确识别的图像数	错误识别的图片数	正确识别率	误报率	丢失率
融合图像数为1 阈值:0.7 NearNumber:30	3600	14878	885	2627	88	73.0%	2.4%	24.6%
融合图像数为:1 阈值:0.9 NearNumber:30	3600	14878	1	3006	593	83.5%	16.5%	0.03%
融合图像数为:3 阈值:2.0 NearNumber:30	3600	14878	316	878	6	73.2%	0.5%	26.3%
融合图像数为:3 阈值:2.7 NearNumber:30	3600	14878	10	1166	24	97.2%	2%	0.83%
融合图像数为:3 阈值:2.7 NearNumber:22	3600	14878	9	1164	27	97%	2.25%	0.75%

(3)相关概念解释。

① 融合的图像数是指将待识别对象的图像进行得分融合的图像数目。

② 阈值是融合处理后得分的阈值,如果最优的人得分大于等于阈值0.7,则被

认为是训练库中没有当前测试图像的那个人,即拒识当前的测试图像。如果最优的人得分小于阈值 0.7,则算法认为测试图像为来自该人的人脸图像。

③ 识别出的图像存在正确识别和错误识别两种情况。识别正确率是指识别出的图像中正确的图像数/测试样本数,误报率是指识别出的图像中错误的图像数/测试样本数,丢失率是指未被识别出的图像数/测试样本数。

④ NearNumber 的值是与测试图像距离最近的 NearNumber 张图像。

(4) 测试结论。

① 在 NearNumber 数值变大的情况下,也就是用更多的训练样本表示测试样本的情况下,临界点会变多,会出现很难辨别的情况,例如,NearNumber = 30 和没有使用融合的情况下最优得分大于等于 0.7 且小于 0.9 的测试图片中 379 张测试图片能得到正确结果,而 505 张测试图片得到的是错误的结果。

② 最优得分大于 0.9 的测试图片个数几乎为 0,第二组数据显示 3600 张测试图片中只有 1 张测试图片的最优得分大于 0.9。

第 11 章　人脸伪装判识及应用

如前文所述,可认为人脸伪装判识属于广义人脸识别的范畴。人脸伪装判识是一个利用人脸图像判断人脸是否被伪装的两类分类问题。一般意义上的人脸识别方法无法直接应用于人脸伪装判识。从应用角度看,人脸伪装判识可具有两方面的作用。一是正确判别出存在伪装的人脸,实际上也实现了一种特殊的人脸检测(一般的人脸检测算法无法检测出伪装人脸),并能为伪装人脸的跟踪、人脸的识别等其他应用提供基础。二是人脸伪装判识在公共安全、社区安防等方面具有较高应用价值。例如,在居民小区、厂区或自助银行等场合,如果出现不正常的伪装人脸,则存在伪装者计划遮挡脸部进行一些违法或犯罪活动的可能。在此种情况(尤其是在行人稀少的环境中)下,自动检测出人脸伪装并将存在人脸伪装的当事人的视频信息发送给相关人员是非常有意义的。此外,在一些事故已发生的情况下,如果需要从大量历史视频找出伪装的人脸,以帮助分析线索或查找嫌疑人,自动的伪装人脸判识也能发挥巨大作用。

本章着重介绍了一种基于视频分析的伪装人脸的定位与判识方法。该方法是我们从事的自助银行智能监控和报警系统研发的成果之一。方法首先对取款机内置摄像机捕捉到的连续正面人脸图像进行检测,如果系统检测到具有面部伪装的取款人进入指定区域,则向监控中心发出警报,以此减少可能的经济犯罪和其他违法行为的发生。人脸伪装判识方法综合应用了模式识别、计算机视觉、图像处理和机器学习技术。该方法针对问题的特点,采用先在较宽松条件下检测出可能存在伪装的人脸,然后再采取一些技术手段消除其中存在误报的分步策略。

人脸伪装判识方法首先通过图像序列中的运动信息和五官特征对用户进行定位,并在此基础上结合 Haar 分类器,检测视频中的伪装区域。针对检测过程中出现的误报,本章提出了基于霍夫直线变换的背景误报判别方法,同时提出了基于镜桥检测的墨镜误报判别方法、对称差分法及 Gabor 小波变换的墨镜伪装误报判识方法,基于 K 均值聚类分析的帽子误报判别方法,以及基于肤色模型的口罩误报判别方法。该方法已在国内某银行的自助银行得到较大范围的应用。

本章主要内容安排在如下两节中:11.1 节为概述与分析,主要介绍自助银行关于人脸伪装判识的应用需求与问题分析、伪装判识研究现状、人脸伪装判识的技术难点以及我们方法的主要流程;11.2 节详细介绍我们的人脸伪装判识方法,其具体内容包括对视频中的人体或人脸大致位置进行定位的方案、检测出具有墨镜、口罩及帽子的"伪装"人脸的方案以及剔除检测结果中的误报的方案。误报除了包含墨镜、口罩或帽子的误报外,还包含来自背景的误报,相关的误报剔除方案也将在本章介绍。

11.1　概述与分析

11.1.1　人脸伪装判识的实际需求

本章所介绍的人脸伪装判识方法,主要针对自助银行的智能监控和报警系统进行开发。随着银行服务自动化的迅猛发展,ATM 自动取款机在银行系统的应用更为广泛,自助存取款的形式逐渐取代了传统的存取款方式,在全国范围内得以普及。尽管自助存取款方式具有方便快捷的优点,但其所特有的无人值守的使用环境却恰恰加大安全控制的难度。在传统安全系统的设计中,人工监控为最主要的系统控制方式,但由于银行 ATM 的网点众多,加之各网点的客流量都很大,单单采用人工监控的控制方式已难以胜任系统的需求。智能视觉监控技术能够对大量的视频数据进行处理,减少系统中人力资源的消耗,因此引起了各大银行的广泛关注。另一方面,我国银行金融系统对安全控制有着极高的要求,人脸伪装判识技术能够对犯罪分子产生极大的震慑力量,从而降低犯罪分子利用 ATM 机进行犯罪的概率,从最大程度上保护银行和用户的利益。

下文给出了一些自助银行犯罪的案例,这些案例充分说明了人脸伪装检测对于自助银行监控系统的重要意义。

案例一:2008 年 10 月 7 日,在北京市大兴区一自助银行内,两名女子正在取款机上取钱,忽然从她们身后冲出一名戴着口罩、手持尖刀的男子。该男子不停威胁女孩交出银行卡,并把明晃晃的尖刀在她们眼前晃来晃去。看到对方凶相毕露,两个女孩子顿时惊恐万分,不情愿地取出银行卡里的存款。歹徒一把抢走扬长而去,整个抢劫过程持续约 2min(图 11.1)。

案例二:2009 年,北京大兴区一家自助银行再次发生蒙面抢劫事件,一名顾客正在自动取款机上取钱,突然从门外闯进来两个蒙面人,他们手持凶器抢走了事主的手机和 1 万多元现金,之后劫匪乘坐预先准备好的轿车逃离现场(图 11.2)。

案例三:2011 年 2 月 12 日 11 点左右,福州市的市民张先生刚走到 ATM 机前面,两个蒙面男子径直冲了过来,两名男子将张先生推到墙上,用匕首顶住他的脖子,张先生极力反抗也无济于事,最后被逼交出银行卡(图 11.3)。

案例四:2010 年 1 月 19 号晚上,一名女子在银行外的 ATM 机旁取款,这个时候进来一名男子戴着口罩捂住脸,站在另一台 ATM 旁,鬼鬼祟祟,还不时打量身边的女子,随后趁着女子不注意,这名男子走到女子的背后,拿出刀抵住女子的下巴,并马上抢过女子的手机和钱包,匆忙逃窜(图 11.4)。

图 11.1　2008 年北京市大兴区一自助银行内戴口罩的嫌疑人抢劫视频截图

图 11.2　2009 年北京市大兴区一自助银行内两位蒙面人抢劫视频截图

图 11.3　2011 年福州市一自助银行内两位蒙面人抢劫视频截图

图 11.4　2010 年一名戴口罩男子抢劫正在取款的女顾客的视频截图

从上述案例可以看出,自助银行属于案件多发地点,很多犯罪嫌疑人为遮掩监控录像中的犯罪证据常常采用伪装的犯罪手段。由于在破案过程中,警方无法通过监控录像辨别犯罪嫌疑人的五官,因此大大增加了警方破案的难度。人脸伪装检测系统的设计可以在第一时间通知警方案件发生的地点,使警务人员能够尽快到达犯罪现场,既可以保护事主的人身和财产不受到伤害,又能将犯罪份子尽早绳之以法,避免警方人力物力不必要的开销。由此可见,人脸伪装判识算法的设计具有深远的意义和广阔的应用前景。

11.1.2　相关研究介绍

现阶段,国内外关于人脸伪装的研究并不多见。已有的与人脸伪装相关研究主要可以分成两类:一是如何在伪装的情况下对人脸进行识别;二是怎样进行人脸伪装的检测。

在第一类研究中,Chellappa 等人通过将两个半脸投影到特征空间来解决伪装条件下的面部相似性问题,该算法在 AR 人脸数据库上最好的匹配正确率约为 39%。Silva 和 Rosa 提出了一种基于特征眼的人脸识别方法,当眼部区域的特征没有改变时,这种方法可以对伪装人脸进行识别,识别的正确率为 87.5%。在 Richa Singh[103] 等人提出的伪装人脸识别方法中,他们利用动态神经网络提取 Gabor变换的面部纹理特征,并通过 Hamming 距离进行特征匹配,该算法对 AR 数据库中带墨镜人脸和围巾人脸的识别率分别为 71.7% 和 72.9%。

本章的研究工作属于第二类,即对伪装人脸的检测。在此类研究中,Inho Choi 等人提出了一种基于 RMCT 变换和 Adaboost 算法的人脸伪装检测方法,这种方法对传统的 MTC 变换进行了改进,并将改进后的算法称为 RMCT(Revised Modified Census Transform)算法,他们首先将样本图片进行 RMCT 变换,然后利用 Adaboost 算法构造出一张特征查询表,最终的判决结果通过查表决定。Woo – han Yun 等人在他们的伪装检测研究工作中,也应用了 RMCT 变换的图像处理方法,不同点在于他们将查询表转化为基于回归模型的线性分类器。基于 RMCT 的伪装检测方法的优点主要有:对不同光照的鲁棒性较好;速度快,可根据要求选择进行分类像素点的个数;MCT 特征精确到点,适用于局部区域分类。其缺点在于对图像的归一化及姿态要求比较高。Wentao Dong 等人利用人脸的颜色特征和几何特性对伪装人脸进行判别,他们首先提取视频中的运动区域,然后通过该区域的颜色分布特征提取人脸的特征,最后通过这些特征的几何关系对伪装进行判别。这种方法的局限在于其对光照的鲁棒性较差,而且该方法易受背景的影响。

总体来说,人脸伪装判识问题的研究目前还处于刚刚起步的状态。大多数的研究工作还只处在探索阶段。本章方法是在实际的工程应用需求的基础上,基于模式识别和机器视觉技术发展出来的方法,已在工程应用中体现出其良好的性能。

11.1.3　技术难点分析

在具体应用中,人脸伪装判识可能遇到如下的技术难点。

(1) 监控环境的复杂性与多样性。监控环境的复杂性与多样性是人脸伪装判识所面临的最大挑战之一。以自助银行内的人脸伪装判识为例,判识算法需在数千个自助银行运行,而每个自助银行又包括多个 ATM 机,它们所处的背景各不相同,成像质量也千差万别,而且同一自助银行内的光照等条件也处于变化之中,因此算法不仅要从复杂的环境中定位伪装人脸的位置,而且要考虑不同的光照和成像条件带来的不同影响。图 11.5 显示了光照对算法设计的影响[104]。其中图 11.5(a)显示了由于较强逆光造成的成像模糊,图 11.5(b)显示了由光照过亮引起的低对比度图像,图 11.5(c)显示了由光照变化造成的色彩失真。

(a)　　　　　　　　　　　(b)　　　　　　　　　　　(c)

图 11.5　环境中光照对算法的影响
(a)图像过暗;(b)图像过亮;(c)色彩失真。

(2) ATM 机存取款操作的特殊性带来的影响。我们知道,人脸识别系统能得到用户的积极配合,用户会进行一定的姿态调整以及远近调整以便于系统识别。但是,人脸伪装判识方法利用自助银行 ATM 机内置摄像头采集的视频,由于用户正在进行正常的存取款或查询操作,用户的姿态会存在较大变化,而且其操作期间的下视、左视和右视姿态较多,而完全正面平视的姿态较少,这将增加伪装判识的难度。图 11.6 给出了 ATM 机内置摄像头采集的两个人的人脸图像的一些图例。此外,如果在 ATM 机上操作本身就是安装读卡器或进行其他非法活动的嫌疑人,则他可能还会故意采取措施以规避摄像头的监视。

图 11.6　ATM 机内置摄像头采集的人脸图像包含较多非正面平视姿态的图例

（3）系统硬件的限制。另一个难点是我们必须控制算法的复杂度,减少系统 CPU 的消耗。视频监控系统采用的是一种抓帧处理的办法,即每次只抓取视频的当前帧进行处理,仅当该帧处理完毕后,系统才会继续抓取下一帧。如果算法的执行时间过长,则会造成系统执行能力的下降,在系统处理一帧图片的同时,可能有多帧图片因无法得到处理而丢失,这样不仅会使系统能够处理的帧数减少甚至可能造成图像序列的不连续,直接导致系统精度的下降。此外,ATM 机内置摄像头的老化或电路的老化等硬件问题也会增加伪装判识的难度。

11.1.4　伪装定义、伪装判识的全局方案

　　一般意义上对人脸的任意遮挡均可看作人脸伪装,这些伪装也可能由帽子、口罩、墨镜对人脸的遮挡引起,也有可能由手、雨伞、纸张、头套或者摩托车安全头盔的遮挡引起。也有人将人脸中部分五官不可见的情况定义为"人脸伪装"。从模式识别和计算机视觉的角度看,由于上述两种定义都不属于"Well defined"的范畴,因此要在实际应用中检测上述"伪装"将存在非常大的难度。实际上,上述两种定义存在不少不确切之处,例如,第一种定义中的任意遮挡是完全不确定的定义。因为伪装后的人脸已经失去了它基本的生物特征,而伪装的形式又可以是各种各样的,这些伪装物并不存在某种共性,我们无法对它们进行统一的定义。又如,第二种定义中"五官不可见"可能由遮挡引起,也可能由特殊的姿态引起,甚至由极差的光照条件引起（例如,在自助银行内可能由于强烈的逆光使人脸部分五官不清晰可见）,因此,该定义也是不确切的。理论上,模式识别技术只能解决确

切的"well defined"问题。所以,我们确定不能基于上述两种"伪装"定义设计技术路线和伪装判识方法。

经过对大量自助银行 ATM 机视频的分析发现,和人脸伪装相关的案件中,绝大部分伪装为如下三类:墨镜、帽子和口罩。嫌疑人可能佩带其中一个伪装物作案,也可能同时佩带其中两个伪装物作案。因此,可通过检测上述三类伪装物,在检测到其中之一的情况下,即判断存在人脸伪装并向相关人员发出提示信息。如上的技术路线不仅满足银行方的要求,并且是一个建立在" Well defined"的定义基础上的相对容易解决的问题。

本节提出的方法采取了一种先检测后剔除的技术方案,即算法的首要目标是能检测出绝大部分的伪装人脸区域,然后再利用其他手段进行误报(本来无伪装而被错判为伪装的结果)的剔除。这种技术路线的优点在于它首先保证了算法的漏报率能够达到应用的要求,而之后的误报剔除方案只需要以降低的误报率和增加的漏报率作为衡量标准进行设计,这样既减少了算法评估的难度,又便于多人同时进行算法设计,大大增强了程序设计的灵活性。

本节提出的方法的全局技术路线如下:方法依次由用户检测模块、墨镜伪装检测模块、口罩伪装检测模块以及帽子伪装检测模块这四个模块组成。方法整体流程如下(图 11.7)。

(1)读取针孔摄像头采集到的图像序列。

(2)通过帧差法和五官检测判断当前图像是否有人,如有人则开始下面三个

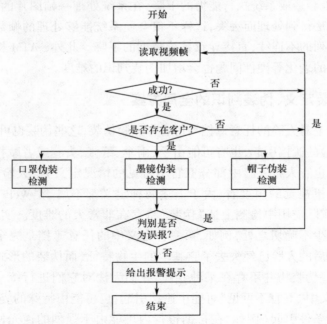

图 11.7　人脸伪装判识的整体流程图

伪装模块,否则继续读取下一帧。

（3）系统检测用户是否存在伪装。若存在伪装则报警,否则读取下一帧。

11.2　人脸伪装判识方法

本节将分别介绍人像检测（人像定位）,墨镜、口罩以及帽子伪装检测,人脸伪装误报结果的剔除等步骤。我们设计的人脸伪装判识方法的实现,实际上就是这几个步骤的顺序执行。

11.2.1　人像定位

人脸伪装判识方法的第一步是检测视频帧中是否存在人像。人脸伪装判识方法的设计阶段提出如下要求:当取款机前没有用户的时候,不需进行伪装检测,这样既可以节约系统资源,也可以减少由背景产生的误报。为达到该要求,方法首先确定图像序列中是否存在人体或人头。只有当存在人体或人头时,方法才执行后续的伪装判识步骤。我们设计了两种人体和人脸定位方法:基于运动信息的人体定位方法和基于五官检测的人头定位方法。

11.2.1.1　基于运动信息的人体定位方法

该方法利用人体特有的运动信息将视频中运动人体和静止的背景进行分离。当前运动目标的检测方法主要有三类:背景差分法、光流法和帧间差分法。

（1）背景差分法。首先提取图像序列中的背景,然后根据视频序列图像中亮度的变化对视频中的运动目标进行检测。

（2）光流法。给图像中的每一个像素点赋予一个速度向量,由此形成一个图像运动场,在一个特定时刻,该图像上的点与三维物体上的点一一对应,这种对应关系可由投影关系得到,根据各个像素点的速度向量特征对图像进行动态分析。

（3）帧间差分法。通过对视频图像序列中相邻两帧作差分运算来获得运动目标轮廓。当监控场景中出现异常物体运动时,帧与帧之间会出现较为明显的差别,将两帧相减得到两帧图像亮度差的绝对值,并通过判断它是否大于阈值来确定图像序列中有无运动物体。

在这三种方法中背景差分法简单且速度较快,但其存在背景获取困难、受光照影响严重和更新困难等问题。光流法虽然能够适用于静态背景和动态背景两种环境,有较好的适应性,但是其计算复杂度高,运算时间开销很大,不能满足我们系统设计的实时性要求。帧间差分法对光线等场景变化不太敏感,能够较好适应各种动态环境,且计算速度较快。综合以上因素,我们采用帧间差分法对运动的人体进行检测。由于进入自助银行的运动目标绝大部分均是人,因此,可简单地认为检测到的运动目标均为人像。

根据实际情况对传统帧间差分法做了改动。传统的帧间差分法对两帧图像亮度差的绝对值进行阈值化处理,而我们将求取最近 10 帧帧差图像的平均值,并对其进行阈值分割。这种改进方法的意义在于,它可以突出持续变化的区域而弱化由光照变化等其他因素产生的伪运动区域。算法的具体设计过程如下。

(1) 对序列图像进行高斯平滑预处理,去掉图像随机噪声,以克服噪声对图像处理结果的干扰。

(2) 在视频图像序列中选取连续的两帧图像,做绝对差值图像。

(3) 求取最近 10 帧绝对差值图像的均值,并进行阈值分割,提取图像中运动较为剧烈的区域。

(4) 对阈值图像进行中值滤波以去掉二值图像的噪声。

(5) 过滤轮廓较小的区域(多为光照等噪声干扰)。将轮廓面积超过一定阈值的区域作为检测到的人像部分。

尽管帧差法对运动物体的检测表现出了较好的性能,但它也存在一定的缺点:首先,它不能提出对象的完整区域,只能提取边界;其次,对慢速运动的物体,通常需要较大的时差才能有效提取出运动信息。在实际场景中对 ATM 进行操作的用户处于静止状态时,基于帧差法的检测会失效。所以我们在该方法的基础上使用了基于五官检测的人脸定位方法。

11.2.1.2 基于五官检测的人脸定位

五官检测是通过检测图像帧中是否存在眼睛、鼻子和嘴巴这些人脸特有的特征来确定该图像帧中是否存在人像。我们使用基于 Haar 特征的 Adaboost 分类器对五官进行提取,并根据五官位置分割人脸区域。我们设计这一算法的另一目的是以此作为后续伪装判别正确与否的依据,即当算法可以清晰检测到眼睛时,则不认为人脸的该区域存在遮挡,如果算法在图像中检测到嘴部,则不认为该区域存在口罩伪装。图 11.8 为五官(眼睛、鼻子和嘴巴)检测的效果图。

图 11.8　五官检测效果图

11.2.2　基于 Haar 分类器的伪装检测

当系统检测到有用户对取款机进行操作时,则对该用户的人像是否存在伪装进行判别,即利用基于 Haar 特征的 Adaboost 分类器对人像进行伪装检测。Adaboost 分类器具有自适应性强、速度快且不需任何关于弱学习器性能的先验知识的优点,所以非常容易应用到实际问题中。

　　Paul Viola 于 2001 年提出了一种快速的利用 Adaboost 分类器进行人脸检测的方法。这种方法在人脸检测时包含以下四个关键点:将矩形图像区域的 Haar 特征作为方法的输入;使用积分图像技术加速 Haar 输入特征的计算;使用 AdaBoost 机器学习方法创建两类分类器问题的弱分类器节点;将弱分类器节点组成筛选式级联组合。第一组分类器是最优的,能通过包含待检测物体的图像区域,同时也允许一些不包含待检测物体的图像通过。第二组分类器为次优分类器,也具有较低的拒绝率,以此类推。在使用分类器进行测试的时候,只要图像区域通过了整个级联,则认为该区域内包含待检测物体。

11.2.2.1　Haar 特征的提取

　　Haar 特征提取图像的"块特征",因此它较适用于外表有区别的物体的检测,由于其在人脸识别系统中表现出优越的性能而得到广泛使用。Haar 特征根据其形状(图 11.9)的不同可分为三类:边缘特征、线性特征、中心特征和对角线特征。图中第一行为边缘特征,第二行、第三行为线性特征,第四行为中心对角特征。特征模板内有白色和黑色两种矩形,我们利用白色矩形区域的像素和减去黑色矩形区域的像素和得到 Haar 特征值。Haar 特征值可由原始图像的积分图快速得出。在确定了特征形式后 Harr 特征的数量就取决于训练样本图像矩阵的大小。

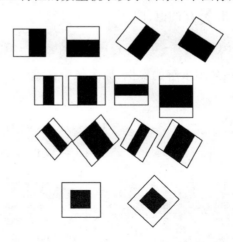

图 11.9　Haar 特征

11.2.2.2　基于积分图方法的快速特征计算

　　所谓积分图像其实就是对原图进行一次双重积分后所得的图像,其计算公式为

$$f'(x,y) = \int_0^y \int_0^x f(x',y')\,\mathrm{d}x'\mathrm{d}y' \tag{11.1}$$

式中:$f(x',y')$表示原始图像;$f'(x,y)$表示积分图像。

在图像处理领域,我们所处理的对象是离散的像素点,因此积分过程可表示为像素点的累加求和,即积分图中一个像素点的值为原图中该点的上面和左面的所有像素值的和,因此在点(x,y)的积分图像的计算方法可以表示为

$$ii(x,y) = \sum_{x' \le x, y' \le y} i(x',y') \tag{11.2}$$

假设要计算图 11.10 中各个点的积分图,可将其表示如下:

像素点(x_1,y_1)的积分图:$ii(x_1,y_1) = \sum A$;

像素点(x_2,y_1)的积分图:$ii(x_2,y_1) = \sum A + \sum B$;

同理,像素点(x_1,y_2)的积分图:$ii(x_1,y_2) = \sum A + \sum C$。

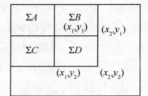

图 11.10　积分图

这样,就可以计算出$\sum D$的值,即

$$\sum D = ii(x_2,y_2) - ii(x_2,y_1) - ii(x_1,y_2) + ii(x_1,y_1) \tag{11.3}$$

图 11.11 显示了积分图求解的实例,原图像中任意一矩形块的像素和都可以通过如下公式计算,即

$$\sum_{x_1 \le x \le x_2} \sum_{y_1 \le y \le y_2} \left[i(x,y) \right] = ii(x_2,y_2) - ii(x_1-1,y_2) -$$
$$ii(x_2,y_1-1) + ii(x_1-1,y_1-1)$$

1	2	5	1	2
2	20	50	20	5
5	50	100	50	2
2	20	50	20	1
1	5	25	1	2
5	2	25	2	5
2	1	5	2	1

积分图

1	3	8	9	11
3	25	80	101	108
8	80	235	306	315
10	102	307	398	408
11	108	338	430	442
16	115	370	464	481
18	118	378	474	492

图 11.11　积分图的求解实例

11.2.2.3　AdaBoost 分类方法

AdaBoost 是一种性能优异的模式分类算法，其原理是通过 T 个简单的、精度比随机猜测略好的弱分类器（即为弱学习规则 $h_1, \cdots, h_T$）来构造出一个高精度的强分类器。理论证明，只要每个弱分类器分类能力比随机猜测要好，当其个数趋向于无穷时，强分类器的错误率将趋向于零。AdaBoost 分类器具有自适应性强且不需任何关于弱学习器性能的先验知识的优点，所以非常容易应用到实际问题中。

AdaBoost 算法在训练过程中会调整每个训练样本对应的权重。算法的初始化步骤赋予每个训练样本相同的权重，算法然后在此样本分布下训练出一个弱分类器 $h_1(\boldsymbol{x})$。对于被 $h_1(\boldsymbol{x})$ 错分的样本，算法增加其对应样本的权重；对于正确分类的样本，则降低其权重。这样可以增强被错分样本的影响力，并得到一个新的样本分布。同时，算法也根据错分的情况赋予 $h_1(\boldsymbol{x})$ 一个权重，用以表示该弱分类器的重要程度，该权重的设置原则为错分样本越少权重越大。在新的样本分布下，算法再次对弱分类器进行训练，得到弱分类器 $h_2(\boldsymbol{x})$ 及其权重。依次类推，经过 T 次这样的循环，就得到了 T 个弱分类器，以及 T 个对应的权重。最后把这 T 个弱分类器按一定权重累加起来，就得到了最终所期望的强分类器。

AdaBoost 算法的具体描述如下：

令 X 表示样本空间，Y 表示样本类别标识集合。若是二值分类问题，则 $Y = \{-1, +1\}$。令 $S = \{(x_i, y_i) | i = 1, 2, \cdots, m\}$ 为训练样本集，其中 $x_i \in \boldsymbol{X}, y_i \in \boldsymbol{Y}$。

将 m 个样本的权值初始化为 $D_t(i) = 1/m$，即令样本具有相同的权值。$D_t(i)$ 表示在第 t 轮迭代中赋给样本 (x_i, y_i) 的权值。令 T 表示迭代的次数。算法伪代码如下：

For t =1　to T do

根据样本分布 D_t，通过对训练集 S 进行（有放回）抽样产生训练集 S_t；

在训练集 S_t 上训练分类器 h_t；

用分类器 h_t 对原训练集 S 中的所有样本分类，得到本轮的分类器 $h_t : \boldsymbol{X} \rightarrow \boldsymbol{Y}$，并用下式计算错分样本的权重和，即

$$\varepsilon_t = \sum_{i:h_t(x_i \neq y_i)} D_t(i) \tag{11.4}$$

令 $\alpha_t = 1/2\ln[(1-\varepsilon_t)/\varepsilon_t]$，用下式更新每个样本的权值，即

$$D_{t+1}(i) = \frac{D_t(i)}{Z_t} \times \begin{cases} e^{-\alpha_t}, & h_t(x_i) = y_i \\ e^{\alpha_t}, & h_t(x_i) \neq y_i \end{cases} \tag{11.5}$$

式中：Z_t 为正则因子，用来确保 $\sum_i D_{t+1}(i) = 1$。

end for

算法最终的预测输出为

$$H(\boldsymbol{x}) = \text{sign}\left(\sum_{t=1}^{T} \alpha_t h_t(\boldsymbol{x})\right) \tag{11.6}$$

$H(\boldsymbol{x}) = 1$ 表示人脸区域存在伪装，而 $H(\boldsymbol{x}) = -1$ 表示人脸区域不存在伪装。

11.2.2.4　筛选式级联分类器

所有弱分类器将组成筛选式级联结构。由于这样的级联结构依然起分类的作用,因此被称作级联分类器。如图 11.12 所示,每个节点都由多个 boosting 分类器组成,每个 boosting 分类器对应一个 Haar 特征,且具有拒绝无伪装区域的功能。经过最后一个节点的判识后,几乎所有无伪装区域都被拒绝掉,只剩下伪装人脸区域。如果每个节点能够检测 99.9% 的伪装区域并允许其通过,但同时使 50% 的无伪装区域也得以通过,则 20 个节点的正确识别率将为 $0.999^{20} = 98\%$,而错误率仅为 $0.5^{20} \approx 0.0001\%$ 。因此,理论上将节点数设置得越多则错误率将越低,正确识别率也将随之减少。

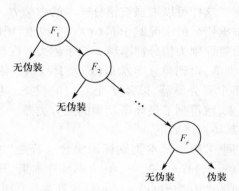

图 11.12　筛选式级联分类器结构示意图

实际应用中,是否级联节点数设置得越多越好呢？我们基于以下几点原则进行考虑。第一,要努力取得正确识别率和误报率的最优平衡。第二,为了检测整幅图像,我们在检测过程中需移动搜索窗口,通过检测每一个位置来检测确定的目标。为了搜索不同大小的目标物体,将分类器设计为尺寸可变的分类器。级联节点数随缩放比例和检测窗数目的增加而增加,而每增加一个级联节点都可能造成分类速度的严重下降;因此,算法设计在保证精度的同时,必须考虑到分类器对系统速度的影响。第三,同一级联分类器应用于不同问题时,其性能可能存在较大的差异。此外,节点数的增多也许能够保证分类器在训练集上得到更好的效果,但在实际检测中可能存在过学习的现象。因此,级联的节点个数要依据实际的应用需求进行限定。结合以上三点原则并通过实验测试,我们将分类器节点个数设定为 20。

11.2.2.5　正负样本的选取

我们问题中的训练样本包含两个类别,即正样本(即脸部存在伪装区域的样本)和负样本(即不属于正样本的其它任何样本)。在训练过程中正负样本的采集直接影响着系统性能的好坏,因此无论是样本的选择还是样本数量的多少,都要进行精心的规划。图 11.13 显示了训练过程中所用到的三个正样本。下面对分类器训练过程中的几点经验进行总结。

  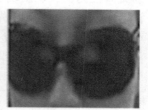

帽子正样本　　　　　　　口罩正样本　　　　　　　墨镜正样本

图 11.13　正样本示例

（1）要保证光照和背景的多样性。为保证光照多样性,样本采集过程应尽量选取不同的时间段。

（2）正样本要包含适量的背景和噪声。通过对多个分类器训练效果的比对,我们发现,正样本中一定要加入背景像素且数目要适中。如果背景像素太多,分类器将会把背景也作为特征的一部分。如果背景像素太少,尽管分类器对样本集的测试效果会有所增强,但其泛化能力可能反而减弱。另外,在正样本中加入少量的噪声也能提高分类器的泛化能力,这样能够使分类器在多数情况下有较好的检测效果。

（3）负样本要保证足够的多样性。负样本可以是不包含目标物体的任何图片,它的范围广泛且无法明确定义,因此必须保证负样本的多样性,使其尽可能多地代表外部世界的其它物体,否则训练出来的分类器将会出现大量的误报。

（4）正负样本的数量比例要适当。对于我们的问题,正负样本的数量比例设置为 1∶3 ~ 1∶2 较为合适。如果负样本较少则可能造成分类器误报增多,还有可能导致 Adaboost 算法因过早达到收敛条件,从而提前退出学习过程。如果负样本过多则可能导致算法难以达到收敛条件,造成学习时间过长。

11.2.2.6　实验结果

图 11.14 显示了基于 Haar 特征的筛选式级联分类器的三类伪装检测模块的检测效果。

图 11.14　Haar 分类器伪装检测效果图

通过筛选式级联分类器我们能够检测到视频中大部分的伪装,但是单纯使用 Haar 分类器检测伪装也出现了很多误报。我们将用多种方法进行误报剔除。其中一个最直接的方法是利用先验知识制定一些规则来去除误报(表 11.1)。例如,我们可通过对检测到的伪装区域设置面积阈值和长宽比阈值来剔除一些明显的误报。下一节将介绍详细的伪装误报剔除步骤。

表 11.1　各类伪装检测模块使用的训练样本情况

	墨镜	帽子	口罩
正样本数量	1765	2409	3346
负样本数量	5187	6755	6504
归一化数量	20 * 10	20 * 20	40 * 40

11.2.3　对误报的分类

如前文所述,我们采取一种先检测后剔除的技术路线,其中检测阶段以相对宽松的条件得出"伪装"人脸。这些人脸中有的真正存在伪装,而有的则是被"误报"为伪装。因此,需要采用一些措施来剔除检测阶段得到的误报结果。

我们将分类器产生的所有误报分为四种类型:墨镜误报;帽子误报;口罩误报;背景误报。

帽子误报大体分为以下三类。类别 1 为额头误报(图 11.15(a)),这种误报位于人像头顶区域,但有大面积的像素仍属于面部。类别 2 为头发误报(图 11.15(c)),这种误报多由人的下视姿态造成,此时人像面部特征已很不明显,而误报区域又与正确报警极为相似,因此其剔除难度较大。类别 3 为身体其它部分的误报(图 11.15(b)),这种误报极少出现,因此不是研究的重点。

（a）　　　　　　　　　　（b）　　　　　　　　　　（c）

图 11.15　帽子误报结果图

主要的墨镜误报也分为三个类别。类别 1 为低头时的人眼误报(图 11.16(a)),此时的误报区域和真实墨镜的图像较为相似,因此剔除难度较大。类别 2 是正面人眼区域的误报(图 11.16(b)),这种情况下的误报区域有较多的像素为肤色像素,剔除难度相对小一些。类别 3 是身体其他部分的误报(图

  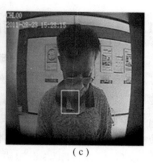

（a）　　　　　　　　　　（b）　　　　　　　　　　（c）

图 11.16　墨镜误报结果图

11.16(c))，此类误报较少。

口罩误报也可分为三类。类别 1 是额头的误报（图 11.17(a)），这种误报区域的边缘信息与真实口罩的边缘信息较为相似，但这种情况并不多见。类别 2 是正常人脸误报（图 11.17(b)），这种误报多由嘴部图像的模糊造成，是口罩误报的主要情况。类别 3 是身体其他部分的误报（图 11.17(c)），此种误报较少。

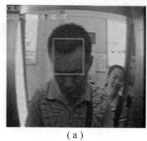 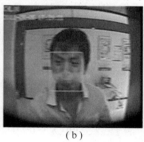 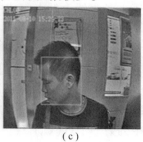

（a）　　　　　　　　　　（b）　　　　　　　　　　（c）

图 11.17　口罩误报结果图

背景误报是指将背景中的某个区域判识为存在伪装的人脸。图 11.18(a)、(b)、(c)分别是将背景中的某个区域判识为被帽子伪装的人脸、被墨镜伪装的人脸和被口罩伪装的人脸的检测结果的情况。背景误报的特点是：由于环境始终存在，因此这种误报在一个自助银行网点可能出现很多次。

（a）　　　　　　　　　　（b）　　　　　　　　　　（c）

图 11.18　背景误报图片

11.2.4 基于直线检测的背景误报剔除方法

通过对大量背景误报的观察,我们发现大部分误报图片都具有明显的直线信息,这是由 ATM 机特殊的背景引起的。在 ATM 机的背景中,经常有墙壁、门窗和地面广告牌等物体的出现,这些物体的轮廓常常由直线构成。尽管正确报警中的帽檐和口罩与人脸的交汇处也都大体呈现直线状,但是它们多是弯曲的,并没有环境中的物体那么直,因此,本节采取了一种基于霍夫变换直线检测的误报剔除方法,这种方法对墨镜检测模块中的背景误报的剔除效果极为明显。

11.2.4.1 霍夫变换直线检测算法

霍夫变换是图像处理中识别几何形状的一种重要方法,在图像处理中有着广泛应用;霍夫变换不受图形旋转的影响,易于进行几何图形的快速变换。

利用霍夫变换进行直线检测的基本思想如下。假设图像中存在直线边缘,在图像中检测出 n 个边缘点后,为了找到最有可能的直线,应首先找到这些点中可能位于一条直线上的点组成的子集,然后再对这些点进行连接。

在平面直角坐标系$(x-y)$中,一条直线可以用方程 $y = kx + b$ 表示,对于直线上一个确定的点(x_i, y_i),有 $y_i = kx_i + b$。对于不同的 k 和 b,在直角坐标系中都对应着不同的直线,因此通过点(x_i, y_i)的直线有无数条。然而,如果把该等式写成 $b = -x_i k + y_i$ 的形式,则可以在参数空间$(k-b)$得到对应于(x_i, y_i)点的唯一一条直线,因此直角坐标系中的一个点对应参数平面的一条直线。此外,平面直角坐标系中的另一个点(x_j, y_j)也对应着参数空间$(k-b)$中的另一条直线。(x_i, y_i) 和 (x_j, y_j)在参数空间中所对应的两条直线交于(k', b'),则直线 $y = k'x + b'$即为点(x_i, y_i)和(x_j, y_j)点在直角坐标系统所确定的直线。该直线上所有点在参数空间中都有通过点(k', b')的直线。图 11.19 显示了$(x-y)$空间到$(k-b)$空间的变换过程:

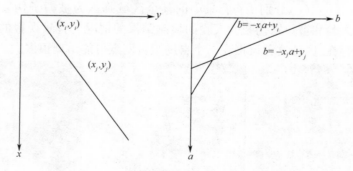

图 11.19 $(x-y)$空间到$(k-b)$空间的变换

由于直线的斜率可能为无穷大,或者无穷小,因此,在$(k-b)$参数空间不便于对直线进行刻画和描述。解决这一问题的一种方法是使用直线的如下标准式,即

$$x\cos\theta + y\sin\theta = \rho \tag{11.7}$$

此时的参数空间为(θ,ρ)，在霍夫变换的实现过程中，首先要将参数空间分割成多个累加器单元，用$(\theta_{max},\theta_{min})$，$(\rho_{max},\rho_{min})$表示$\theta$和$\rho$的取值范围，并通过对参数平面的细分程度对共线性的精度进行调整。位于(θ_i,θ_j)的单元具有累加值$A(\theta_i,\theta_j)$。对于平面中每一个边缘点(x_k,y_k)，令参数θ等于θ轴上每一个允许的细分值，当θ取值为θ_k，则将x_k、y_k和θ_p代入等式（11.7）中，得出对应的ρ值，通过四舍五入得到其在ρ轴中最近似的值ρ_q，并将θ_p、ρ_q对应的累积单元加1，即$A(\theta_p,\rho_q) = A(\theta_p,\rho_q) + 1$。

应用霍夫变换进行直线检测的具体步骤如下。

（1）使用canny边缘检测算法对图像进行边缘检测，或对图像梯度图进行阈值化处理，得到一幅二值边缘图像。

（2）根据直线共线精度对θ轴和ρ轴进行细分，并建立累加数组$A[\theta,\rho]$，数组中每个元素都是一个累积单元。

（3）对二值图像中的每个点(x,y)，让θ取遍θ轴上所有可能的值，并根据式（11.7）和$A(\theta_p,\rho_q) = A(\theta_p,\rho_q) + 1$对累加数组$A[\theta,\rho]$进行设置。

（4）对数组$A[\theta,\rho]$进行局部峰值检测，当某个累加单元的累加值超过一定阈值则返回被检测直线的参数θ、ρ。

（5）检测选择的单元中像素之间的关系，如果一个点和它最接近的相邻点之间的距离超过某一阈值，则认为这两点是不连续的。

11.2.4.2　霍夫变换在方法中的应用

在实际应用中，算法通过霍夫变换返回检测到的直线，如果检测到的最长直线的长度超过了某个阈值，则证明该检测结果为误报。由于在帽子的帽檐和口罩与人脸的边缘部分也存在直线信息，因此，算法对这两个检测模块中背景误报判别条件的设置要严格一些，具体做法为通过增大θ轴和ρ轴的细分程度来增强直线共线的精度，通过增大累加单元的阈值来控制直线子集最小的像素个数和相关度。而真正的墨镜在图像中的直线很少，所以判别条件的设置相对宽松。本部分算法的流程如下。

（1）在级联分类器检测得到的"伪装人脸"区域做canny边缘检测；

（2）对边缘进行基于霍夫变换的直线检测，并返回各直线；

（3）去除冗余直线并获取最长线段；

（4）对最长直线的长度进行门限处理，如果该长度超过门限值，则认为 级联分类器检测得到的"伪装人脸"区域为背景误报。图11.20为上述步骤的结果示例。

11.2.5　基于镜桥检测的墨镜误报判别方法

通常情况下，当人脸存在墨镜遮挡的时候，人脸和镜框之间的灰度值会出现高度的不连续性。我们将镜框与人脸的边界分为三部分：上边界、下边界和两眼之间

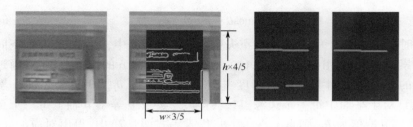

图 11.20　背景误报剔除方法的结果示例

的镜桥部分。由于受眉毛和睫毛的影响,对于正常人眼被误报为墨镜的图片,眼部的上下部分也会存在明显的边缘信息,因此,正常人眼和墨镜的图像在上下边界的边缘区分度要明显弱于在镜桥区域的边缘区分度。我们可通过设定阈值来检测是否存在镜桥,并据此剔除部分墨镜误报。

11.2.5.1　镜桥定位

利用如下步骤定位出镜桥的大致位置。

(1) 将源图像转化为灰度图。

(2) 对灰度图进行灰度垂直投影。垂直投影曲线 $PV(x)$ 表示为

$$PV(x) = \frac{1}{y_2 - y_1} \sum_{y=y_1}^{y_2} I(x,y), \ x \in (x_1, x_2) \tag{11.8}$$

(3) 以投影图像中线位置为起始点,利用线性梯度算法找到附近的波峰值,将其作为双眼之间连线的垂线的中心位置(图 11.21)。

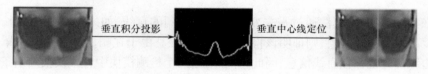

图 11.21　双眼之间连线的垂线的确定

(4) 对灰度图进行灰度水平投影(图 11.22)。水平投影曲线 $PH(y)$ 表示为

$$PH(y) = \frac{1}{x_2 - x_1} \sum_{x=x_1}^{x_2} I(x,y), \ y \in (y_1, y_2) \tag{11.9}$$

图 11.22　水平中心线定位结果图

求取水平投影图的重心位置,并将该位置作为双眼水平中心线的位置。

(5) 垂线与水平中心线的交点即为双眼之间连线的中心位置。

（6）以双眼之间连线的中心位置为矩形中心,做宽为 $w/4$、高为 $h/2$ 的矩形(w 与 h 分别是级联分类器检测得到的存在墨镜的"伪装人脸"图像的宽与高),认为该矩形区域为镜桥的图像。"镜桥"定位结果的示例如图 11.23 所示。

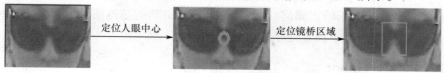

图 11.23　"镜桥"定位结果图

11.2.5.2　基于梯度的镜桥判别

在定位出"镜桥"区域之后,使用 3×3 的 Sobel 边缘检测算子对该区域进行检测,利用如下公式得到每个点 (x,y) 的梯度大小与梯度方向,即

$$G = \sqrt{G_x^2 + G_y^2}, \theta = \arctan(G_y, G_x) \tag{11.10}$$

式中: G_x 和 G_y 分别表示"镜桥"区域图像在点 (x,y) 处的水平方向上的一阶导数和垂直方向上的一阶导数。分别设定 G 和 θ 的取值范围,如果落在这一范围内的像素点超过一定的数量,则认为存在真正的墨镜伪装,否则认为级联分类器检测得到的存在墨镜的"伪装人脸"图像为误报。

11.2.6　基于对称差分的墨镜伪装判别方法

通过分类器所检测出的墨镜伪装为一个矩形区域(图 11.24)。对称差分模板以该矩形框图两条竖线的中点为中心(图 11.24),做两个小的矩形区域,其中小矩形框的宽约为大矩形的 0.45 倍,高约为大矩形的 0.25 倍。对于真正的墨镜图像,每个小矩形框内的像素灰度值分布较为稳定,不会存在太大的差异,而且左右两个小矩形区域基本上是对称的;利用这两个特性设计如下算法。

图 11.24　对称差分模板的图示

分别计算两个小矩形框内像素在 RGB 通道的方差值,并累加求和,如果其大于某一阈值,则将认为前期检测得到的墨镜图像为误报。

分别计算两个小矩形区域内对应位置上像素在 RGB 三通道的灰度的差值,并累加求和,当该值大于给定阈值,则认为前期检测得到的墨镜图像为误报。这种方法在背景误报的消除中具有良好的效果。

11.2.7 基于 Gabor 滤波的墨镜误报判别

本节所介绍的墨镜误报剔除算法对正面人眼被误报为"墨镜"的情况可进行比较有效的判识。该算法实际上为一个基于 Gabor 变换的眼部区域增强算法,它能增强正常人眼部分睫毛与眉毛之间的眼皮区域。算法使用基于最大类间方差的阈值分割方法对增强后的图片进行分割,以此对正面人眼误报和正确的墨镜报警进行区分。

11.2.7.1 Gabor 滤波器简介

在图像处理领域,Gabor 滤波器常常被用来进行边缘检测。Gabor 滤波器在频率和方向上的描述与人眼视觉系统极为相似,在纹理识别的应用中已取得了较好的效果。在空间域中,二维的 Gabor 滤波器是一个由正弦波调节的高斯核函数。换言之,Gabor 滤波器的冲激响应是由调和函数与高斯函数的乘积定义的,根据卷积的乘法性质,Gabor 小波冲激响应的傅里叶变换可以分解为调和函数的傅里叶变换与高斯函数傅里叶变换的乘积。Gabor 函数是一个复值函数,因此 Gabor 滤波器可分为实部和虚部两个部分。实部和虚部既可以结合起来使用,也可以单独使用,实部和虚部的计算公式分别为

$$g(x,y;\lambda,\theta,\psi,\delta,\gamma) = \exp\left(-\frac{x'^2 + \gamma^2 y'^2}{2\delta^2}\right)\cos\left(2\pi\frac{x'}{\lambda} + \psi\right) \tag{11.11}$$

$$g(x,y;\lambda,\theta,\psi,\sigma,\gamma) = \exp\left(-\frac{x'^2 + \gamma^2 y'^2}{2\sigma^2}\right)\sin\left(2\pi\frac{x'}{\lambda} + \psi\right) \tag{11.12}$$

Gabor 函数也常写为同时包含实部和虚部的如下混合形式,即

$$g(x,y;\lambda,\theta,\psi,\delta,\gamma) = \exp\left(-\frac{x'^2 + \gamma^2 y'^2}{2\delta^2}\right)\exp\left(i\left(2\pi\frac{x'}{\lambda} + \psi\right)\right) \tag{11.13}$$

其中

$$x' = x\cos\theta + y\sin\theta, y' = -x\sin\theta + y\cos\theta$$

在式(11.11)~式(11.13)中,λ 代表正弦函数的波长,θ 代表垂直于 Gabor 函数平行条纹的方向,ψ 为相位偏移,σ 代表 Gabor 变换中高斯窗口的宽度,而 γ 为高斯窗口的长宽比。

11.2.7.2　Gabor 空间和图像增强

Gabor 滤波器是与 Gabor 小波直接相关的,因此根据 Gabor 小波窗膨胀程度和旋转方向的不同,Gabor 滤波器存在多种形式。然而,通常情况下,由于对 Gabor 小波进行膨胀需要计算双正交的小波,这种运算极其耗费时间;因此在实际应用中,我们很少采用小波膨胀的方式。

通常情况下,根据 Gabor 核函数尺度和方向的不同,我们可以建立不同的 Gabor 滤波器。我们使用 4 个尺度,8 个方向(Orientation)对 Gabor 空间进行划分,并得到 32 个核函数。在每次变换中,都可能从变换结果中提取有用的特征,例如,可将变换结果的均值和方差作为特征进行提取。但是,我们更注重 Gabor 滤波器对图像进行增强的结果,因此,通过对 32 种 Gabor 变换结果的观察,选择使用尺度 scale = 3、方向 orientation = $4\pi/8$ 的 Gabor 滤波器对图像进行增强。图 11.25 和图 11.26 分别显示了正面人眼误报区域和检测得到的真实墨镜图像在 scale = 3 时,不同方向下的 Gabor 滤波结果图。从结果看出,正面人眼在睫毛和眉毛之间的眼皮区域的图像得到了明显的增强。

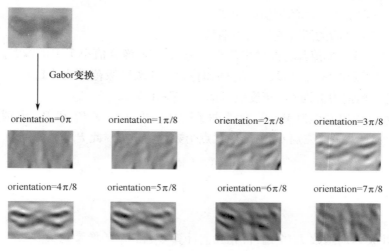

图 11.25　正面人眼误报区域在各方向上 Gabor 滤波效果

11.2.7.3　最大类间方差阈值分割

要想对检测得到的"墨镜伪装"进行误报剔除,我们需在 Gabor 滤波之后进一步提取其中的物理量作为判别特征。通过实验发现,人眼睫毛与眉毛之间的眼皮部分得到了明显的增强,而且眉毛和睫毛位置的梯度信息体现得也更为明显。针对这种情况选用了阈值分割的方法进行误报剔除。此处首先介绍一种基于最大类间方差的阈值分割方法。这种方法使用了模式识别领域经典的两类分类的如下设

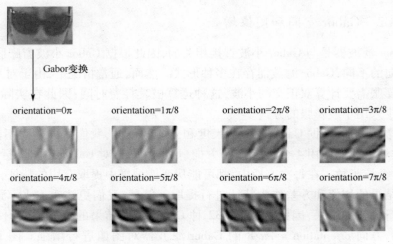

图 11.26　检测得到的真实墨镜图像在各方向上 Gabor 滤波结果

计思想：设定一个物理量的两类分类阈值时，类间方差越大越好，类内方差越小越好。算法步骤如下：

（1）给定所需计算的阈值区间 $T = [T_0, T_n]$。

（2）对该区间的所有点做如下遍历。

① 对于每个 T 值都将图像中的点分为两部分，像素值小于 T 的像素点标记为类别 C_1，对于灰度级为 $[1,2,\cdots,L]$ 的图像，C_1 的灰度级范围为 $[1,2,\cdots,T]$。大于 T 值的点标记为类别 C_2，灰度级范围为 $[T+1,T+2,\cdots,L]$。

② 假设图像大小为 $M \times N$，计算两类问题的发生概率 P_1 和 P_2，类别 C_1 中的像素点个数计为 N_1，类别 C_2 中的像素点个数计为 N_2，因此 P_1、P_2 分别为

$$P_1 = N_1 / (M \times N)$$

$$P_2 = N_2 / (M \times N)$$

且 $P_2 = 1 - P_1$。

③ 计算判别函数 $J_F(T)$。首先我们计算 C_1 和 C_2 的像素均值 μ_1、μ_2。用 μ 表示图像的整体均值。此时，有

$$\mu = P_1 \cdot \mu_1 + P_2 \cdot \mu_2 \tag{11.14}$$

类间方差 S_b^2 的计算公式为

$$S_b^2 = P_1 \cdot (\mu_1 - \mu)^2 + P_2 (\mu_2 - \mu)^2 \tag{11.15}$$

将上述两个公式合并得到 S_b^2 的计算公式为

$$S_b^2 = P_1 \cdot P_2 \cdot (\mu_1 - \mu_2)^2 \tag{11.16}$$

类内方差的计算公式为 $S_w^2 = P_1 \cdot \sigma_1^2 + P_2 \cdot \sigma_2^2$，其中 σ_1^2 与 σ_2^2 分别为 C_1 与 C_2

中像素值的方差。判别函数设计为 $J_F(T) = S_b^2/S_w^2$。

（3）在遍历了 $[T_0, T_n]$ 中的所有点后，最佳阈值的设置准则是图像按照该阈值分为 C_1 和 C_2 两类后满足

$$J_F^*(T) = \max\{S_b^2/S_w^2\} \qquad (11.17)$$

真实墨镜图像的 Gabor 变换图像大部分区域处于低灰度值范围，在阈值化图像中表现为黑色像素点，如图 11.27 所示。在被误报是存在墨镜伪装的正常人脸图像的 Gabor 变换图像中，仅有眉毛和睫毛部分的像素处于低灰度值范围，因此阈值化图像中的黑色像素点较少，如图 11.28 所示。算法将二值化图像中黑色像素点与整个报警区域面积的比例值作为误报判定依据，如果该比例值小于 50%，则判定为误报，否则最终将其判定为存在墨镜伪装。

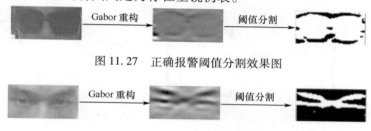

图 11.27　正确报警阈值分割效果图

图 11.28　正面人脸阈值分割效果图

11.2.8　基于聚类分析的帽子误报判别

我们设计了一种基于聚类分析的剔除帽子误报的方法，这种方法使用 K 均值聚类将"伪装区域"与背景分割开来，从而提取出帽子的基本形状与轮廓，并做出进一步的分析。

11.2.8.1　算法描述

本部分算法的具体描述如下。

（1）将彩色图片 RGB 向量作为输入进行 K 均值聚类（$K=2$），把低平均灰度的一类作为新掩膜。

（2）使用 3×3 的十字结构元素对聚类后的图片腐蚀两次。

（3）对于经过腐蚀后的图片，提取其最大连通区域。

（4）对最终结果利用四个误报判别条件来剔除误报情况。图 11.29 给出了基于聚类分析的帽子误报判别流程示意图。

11.2.8.2　K 均值聚类

K 均值聚类作为本部分算法的核心算法，用来将"帽子"和背景进行分离。K 均值聚类用于图像分割具有直观、快速、易于实现的特点。它的主要思想是：找到

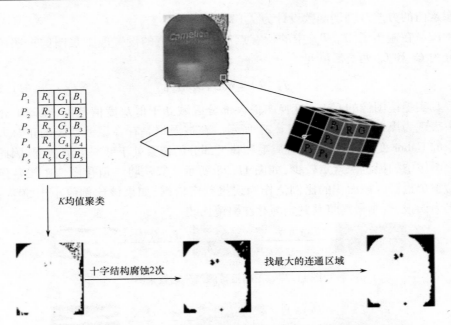

图 11.29　基于聚类分析的帽子误报判别流程示意图

K 个均值向量 $\boldsymbol{\mu}_1,\boldsymbol{\mu}_2,\cdots,\boldsymbol{\mu}_K$，并使聚类集中每一个样本点到该类中心距离平方之和达到最小，以此实现非监督的实时聚类。聚类算法表示如下：

（1）初始化。选 K 个聚类中心 $\boldsymbol{\mu}_1(1),\boldsymbol{\mu}_2(1),\cdots,\boldsymbol{\mu}_K(1)$，其中括号内的序号是寻找聚类中心迭代运算的次序号，初始聚类中心向量可任意设置，通常情况选择开始的 K 个样本向量作为初始聚类中心。设定迭代终止条件，常用的终止条件有最大循环次数和聚类中心收敛误差。

（2）确定各样本所属类别。逐个将需分类的样本 $\boldsymbol{x}$ 按最小距离准则分配给 K 个聚类中心中的某一个。令 $D_i(t)=\parallel \boldsymbol{x}-\boldsymbol{\mu}_i(t)\parallel,i=1,2,\cdots,K$。若 $D_j(t)=\min\{D_i(t),i=1,2,\cdots,K\}$，则认为 $\boldsymbol{x}$ 属于第 j 类，即 $\boldsymbol{x}\in S_j(t)$。t 是迭代运算的次序号，第一次迭代 $t=1,S_j$ 表示第 j 个聚类，其聚类中心为 $\boldsymbol{\mu}_j$。

（3）更新聚类中心。以各聚类域中所包含样本的均值向量作为新的聚类中心，其计算公式为

$$\boldsymbol{\mu}_j(t+1)=1/N_j\sum_{\boldsymbol{x}\in S_j(t)}\boldsymbol{x},\ j=1,2,\cdots,K \tag{11.18}$$

因为本步骤要计算 K 个聚类中的样本均值向量。

（4）判断迭代是否已满足收敛条件，若尚未收敛，则返回（2）。若已收敛，则结束运算。

11.2.8.3　误报判别条件的设定

使用 K 均值聚类分割得到的结果为一幅二值图像，其中帽子部分以白色像素

表示,背景部分以黑色像素表示。对分割后的图像,算法还需要利用一些数值度量值对其进行分类。我们选取了四个物理度量值,并相应地制定了四个误报剔除条件。

剔除条件一:以白色像素数量与检测框内所有像素数量的比值作为误报判别条件,若该值小于 0.5,则判定检测结果为误报(图 11.30)。

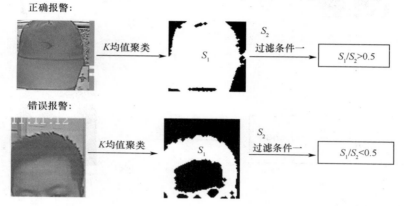

图 11.30　基于聚类分析的帽子误判剔除条件一流程示意图

剔除条件二:对分割后的二值图像进行垂直投影,并对投影图像进行判别,具体剔除条件及算法如下(图 11.31)。

(1) 计算聚类分割所得二值图像的垂直投影图像 $\text{Img}V$。

(2) 取距离图像左端 $W/4$ 距离处的投影值 h_l、距离图像左端 $3W/4$ 距离处的投影值 h_r 及距离图像左端 $W/2$ 距离处的投影值 h_m。

(3) 计算 $\max(|h_l - h_m|/H, |h_r - h_m|/H)$,其中 H 是垂直投影的最大值。若 $\max(|h_l - h_m|/H, |h_r - h_m|/H) > 0.4$,则认为检测出的"帽子伪装"为误报,应剔除。

剔除条件三:根据聚类分割所得二值图像的规则度对误报进行判别。具体实现如下(图 11.32)。

(1) 求取分割图像中前景区域的重心 C。

(2) 求轮廓上所有点到 C 的平均距离 r。

(3) 以 r 为步长遍历轮廓,并求相邻两遍历点到重心的距离之比(大值和小值之比)。

(4) 对上述比值进行阈值判定,如果比值大于阈值 T,说明前景区域不规则,应判定为误报。

剔除条件四:在众多误报图片中有很大一部分误报是由正常人脸引起的,这种误报的特点是检测到的"帽子伪装"图片的上半部分主要为头发,而下半部分主要为肤色区域。由于肤色区域的红色分量相对较为明显,所以我们设计了如下判别过程。

正确报警：

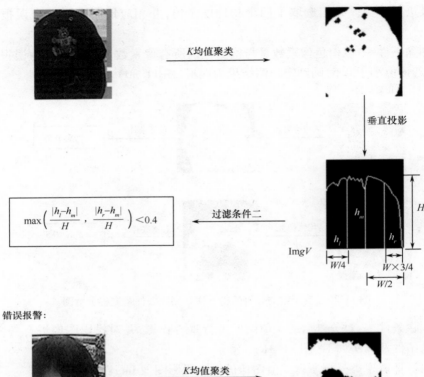

错误报警：

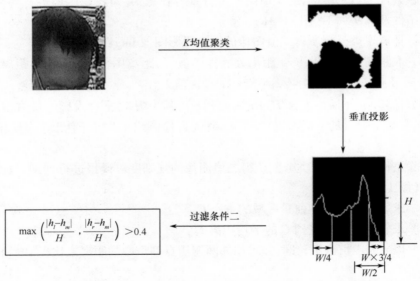

图 11.31　基于聚类分析的帽子误报判别剔除条件二流程示意图

（1）以 K 均值聚类分割所得二值图像作为掩模对原图像进行掩膜运算。

（2）计算前景区域对应彩色图像的三个彩色分量的水平投影。

（3）计算红色通道水平投影下 $1/3$ 的均值 R_d，计算红色通道水平投影上 $1/3$

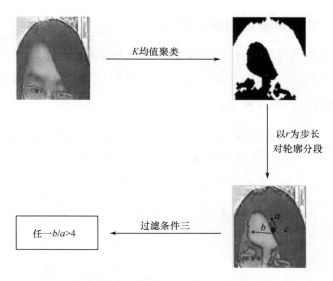

图 11.32　基于聚类分析的帽子误报剔除条件三的流程示意图

的均值 R_u，计算蓝色通道水平投影上 1/3 的均值 B_u。

（4）计算 R_d 与 R_u、R_d 与 B_u 的比值，并根据取值进行误报判别（图 11.33）。

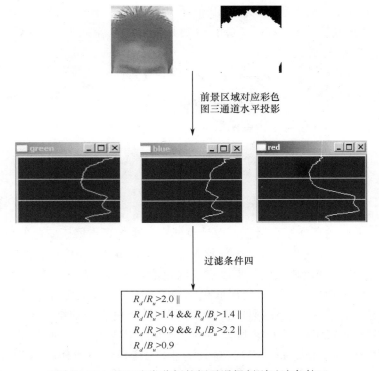

图 11.33　基于聚类分析的帽子误报判别过滤条件四

11.2.9　基于肤色模型的口罩伪装判识

在口罩伪装检测模块中,误报主要是将正常人脸区域错误判识为存在口罩伪装的人脸。我们通过对检测到的伪装区域进行肤色检测来抑制这种误报的发生。

11.2.9.1　肤色模型的建立

首先构造肤色像素在 YCbCr 空间中 Cb、Cr 两个分量的概率密度公式,以此判断待测图像上每个点是肤色像素的概率。不选用 RGB 色彩空间的原因是在 RGB 色彩空间中,R、G、B 成分不仅代表着颜色,还代表着亮度,因此亮度的变化会影响到肤色在 RGB 空间的聚类特征。而 YCbCr 空间具有以下优点。

（1）YCbCr 色彩格式具有与人类视觉感知过程相类似的成像原理。

（2）YCbCr 色彩格式与 HSI 等其他色彩格式相类似,具有将色彩空间中的亮度分量分解出来的优点。

（3）相比其他一些色彩格式,YCbCr 色彩格式的计算过程和空间坐标表示形式比较简单。

为排除光照的干扰,只考虑肤色点在 Cb、Cr 空间的聚类特征。肤色在 Cb、Cr 空间的分布近似服从二维高斯分布 $N(m,\Sigma)$。高斯模型的建立需要通过统计的方法估计出 m 和 Σ 这两个参量,为此,我们手动分割出收集的人脸训练样本中的肤色像素点,并将其转化到 YCbCr 空间,得到其在 Cb、Cr 空间的分量 (Cb',Cr'),并利用下式计算 m 与 Σ 的值,即

$$m = E\{x\}\ (x = (Cb',Cr'))\tag{11.19}$$

$$\Sigma = E\{(x-m)(x-m)^2\}\tag{11.20}$$

通过该方法建立的肤色概率密度函数为

$$P(x) = \exp\left(-\frac{1}{2}(x-m)^{\mathrm{T}}\Sigma^{-1}(x-m)\right)\tag{11.21}$$

11.2.9.2　肤色像素的分割

建立好上文的高斯模型后就可以计算任意一个像素点属于肤色的概率。对每一像素点,算法先将其变换到 YCbCr 空间,令 $x=(Cb,Cr)$,其肤色似然度可通过式(11.21)求得。肤色似然度越大该点是肤色的可能性也越大。我们可以通过上文介绍的大津法阈值分割技术得出肤色部分。然后,通过形态学以及空间滤波的方法对分割后的图像进行降噪处理。图 11.34 是肤色检测的结果图。可以看出,如果取款客户进行了口罩伪装,则其在伪装区域下半部分检测到的肤色像素将明显减少。因此,算法指定如下规则:对分类器检测到的"口罩伪装"区域的下半部分进行判别,如果这一区域肤色像素所占比例超过一定的阈值,则认为前期检测到

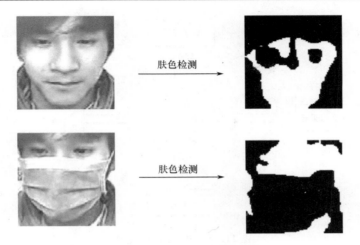

图 11.34　肤色检测效果图

的"口罩伪装"区域为误报,应该予以剔除。

11. 2. 10　其他误报剔除方法

除了上文描述的方法,本文还使用了一些其他的误报判别方法。这些方法并非根据图像处理和模式识别的方有法进行设计,而是从系统的全局规划出发对误报加以限定。例如,我们设计的基于滑动窗口的误报判别方法首先定义了一个大小为 30 的滑动窗口队列,算法每检测一帧都将窗口队列中的队尾元素删除,并将队列中的其他元素依次向后移动一位,如果算法将当前帧判定为伪装,则用 1 对队首元素进行填充,否则将队首元素设定为 0。这样,无论在任何时刻,滑动窗口队列中的元素都记录着近 30 帧的检测情况,而滑动窗口队列所有元素值的总和即为最近 30 帧被判别为存在伪装的帧数。算法中只有当滑动窗口队列元素值之和大于 5 才进行伪装报警,即在最近检测的 30 帧图像中,至少有 5 帧被判定为存在伪装的人脸才进行报警,这种方法对于消除随机误报、提高检测稳定性十分有效。

此外,我们利用图像匹配技术和计数器对取款人的伪装报警次数进行限定,从顾客出现在 ATM 机前到离开 ATM 机这段时间,算法最多只给出一次报警,这样可避免算法对同一顾客产生多次误报的情况。

11.3　系统的实施与评估

11.3.1　系统结构

一个完整的系统需要分为图像采集、传输、存储、处理和显示几个环节。图 11.35是系统结构示意图。

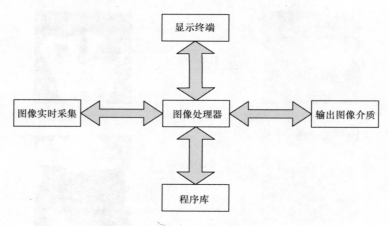

图 11.35　系统结构示意图

图像实时采集是指 ATM 取款机通过内置摄像头实时采集视频，这些视频是整个系统的数据来源。图像处理器在系统中处于核心地位，它对实时采集到的图像帧进行检测和识别。

程序库由图像处理器提供软件支持，程序库采用两种平台，分别为 Windows 和 Linux 平台。Windows 平台以 Win7 为操作系统，C＋＋作为编译语言，VS2008 作为开发环境并结合 OpenCV 视觉库进行开发。Linux 开发平台以 ubuntu 为操作系统，以 Code：：Blocks 作为集成开发环境进行开发。

显示终端将处理后的图像显示在屏幕上，供安保人员进行监控。输出图像介质将检测到的伪装图片进行存储，以方便事后查看和分析。

11.3.2　系统模块设计

系统划分为如下四个模块：顾客（人像）检测模块、墨镜伪装检测模块、口罩伪装检测模块以及帽子伪装检测模块。各模块的设计流程具体介绍如下。

11.3.2.1　顾客检测模块的设计

该模块检测当前视频中是否存在人像。模块的流程示意图如图 11.36 所示。

11.3.2.2　墨镜伪装检测模块的设计

图 11.37 给出了墨镜检测模块的流程示意图 。该模块的具体描述如下。

（1）通过训练好的墨镜筛选式级联分类器快速提取出可能的存在墨镜伪装的区域。

（2）利用针对"镜桥"区域的梯度检测算法进行墨镜误报剔除。

（3）利用对称差分算法进行墨镜误报剔除。

（4）基于 Gabor 滤波的墨镜误报剔除。

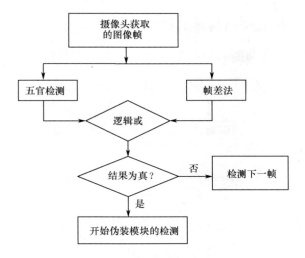

图 11.36　顾客检测模块流程示意图

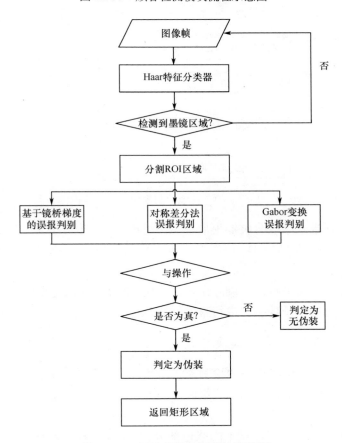

图 11.37　墨镜伪装检测模块流程图

11.3.2.3 帽子伪装检测模块的设计

该模块的具体流程如图 11.38 所示。

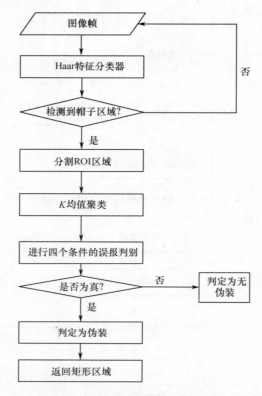

图 11.38 帽子伪装检测模块流程示意图

（1）利用筛选式级联分类器提取视频中可能的帽子伪装区域。

（2）对提取出的"帽子伪装"图像进行 K 均值聚类，并将聚类后的前景区域作为掩膜。

（3）对掩膜图像进行四个剔除条件的判定，如果图像通过全部四个剔除条件，则认为存在真正的帽子伪装并进行报警。

11.3.2.4 口罩伪装检测模块的设计

图 11.39 是口罩检测模块的检测流程示意图。该模块的具体描述如下。

（1）通过训练好的口罩筛选式级联分类器快速提取出图像中可能存在口罩伪装的区域。

（2）提取"口罩伪装"区域中的肤色部分，利用肤色在图像中的比例判断该区域是否为真正的口罩伪装。

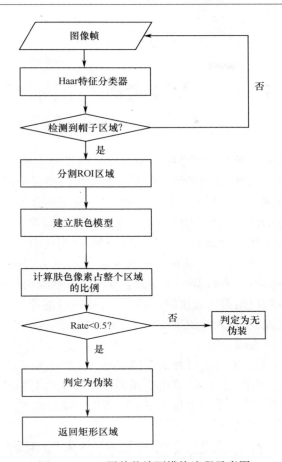

图 11.39　口罩伪装检测模块流程示意图

第 12 章　人脸考勤与识别系统

　　面向应用的人脸考勤与识别系统的研制除必须设计人脸识别或认证算法外，还涉及到硬件设计与选择、人脸检测、光源选择与设计、摄像头设计或选择、相关控制电路设计以及外观设计等问题。此外，还需考虑应用场合与精度和速度的要求。从算法的角度考虑，人脸自动识别的技术需求可分为一对多的识别和一对一的认证两种[2]。从实际应用场合来看，人脸自动识别的应用可分为考勤、门禁、边境控制等。从精度角度考虑，人脸自动识别的技术需求可分为高精度应用（如金融系统、核心机密场所的应用）和较高精度应用（如一般考勤应用等）两类。实际应用中也存在一些特殊的应用需求或挑战，如厂区与社区智能监控常需要检测出并存储进入者的人脸图像，实际人脸识别应用中，光照、表情或姿态的较大变化会影响系统性能。系统设计需综合考虑上述情况。本章主要介绍我们已研制成功的如下三个系统：基于可见光人脸与近红外人脸的双模态人脸考勤系统、人脸与指纹联合识别系统、基于人脸图像认证的计算机登录系统。本章将分析介绍这些系统的需求分析、设计和硬件选择。本章也将用丰富的图例来展示系统。

12.1　红外人脸识别与双模态人脸考勤系统

　　早期的人脸识别技术采用可见光条件下的人脸图像进行身份认证。基于可见光的人脸识别的优点是：满足人脸识别应用的可见光摄像头价格相对便宜且分辨率较高，符合低成本人脸识别系统的需要。

　　但是，基于可见光的人脸识别技术具有如下主要缺点：人脸可见光图像的识别精度受到光照条件、表情和姿态变化的影响，且其认证和识别性能随着这些因素的变化程度的增大而下降。例如，人脸图像采集过程中由于遇到较强侧光时出现的"阴阳脸"现象会严重影响识别结果。

　　（近）红外人脸识别是近年来出现的一项技术。与可见光人脸识别技术相比，人脸红外成像较少受光照条件的影响，在光照条件变化的情况下，具有较好的鲁棒性。另一方面，红外人脸识别技术也具有一些缺点。与可见光摄像头相比，热成像仪或红外摄像头价格较高且分辨率一般不高。另外，使用热场图像的红外人脸识别系统会受人体是否发热等因素的影响。

　　鉴于上述情况，可见光图像与红外图像可视为反映人脸特征的双模态特征，二者对同一人脸有不同的表达;融合了人脸可见光与人脸红外识别技术的识别系统可得到更高的可靠性与识别精度。

12.1.1　远红外与近红外人脸对比分析

人脸远红外与近红外成像特点的对比分析如下:远红外成像能较好反应人脸的热场信息。适宜获取人体红外辐射的中心波长约大于 $9\mu m$,该波长的红外成像设备不仅价格昂贵,且容易受到如下因素的影响。

(1) 由于镜片会阻挡了远红外成像设备捕获人脸眼睛部分的红外辐射,人配戴或不配戴普通镜片眼镜的情况下,人脸红外图像存在较大差异。因此,同一人戴不戴眼镜的远红外人脸图像间存在较大差异,该差异甚至可能大于不同人的人脸远红外图像间的差异。

(2) 人脸远红外图像对人脸的热模式敏感,会引起人脸热模式变化的因素包括人脸表情(如张嘴或闭嘴等)和人体生理条件(如发热、恐惧、兴奋等)。

(3) 当室内外存在较大温度差异时,室内和室外的人脸红外图像会有明显差异。

(4) 当用户大量出汗时,采集的远红外人脸图像和其平时的远红外人脸图像也会有较大变化,并能够导致识别或认证性能的下降。

因此,我们采用近红外技术而非远红外技术作为图像采集手段。

12.1.2　系统技术方案的考虑与设计

双模态人脸考勤系统的主要技术方案如下。

(1) 系统中的近红外摄像头配备近红外 LED 光源,人脸近红外图像采集时 LED 灯应处于开启状态。为了实现上的简单,我们采用系统开机时便开启 LED 光源的方案。

(2) 红外波段选择。近红外和短波红外的波长分别为 $0.7\sim0.9\mu m$ 和 $0.9\sim2.4\mu m$。热红外波段和物体发射的热辐射有关。发射的辐射数量同时取决于材料的温度和发射率。热红外光谱被分成两个主要的波段:波长范围在 $3.0\sim5.0\mu m$ 的中波红外和波长范围在 $8.0\sim14.0\mu m$ 的长波红外。由于在短波红外和中波红外之间的中波红外和长波红外有很强的大气吸收波段,在这些波段成像将变得非常困难。考虑到长波红外摄像头的高成本特点以及上文提到的其他缺点,我们选用近红外波段。在系统中,采用允许波长 700nm 以上的光进入系统以产生近红外人脸图像的工作方式。

(3) 系统融合方案。我们设计的双模态人脸考勤系统采用常用的匹配得分层融合方案,方案示意图如图 12.1 所示。人脸检测与比对的主要流程如图 12.2 所示。

(4) 系统同时具有人脸识别与人脸认证两种工作方式(实际应用中用户根据

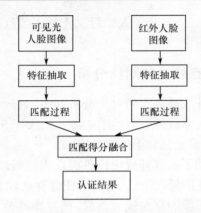

图 12.1   双模态人脸考勤系统融合方案示意图

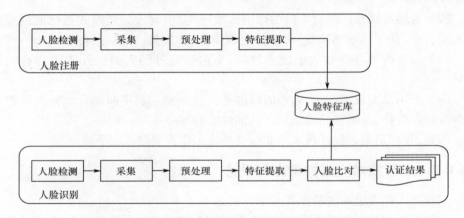

图 12.2   人脸检测与比对的主要流程

需要选择其中一种工作方式）。此处仅介绍人脸认证这一工作方式。该工作方式下,在人脸注册阶段,系统不仅采集并存储用户的多张近红外与可见光人脸图像,还为每个用户分配一个唯一的 ID 号。人脸识别阶段也不仅采集当前用户的人脸图像,还接收用户输入的申明其身份的 ID 号。系统计算采集的人脸图像与所申明 ID 的训练样本间的相似性,当二者间的相似性大于给定阈值时,系统认为当前用户确实是所申明 ID 的用户并通过认证;否则,系统认为当前用户为非法用户。

12.1.3   系统软硬件

我们选用 USB Video Class 作为系统的摄像头,其 DSP 内置的 MJPG 编码器既可以工作在全速 USB2.0 模式也可以工作于 USB1.1 模式下,对线路的抗干扰性较强,具有高集成度及低功耗的特点。该摄像头使用了 130 万像素的 CMOS 传感器。摄像头组件如图 12.3 所示。其主要指标如下。

DSP 方案:VIMICRO。

SENSOR：VGA：OV7670。

常规尺寸：60mm×8mm×4.5mm。

支持系统：Windows XP SP2 以上版本，免驱动。

兼容：USB2.0、USB1.1。

模组的基本规格为：85mm×9.0 mm×6.3mm（厚度是镜头表面到 PCB 板背面的高度）。

帧速率：60f/s（QVGA），30f/s（VGA）。

镜头：1/6　8×8mm　62°。

晶振：12MHz。

我们采用两个如上的摄像头分别采集可见光人脸图像和近红外人脸图像。采集近红外人脸图像的摄像头加装了高通滤波片。可见光与近红外图像的采集帧率均为 30f/s，图像分辨率均为 640×480 像素。

为了滤除可见光以产生近红外人脸图像，我们采用了具有光学涂层的塑料高通滤波片。滤光片如图 12.4 所示。

图 12.3　系统选用的摄像头组件　　　　图 12.4　高通滤光片图

滤光片的光学特性如下：滤光片的中心截止波长大约为 756nm；对波长小于 700nm 的光，滤光片的透光率几乎为 0；而对波长为 700~850nm 的光，滤光片的透光率随波长的增加而增大；对波长大于 850nm 的光，滤光片的透光率几乎为 100%。

关于 LED 光源的方案，我们将近红外 LED 光源安装在摄像头上方，且与摄像头方向同轴。这样做的优点是：可以提供正面近红外光照，且大部分可照射到用户的脸部。系统中采用了 28 个中心波长为 850nm 的近红外 LED。图 12.5 和图 12.6 分别是 LED 光源处于断电状态和开启状态时的照片。图 12.5 中，中心位置为两个摄像头组件（其中一个摄像头覆盖了高通滤光片）。

系统的计算、存储和控制等功能主要由系统内置的工控机完成。为方便用户输入 ID 号和注册，系统采用触摸屏（图 12.7）。

系统包含注册和识别两个独立的程序。在注册阶段管理员启动注册软件后，

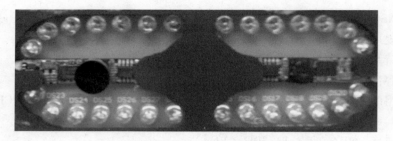

图 12.5 系统使用的 28 个近红外 LED 的照片

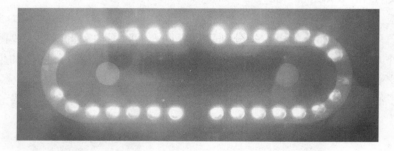

图 12.6 系统中的 28 个近红外 LED 处于开启状态时的照片

图 12.7 用户通过触摸屏实现与系统的交互

系统会提示为用户分配一个 ID 号,然后系统提示用户在不同姿态下采集人脸图像(图 12.8)。注册阶段采集的人脸图像即为通常意义下的人脸训练样本。在不同姿态下采集人脸的近红外和可见光人脸图像能增加训练样本的多样性,有利于识别阶段人脸的正确识别。系统采集到用户的 10 幅近红外与可见光人脸图像后,会给出"注册完毕"的提示。

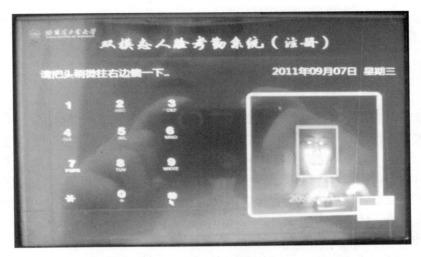

图 12.8　注册阶段系统提示用户在不同姿态下采集人脸图像的图示

在识别阶段,系统首先提示用户输入 ID 号,然后系统采集人脸图像并进行人脸认证。当系统认定当前用户确实是所申明 ID 的用户时,会给出"识别成功"和"打卡成功"的提示并输出 ID 号(图 12.9)。假若系统认定用户为非法用户(即假冒者),则输出"识别失败"的提示。

图 12.9　识别阶段用户通过认证后的输出信息的图示

由于人脸具有随时间变化的特点,如果很长时间(如两三年)内,人脸训练样本不进行更新,则可能由于人脸本身发生了较大变化而认证失败。为了避免该问题的发生,系统可采用如下的训练样本自动更新的技术方案:每次人脸图像认证成功后,如果被成功认证的人脸图像和相应训练样本间的相似性大于一个较大的阈值,则系统自动地将通过认证的人脸图像加入到相应用户的训练样本集中。该方案不仅能让训练样本得到及时更新,而且较大的阈值也会避免被错误接受的人脸图像"错误"地加入到相应用户的训练样本集中。

12.2 人脸与指纹联合识别系统

指纹识别技术可算是当今最成熟和使用最广的生物特征识别技术。人脸识别技术则是使用过程中最不具有"侵犯性"的技术,该技术可在不对用户进行任何"命令式"要求的情况下(甚至是在用户无知觉的情况下),完成对用户的识别。但是,这两种技术并非完美,手指在沾水或者受伤的情况下无法进行识别;人脸识别虽然需要用户的配合程度很小,但是其识别精度一般不如指纹。人脸与指纹的另一区别为人们非常容易认出不同人的人脸,而非专业人士基本不具备辨识不同人的指纹的能力。此外,客户可能针对不同应用场合提出不同应用需求。例如,金库等高安全场合使用生物特征识别技术时,要求系统具有事后查看所有用户的人脸图像的功能,以便于相关人员在特殊情况下迅速辨识出可疑"用户"。社区和楼宇智能安防也有相似的需求。因此,人脸与指纹识别技术的联合应用具有实际需求。我们设计的人脸与指纹联合识别系统采用"一对多"的识别方式,注册阶段系统需为每个用户分配一个 ID 号,而在识别阶段用户不需要输入其 ID 号。

12.2.1 系统分析与设计

人脸与指纹联合识别系统的优势如下:首先,由于指纹图像与人脸图像分别采用接触式与非接触式的采集方式,因此系统上配置的摄像机可在人采集指纹图像时自动而方便地获取人脸图像,达到高效便捷的采集效果。其次,这种双模态系统比只使用人脸图像或指纹图像的单模态系统具有较高的可靠性和灵活性。譬如,手指因受伤等原因使得指纹图像无法获取的情况下,系统仍可单独利用人脸图像进行身份识别。

此外,由于指纹信息涉及到个人隐私,一般企业无权强行使用指纹考勤机录入员工的指纹信息,当前市场上的指纹识别机在某些国家和地区因此而遭遇法律问题。例如,香港隐私专员公署已经向使用指纹考勤系统的公司发出通知,要求他们停用指纹考勤系统。而人脸与指纹联合识别则不存在以上问题,在用户自愿被收集指纹的情况下,它可利用识别精度有优势的指纹识别技术;而当用户不愿被收集指纹时它可只利用人脸识别技术。

系统采用站立式的整体设计。站立式的系统整体设计方便用户以正常站立姿势采样,用户面对系统在指纹采集器上按压手指以采集其图像。同时,摄像机分别采集人脸可见光图像和人脸近红外图像。系统顶面设计为倾斜式(倾斜式的顶面便于获取处于"下视"状态的人脸),其中除安置指纹采集器外,还安置液晶显示屏和近红外 LED 光源。系统启动后 LED 光源处于常开状态。液晶显示屏用矩形框标出检测到的人脸图像。由于指纹采集时用户会自然而然地向下注视系统的顶面,因此,摄像机采集的整幅图像中人脸基本会处于中心位置,这样的设计大大减小了人脸检测与分割的难度。

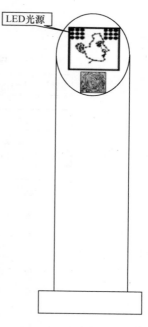

图 12.10 系统采用的站立式外观的示意图

系统的高度和其他外观设计过程中,我们主要考虑了用户按压指纹的便利性、舒适程度以及不同身高的要求。经反复实验,我们设计的系统的高度能完全满足 140 ~ 200cm 身高人群的使用需求。系统同时采集指纹和人脸的设计方式实际上也将采集人脸图像时,人脸与摄像头之间的距离限制在了一个较小的范围内,减少了距离变化对人脸图像的大小带来的影响。图 12.10 给出了系统采用的站立式外观的示意图。图 12.11 和图 12.12 分别是整个系统的流程示意图和指纹匹配的流程图。

我们将系统流程简要说明如下:整个软硬件系统采用并行方式执行,即系统的人脸采集与识别子系统以及指纹的采集与识别子系统并行执行,以保证系统有较高实现效率。指纹的采集与识别子系统主要包括指纹采集和预处理、指纹细节点的提取以及匹配得分的计算等步骤。人脸采集与识别子系统主要包括人脸图像的检测与分割、特征提取和匹配得分计算等步骤。

系统共得出用户身份的三个识别结果,即整个系统的识别结果、指纹子系统的识别结果和人脸图像的识别结果。整个系统的识别结果依据指纹图像和近红外人脸图像匹配得分的加权和得出。具体来说,与当前用户有最大的最终匹配得分的用户身份即为整个系统决策出的用户身份。指纹子系统的识别结果根据指纹细节点的匹配得分融合结果得出,而人脸图像的识别结果也依据人脸的匹配得分得出。

如上设计的最大优势为提升系统的可靠度和错误容忍度。当采集到正常的指纹和人脸图像时,系统采用整个系统的识别结果。而当特征之一的采集失败或缺失时(例如,指纹识别在手指沾水或受伤情况下具有不可使用的特点,人脸部有遮挡物时,人脸识别较困难),系统采用可利用的子系统识别结果作为最终的输出。这样的方式使得系统在精度与可靠度方面有较好保证。

由于人脸具有随时间变化的特点,如果很长时间(如两三年)内人脸训练样本不进行更新,则可能由于人脸本身发生了较大变化而识别失败。为了避免该问题的发生,系统也可采用如 12.1 节中所述的训练样本自动更新方案。

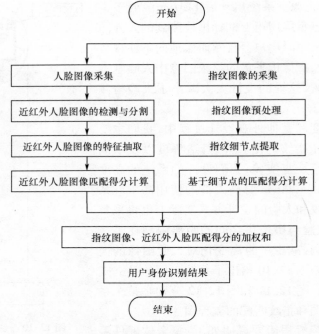

图 12.11　整个系统的流程示意图

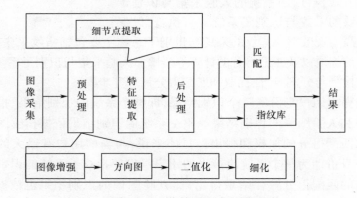

图 12.12　指纹匹配流程图

12.2.2　系统硬件

　　系统硬件包括触摸屏、LCD 显示器、LED 光源、滤光片、光源与摄像头控制电路、工控机、电源按键、系统外壳等。触摸屏不仅可方便地显示图像采集、注册和识别结果，也可方便用户在注册阶段进行输入用户编号等操作。LED 光源的峰值功率在近红外波段，起到增强入射到人脸的近红外光的作用；滤光片起到对可见光进行滤波的作用，以使系统获得基本不受可见光影响的人脸近红外图像。指纹采集采用 U. ARE U. 4500 型采集器，能够快速得到 600DPI 的指纹图像。指纹与人脸联合识别系统如图 12.13 所示,注册阶段实例如图 12.14 所示,识别阶段对未注册用户的识别结果和对已注册用户的识别结果的系统界面如图 12.15 所示和图 12.16 所示。

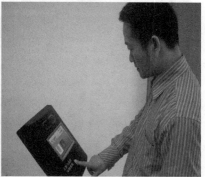

图 12.13　指纹与人脸联合识别系统

图 12.14　人脸与指纹注册阶段实例

12.2.3　系统细节

该系统也包含注册和识别两个独立的程序。在注册阶段管理员启动注册软件后,系统会提示为用户分配一个 ID 号,然后系统同时采集指纹和人脸图像。注册阶段采集的人脸图像即为通常意义下的人脸训练样本。系统采集到用户的三个指纹图像和两幅近红外人脸图像后,会给出"注册完毕"的提示。

在识别阶段,系统采用人脸"辨识"(Identification)的工作方式。当系统确认

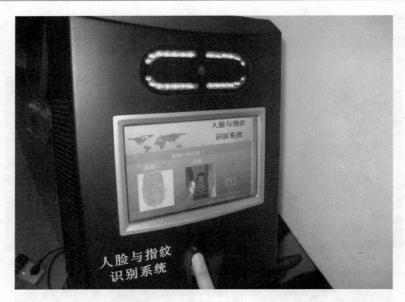

图 12.15　人脸与指纹识别阶段实例（对未注册用户的识别结果）

图 12.16　人脸与指纹识别阶段实例（对已注册用户的识别结果）

识别出当前用户的身份时，会给出"识别成功"的提示并输出 ID 号（图 12.16）。假若当前用户与最相近的训练样本间的相似性小于规定阈值，则输出"该用户未注册"的提示。

在系统的注册和识别阶段均需进行人脸检测。为了规避出现把部分的人脸区域或较小的其他区域误检为人脸的情况，系统自动剔除长与宽之一小于 70 像素的人脸检测结果。

12.3　基于人脸图像认证的计算机登录系统

12.3.1　引言

计算机的用户验证模块几乎都采用"用户名 + 密码"的模式进行安全验证。但是传统的基于密码的登录系统存在着密码可能遗忘或被盗取的明显缺陷[105]。当密码设置过于简单时,也容易被简单的字典攻击暴力破解;虽然长的密码能提高系统的安全性,但是却难以记忆。如今,"用户名 + 密码"的方式已不能完全满足高安全性的要求。作为一种比较成熟的生物特征识别技术,人脸识别可作为支持计算机进行用户验证的便捷技术。

本节介绍我们设计和实现的基于人脸识别的 Windows NT/2000 登录系统。该系统用人脸代替传统的密码方式进行身份认证,登录者的人脸图像与计算机模板库中的人脸图像模板匹配成功后,计算机进入登录者的个人桌面;若登录者的人脸图像与计算机的模板库均不匹配,计算机则会发出非法登录的警告,禁止用户登录。系统基于外置 USB 摄像头或计算机的内置摄像头完成人脸识别任务。

12.3.2　Windows 登录系统概述

12.3.2.1　基本原理

Windows NT/2000 中的 Winlogon 进程负责管理登录相关的安全性工作,具体包括负责处理用户的登录与注销、启动用户 SHELL、输入口令、更改口令和锁定与解锁等。Winlogon 由如下三部分组成:可执行文件 winlogon.exe;提供图形界面认证功能的动态库 GINA(Graphical Identification and Authentication);以及网络服务动态库(Network Provider DLL)。Winlogon 进程的图示如图 12.17。

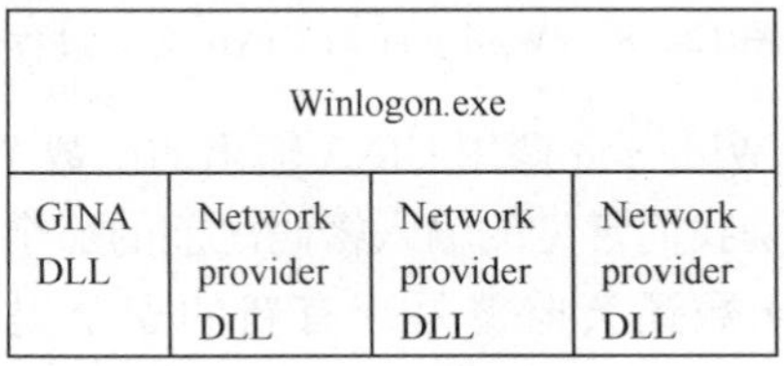

Winlogon.exe			
GINA DLL	Network provider DLL	Network provider DLL	Network provider DLL

图 12.17　Winlogon 模型

整个登录的过程在 Winlogon.exe 和 GINA 的协作下完成,GINA 动态库的注册信息在注册表\HKEY_LOCAL_MACHINE\Software\Microsoft\Windows NT\Current Version\Winlo - gon\的键 Gina.dll 中定义,该键的值是 GINA 的实际路径名和文件名,如果没有该键则 LOGON 会调用系统默认的动态链接库 MSGINA.dll。

Winlogon. exe 处理一些接口函数,而登录的身份验证都在 GINA 中完成。微软默认提供的 GINA 是 MSGINA. dll,它实现 Windows NT/2000 默认的登录界面。为了支持更多的交互登录验证方式,这个动态链接库是可以替换的;因此我们可以自己开发 GINA 动态库以实现其他身份验证方法,如智能卡、指纹、人脸等验证机制。

12.3.2.2 登录的主要流程

通过 GINA 和 Winlogon 实现用户登录的交互过程如图 12.18 所示。系统启动到登录的详细过程如下:当 Windows NT/2000 启动时,先运行 Winlogon 进程,该进程将加载并交互包括实现登录验证的 GINA 动态库在内的一些动态链接库。GI-NA 通过输出一个函数 Wlxnegotiate 告诉 Winlogon 自己的版本,并且得到 Winlogon 的版本,以便于支持不同的协议集。当 Winlogon 和 GINA 都认为对方的版本可以满足自己的运行需求时,GINA 的 WlxInitialize 函数被调用。在该函数被调用后,GINA 将获得 Winlogon 提供的函数集,同时 GINA 通常会分配一些自己需要的内存,记录一些全局变量,如最后一次登录的用户的信息等。最后,GINA 在初始化函数中做一些初始化工作。Winlogon 与 GINA 的交互过程如图 12.18 所示。

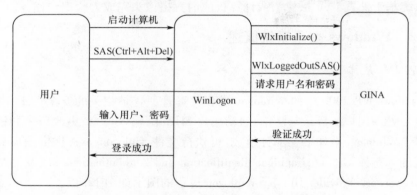

图 12.18　Winlogon 与 GINA 交互过程

完成初始化工作后,Winlogon 调用 GINA 输出的函数 WlxDisplaySASNotice 并显示用户登录的界面,也就是我们常见的输入密码之前的那个界面,用于显示一些提示信息和欢迎信息。这个函数还会监督是否有新的安全提示序列(Secure Attention Sequence)出现。当监督到有新的安全提示序列时,Winlogon 调用 GINA 的 Wlx-LoggedOutSAS 函数。GINA 用这个函数来显示对话框以收集用户信息,并且调用本地安全验证(Local Security Authority)进行验证,验证通过后用户可成功登录系统。

12.3.3　人脸登录系统设计

为了将人脸识别技术应用在 Windows 登录系统,需要定制 GINA,将人脸识别模块嵌入到其中以实现身份验证的功能。为此而增加的主要任务包括初始化摄像头、采集人脸图像和人脸图像比对。

12.3.3.1　GINA 设计

GINA 程序是一个动态链接库,主要是按照微软的标准实现几个标准的输出函数。在我们基于人脸验证的系统中,GINA 的大多数函数可以不用修改,只需要修改 WlxInitialize、WlxLoggedOutSAS、WkstaLockedSAS 和 WlxShutdown,使之获得人脸信息,从而达到控制目的。我们对 GINA 的具体设计如下。

(1) WlxInitialize 的修改与调用。Winlogon 是机器上的工作站调用一次该函数,主要是做一些初始化工作,包括获得 Winlogon 提供的函数集的指针,为它们之间通信的全局变量分配内存和进行初始化。为了实现自动人脸登录,摄像头也在此被激活。

(2) WlxLoggedOutSAS 的修改与调用。GINA 用这个函数来显示对话框以收集用户信息,并且调用本地安全验证进行验证。图 12.19 为登录界面。

(3) WkstaLockedSAS 的修改和调用。GINA 调用此函数来进行锁定后状态的切换;当系统锁定后,为了重新进入系统,需重新调用人脸登录来进行验证;为此,需对 WkstaLockedSAS 函数进行修改。

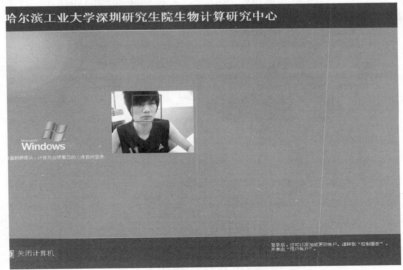

图 12.19　登录界面

12.3.3.2　人脸图像的采集

系统登录前,首先要进行人脸图像的采集。人脸图像采集流程的示意图如图 12.20 所示。

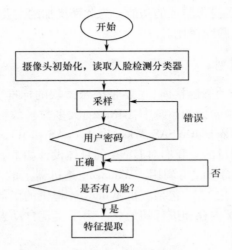

图 12.20　采样流程示意图

　　图像采集程序先初始化摄像头,并自动获得当前系统的用户名。当用户点击程序界面中的"采样"键后,程序要求用户输入密码进行验证,如果验证通过则进行图像采集。采集时先通过人脸检测程序判断图像中是否存在人脸区域,如果存在则保存人脸图像,并进行人脸图像特征的提取。采集程序的界面如图 12.21 所示。系统采集和显示的硬件的示意图如图 12.22 所示。

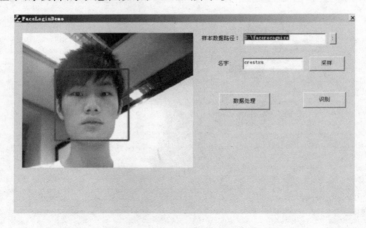

图 12.21　人脸图像特征获取

12.3.4　人脸识别

　　采集得到的图像经过分割提取出矩形框内的人脸图像,以去除背景的干扰。利用形状归一化步骤将提取出的所有人脸图像均缩放为 56×56 大小。最终的人脸图像如图 12.23 所示。

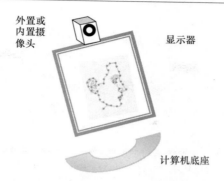

外置或内置摄像头

显示器

计算机底座

图 12.22　系统采集和显示的硬件图示

图 12.23　分割出来的人脸数据

　　系统采用 PCA 方法进行特征抽取以降低样本维数。在进行最后的人脸比对时,我们采用距离分类器,即依据采集的人脸测试样本与人脸库中的所有人脸训练样本的距离的大小进行分类。其中,距离通过计算样本特征向量间角度的余弦值得到。该余弦值取值范围为[-1,1],值越大,待测样本与训练样本的相似程度越大,即测试样本与训练样本同属一个类别的可能性越大;相反值越小,则待测样本与训练样本同属一个类别的可能性越小。

参 考 文 献

［1］Jain A K, Flynn P, Ross A. Handbook of Biometrics［M］. New York:Springer,2008.

［2］Examples of Biometrics Systems［OL］. http://www. biometrics. org/html/examples/examples. html.

［3］Jain A K, Ross A, Prabhakar S. An Introduction to Biometric Recognition［J］. IEEE Trans. on CSVT, Special Issue on Image- and Video-Based Biometrics, 2004,14(1):4–20.

［4］Chellappa R, Wilson C, Sirohey S. Human and Machine Recognition of Faces:A Survey［J］. Proceedings of the IEEE, 1995, 83: 705–741.

［5］Belhumeur V, Hespanda J, Kiregeman D. Eigenfaces vs. Fisherfaces:Recognition Using Class Specific Linear Projection［J］. IEEE Trans. on PAMI, 1997, 19(7):711–720.

［6］Wayman J L, Jain A K, Maltoni D,et al. Biometric Systems:Technology, Design and Performance Evaluation［M］. London:Springer,2005.

［7］Liu Zicheng, Zhang Zhengyou. Face Geometry and Appearance Modeling:Concepts and Applications［M］. New York:Cambridge University Press, 2011.

［8］Gross R, Matthews I, Baker S. Appearance-based Face Recognition and Light-fields［J］. IEEE Trans. on PAMI, 2004,26(4): 449–465.

［9］Dass S C, Jain A K. Markov Face Models［C］. In Proc. ICCV, 2001: 680–687.

［10］Wright J, Yang A Y, Ganesh A,et al. Robust Face Recognition Via Sparse Representation［J］. IEEE Trans. on PAMI, 2008,31(2): 210–225.

［11］Turk M, Pentland A. Eigenfaces for Recognition［J］. J. Cognitive Neuroscience,1991,3(1):71–86.

［12］Mika S, Ratsh G, Weston J, et al. Fisher Discriminant Analysis with Kernels［C］. Neural Networks for Signal Processing IX, IEEE, 1999: 41–48.

［13］Yang Jian, Zhang David, et al., Two-dimensional PCA:A New Approach to Appearance-based Face Representation and Recognition［J］. IEEE Trans. on PAMI, 2004, 26(1): 131–137.

［14］Li Ming, Yuan Baozong. 2D–LDA:A Statistical Linear Discriminant Analysis for Image Matrix［J］. Pattern Recognition Letters, 2005, 26:527–532.

［15］Campbell C. Kernel Methods:A Survey of Current Techniques［J］. Neurocomputing, 2002, 48(4): 63–84.

［16］Cumming J A, Wooff D A. Dimension Reduction Via Principal Variables［J］. Computational Statistics & Data Analysis, 2007, 52(1):550–565.

［17］Liu J, Wu F, Yao L, et al. A Prediction Rrror Compression Method with Tensor-PCA in Video Coding［C］. In Proceedings of MCAM. 2007: 493–500.

［18］Yang Jian, Zhang David, Yang Jingyu. A Generalized K-L Expansion Method Which Can Deal with Small Sample Size and High-dimensional Problems［J］. Pattern Analysis and Application, 2003, 6(1): 47–54.

［19］Vapnik V N. 统计学习理论的本质［M］. 北京:清华大学出版社,2002.

［20］Kernel Methods for Classification:From Theory to Practice［OL］. http://www. inf. uni- konstanz. de/ gk/e-vents/2009/summerschool/index. html.

［21］Yang Jianchao, Wright J, et al. Image Super-resolution Via Sparse Representation［J］. IEEE Transactions on

Image Processing, 2010, 19(11): 2861 - 2873.

[22] Yang Jianchao, Wright J, et al. Image Super-Resolution As Sparse Representation of Raw Image Patches[C]. IEEE Conference on Computer Vision and Pattern Recognition(CVPR), 2008.

[23] Yang Jianchao, Tang Hao, et al. Face Hallucination Via Sparse Coding[C]. 15th IEEE international Conference on Image Processing(ICIP 2008), 2008:1264 - 1267.

[24] Hou y, Chen C, Bimodal biometrics based on a two - stage test sample representation, AICI 2012:714 - 720.

[25] Martinez A M. Recognizing Imprecisely Localized, Partially Occluded, and Expression Variant Faces from A Single Sample Per Class[J]. IEEE Trans. on PAMI, 2002, 24(6): 748 - 763.

[26] Edwards G J, Taylor C J, Cootes T F. Improving Identification Performance by Integrating Evidence from Sequences [C]. Proceedings of CVPR, 1999.

[27] Maio D, Maltoni D. Real-time Face Location on Gray-scale Static Images[J]. Pattern Recognition, 2000, 33: 1525 - 1539.

[28] Huang Z, Shan S, Zhang H, Lao S, Kuerban A, Chen X, Benchmarking Still - to - video face recognition via partial and local linear discriminant analysis on COX - SIV dataset, ACCV(2) 2012:589 - 600.

[29] Terrillon J, shirazi M N, Fukamachi H, et al. Comparative Performance of Different Skin Chrominance Modelsand Chrominance Spaces for the Automatic Detection of Human Faces in Color Images[C]. Proceedings of International Conference on Automatic Face and Gesture Recognition, 2000:54 - 61.

[30] Albate A F, Nappi M, Riccio D, Sabatino G, 2D and 3D face recognition: A survey. Pattern Recognition Letters, 2007, 28(4):1885 - 1906.

[31] Description of Facial Action Coding System(FACS) [OL]. http://face-and-emotion. com/dataface/ facs/description. jsp.

[32] Liu C, Wechsler H. Gabor Feature Based Classification Using the Enhanced Fisher Linear Discriminant Model for Face Recognition[J]. IEEE Trans. Image Process, 2002,11(4):467 - 476.

[33] Torres L, Reutter J Y, Lorente L. The Importance of Color Information in Face Recognition[C]. In Proc. IEEE International Conference on Image Processing(ICIP), 1999.

[34] Shih Peichung, Liu Chengjun. Improving the Face Recognition Grand Challenge Baseline Performance Using Color Configurations Across Color Spaces[C]. 2006 IEEE International Conference on Image Processing, 2006: 1001 - 1004.

[35] Liu Chengjun. Learning the Uncorrelated, Independent, and Discriminating Color Spaces for Face Recognition [J]. IEEE Transactions on IFS, 2008, 3(2): 213 - 222.

[36] 3D face Model [OL]. http://my. icxo. com/276388/ viewspace - 70594. html.

[37] Ouji Karima, et al. , 3D Face Recognition Using ICP and Geodesic Computation Coupled Approach[J], Advances in Multimedia Modeling, 2006: 390 - 400.

[38] Sun Changming, Sherrah Jamie. 3D Symmetry Detection Using the Extended Gaussian Image[J]. IEEE Transactions on Pattern Analysis and Machine Intelligence,1997,19(2): 164 - 168.

[39] Colbry D, Stockman G. Canonical Face Depth Map: A Robust 3D Representation for Face Verification[C]. IEEE Conference on Computer Vision and Pattern Recognition(CVPR'07),2007:1 - 7.

[40] Belhumeur P N, et al. Eigenfaces vs. Fisherfaces:Recognition Using Class Specific Linear Projection[J]. IEEE Trans. on PAMI, 1997, 19(7):711 - 720.

[41] Liu W, Wang Y, Li S Z, Tan T. Null Space-based Kernel Fisher Discriminant Analysis for Face Recognition [C]. In Proceedings of FGR, 2004:369 - 374.

[42] Jolliffe I T. Principal Component Analysis, Series: Springer Series in Statistics(2nd Edition). New York: Springer, 2002

［43］ Fisher R, The Use of Multiple Measurements in Taxonomic Problems［C］. In Annals of Eugenics, 1936, 7: 179 – 188.

［44］ Dai G, QianY. Face Recognition with the Robust Feature Extracted by the Generalized Foley-Sammon Transform［C］. In Proc. ISCAS, 2004(2):109 – 112.

［45］ Xu Yong, Yang Jingyu, Jin Zhong. Theory Analysis on FSLDA and ULDA［J］. Pattern Recognition, 2003, 36(12):3031 – 3033.

［46］ Duba R O, Hart P E, Stork D G. Pattern Classification (2nd Edition) ［M］, NewYork: John Wiley & Sons, 2000.

［47］ Jin Zhong, Yang Jingyu, Hu, Zhongshan, et al. Face Recognition Based on the Uncorrelated Discriminant Transformation［J］. Pattern Recognition, 2001, 34(7):1405 – 1416.

［48］ Guo Yue – Fei, Li Shi – Jin, Yang Jing – Yu, et al. A Generalized Foley – Sammon Transform(GFST) Based on Generalized Fisher Discriminant Driterion and Its Application to Face Recognition［J］, Pattern Recognition Letter, 2003, 24(1 – 3):147 – 158.

［49］ Yang J, Yu H, Kunz W. An Efficient LDA Algorithm for Face Recognition［C］. In: Proceedings of the Sixth International Conference on Control, Automation, Robotics and Vision, 2000.

［50］ Swets D L, Weng J J. Using Discriminant Eigenfeatures for Image Retrieval［J］. IEEE Transactions on Pattern Analysis and Machine Intelligence, 1996, 18(8):831 – 836.

［51］ Liu C J, Wechsler H. Enhanced Fisher Linear Discriminant Models for Face Recognition［J］. In: Proceedings of International Conference on Pattern Recognition, 1998:1368 – 1372.

［52］ Yang J, Yang J – Y, Frangi A F, Combined Fisherfaces framework. Image and vision Computing. 21(12):1037 – 1044(2003).

［53］ Smola A J, Scholkopf B, Müller K. The Connection Between Regularization Operators and Support Vector Kernels［J］. Neural Networks, 1998, 11(4): 637 – 649.

［54］ Baudat G, Anouar F. Generalized Discriminant Analysis Using A Kernel Approach［J］. Neral computation, 2000, 12(10):2385 – 2404.

［55］ Xu J, Zhang X, Li Y. Kernel MSE Algorithm: A Unified Framework for KFD, LS-SVM and KRR［C］. In Proceedings of the International Joint Conference on Neural Networks(IJCNN – 2001), Washington, D. C, 2001:1486 – 1491.

［56］ Ma J, Perkins S, Theiler J, et al. Modied Kernel-based Nonlinear Feature Extraction［C］, In: International Conference on Machine Learning and Application(ICMLA02), Las Vegas, NV, USA, 2002.

［57］ Xu Yong, Song Fengxi, Feng Ge, et al. A Novel Local Preserving Projection Scheme for Use with Face Recognition［J］. Expert System with Applications, 2010, 37: 6718 – 6721.

［58］ Xu Y, Feng G, Zhao Y. One Improvement to Two-dimensional Locality Preserving Projection Method for Use with Face Recognition［J］. Neurocomputing, 2009, 73(1):245 – 249.

［59］ Wu Jianxin, Zhou Zhihua. Face Recognition with One Training Image Per Person［J］. Pattern Recognition Letters, 2002, 23(14): 1711 – 1719.

［60］ Nyquist Theorem ［OL］. http://searchcio-midmarket. techtarget. com/definition/Nyquist-Theorem.

［61］ Cands E J, Wakin M B. An Introduction to Compressive Sampling［J］. IEEE Signal Processing Magazine, 2008, 25(2): 21 – 30.

［62］ Meng Yang, Zhang Lei. Gabor Feature Based Sparse Representation for Face Recognition with Gabor Occlusion Dictionary ［C］. ECCV2010, 2010: 448 – 461.

［63］ He Ran, Zheng Weishi, Hu Baogang. Maximum Correntropy Criterion for Robust Face Recognition［J］. IEEE TPAMI, 2011, 33(8):1561 – 1576.

［64］Ou W,You X,Tao D,Zhang P,Tang Y,Zha Z,Robust face recognition via occlasion dictionary Cearning,2014,47(4),1559 – 1572.

［65］Wright J, Ma Y, Mairal J, Sapiro G, et al. Sparse Representation for Computer Vision and Pattern Recognition［J］. Proceedings of the IEEE, 2010, 98(6):1031 – 1044.

［66］Kim K I, Kwon Y. Single-image Super-resolution Using Sparse Regression and Natural Image Prior［J］. IEEE Transactions on Pattern Analysis and Machine Intelligence, 2010, 32(6):1127 – 1133.

［67］Yang J, Wright J, Huang T S, et al. Image Super-resolution Via Sparse Representation［J］. IEEE Transactions on Image Processing, 2010,19(11):2861 – 2873.

［68］Aharon M, Elad M, Bruckstein A. K-SVD:An Algorithm for Designing Overcomplete Dictionaries for Sparse Representation［J］. IEEE Transactions on Signal Processing, 2006, 54(11): 4311 – 4322.

［69］Yang M, Zhang L, Feng X, Zhang D, et al. Fisher Discrimination Dictionary Learning for Sparse Representation［C］. the 13th International Conference on Computer Vision(ICCV 2011), Barcelona, SPAIN, 2011.

［70］Wagner A, Wright J, Ganesh A, Zhou Z,et al. Towards a Practical Face Recognition System:Robust Alignment and Illumination by Sparse Representation［J］. IEEE Transactions on Pattern Analysis and Machine Intelligence, 2012,34(2): 372 – 386.

［71］Gao S, Tsang I, Chia L T. Kernel Sparse Representation for Image Classification and Face Recognition, ECCV 2010, 2010:1 – 14.

［72］Zhang L,Yang M,and Feng X,Sparse representation or collaboratine representation,Which helps face recognition? LCCV 2011,471 – 478.

［73］Dasarathy B V. Nearest Neighbor(NN) Norms:｛NN｝ Pattern Classification Techniques［M］. Los Alamitos: IEEE Computer Society Press,1991.

［74］Shakhnarovish G, Darrell T, Indyk P. Nearest-Neighbor Methods in Learning and Vision［M］. Cambridge: MIT Press, 2005.

［75］Domingos P, Pazzani M. On the Optimality of the Simple Bayesian Classifier under Zero-one Loss ［J］. Machine Learning, 1997,29:103 – 137.

［76］Chien J T, Wu C C. Discriminant Waveletfaces and Nearest Feature Classifiers for Face Recognition［J］. IEEE Transactions on Pattern Analysis and Machine Intelligence, 2002, 24(12): 1644 – 1649.

［77］Li S Z, Lu J. Face Recognition Using the Nearest Feature Line Method［J］. IEEE Transactions on Neural Networks, 1999,10(2):439 – 443.

［78］Jain A K, Bolle R, Pankanti S. Biometrics:Personal Identification in Networked Society ［M］. New York: Springer, 2006.

［79］Kent, Jonathan. Malaysia car thieves steal finger ［OL］, 2010. http://news. bbc. co. uk/2/hi/ asia-pacific/4396831. stm.

［80］India Launches Biometric Census［OL］, 2010. http://news. bbc. co. uk/2/hi/south_asia/ 8598159. stm.

［81］How does SmartGate Work? ［OL］, 2011. http://www. customs. govt. nz/features/ smartgate/ howsmartgate-works/Pages/default. aspx.

［82］Xu Yong, Zhu Qi, Zhang David. Combine Crossing Matching Scores with Conventional Matching Scores for Bimodal Biometrics and Face and Palmprint Recognition Experiments［J］. Neurocomputing, 2011,74(18): 3946 – 3952.

［83］Xu Yong, Zhong Aini, Yang Jian, Zhang David, Bimodal Biometrics Based on a Representation and Recognition Approach［J］. Opt. Eng. , 2011, 50:037202.

［84］Xu Yong, Zhang David, Yang Jingyu. A Feature Extraction Method for Use With Bimodal Biometics［J］. Pattern Recognition, 2010, 43(3): 1106 – 1115.

［85］ Xu Yong, Zhang David, Represent and Fuse Bimodal Biometric Images at the Feature Level: Complex-matrix-based Fusion Scheme［J］. Opt. Eng. , 2010,49: 037002.

［86］ Wang L, Li Y, Wang C, Zhang H. 2D Gaborface Representation Method for Face Recognition with Ensemble and Multichannel Model. Image Vision Computer,2008,26:820 - 828.

［87］ Serrano A', et al. Influence of Wavelet Frequency and Orientation in an SVM-based Parallel Gabor PCA Face Verification System. IDEAL,2007:219 - 228.

［88］ Perez C A, Cament L A, Castillo LE. Methodological Improvement on Local Gabor Face Recognition Based on Feature Selection and Enhanced Borda Count［J］. Pattern Recognit,2011,44(4):951 - 963.

［89］ Štruc V, et al. The Phase-based Gabor Fisher Classifier and Its Application to Face Recognition under Varying Illumination Conditions. In: IEEE Conference ICSPCS 2008, Gold Coast, Australia:2008:1 - 6.

［90］ Ong M G, Connie T, Jin A T. Touch-less Palm Print Biometric System［C］. In Proceedings of VISAPP(2), 2008:423 - 430.

［91］ 周志铭,等. 一种基于 SIFT 算子的人脸识别方法［J］. 中国图象图形学报, 2008,13(10):1882 - 1885.

［92］ Jing Xiaoyuan, Liu Qian, Lan Chao, et al. Holistic Orthogonal Analysis of Discriminant Transforms for Color Face Recognition［C］. ICIP 2010, 2010: 3841 - 3844.

［93］ Sun Yanfeng, Chen Shangyou, Yin Baocai. Color Face Recognition Based on Quaternion Matrix Representation ［J］. Pattern Recognition Letters, 2011, 32(4): 597 - 605.

［94］ Choi J Y, Ro Y M, Plataniotis K N. Color Local Texture Features for Color Face Recognition［J］. IEEE Transactions on Image Processing,2012,21:1366 - 1380.

［95］ Liu Z , Liu C. A Hybrid Color and Frequency Features Method for Face Recognition［J］. IEEE Transactions on Image Processing, 2008, 17(10): 1975 - 1980.

［96］ Hashem H F. High Performance Pose of Human Face Recognition for Different Color Channels［C］//Radio Science Conference, 2009. NRSC 2009. National. IEEE, 2009: 1 - 5.

［97］ Choi J Y, Ro Y M, Plataniotis K N. Boosting Color Feature Selection for Color Face Recognition［J］. Image Processing, IEEE Transactions on, 2011, 20(5): 1425 - 1434.

［98］ Arandjelović O, Cipolla R. Colour Invariants for Machine Face Recognition［C］//Automatic Face & Gesture Recognition, 2008. FG08. 8th IEEE International Conference on. IEEE, 2008: 1 - 8.

［99］ LBP ［OL］. http://blog. csdn. net/carson2005/article/details/6292905.

［100］ Shih P, Liu C, An Effective Colour Feature Extraction Method Using Evolutionary Computation for Face Recognition, International Journal of Biometrics, 2011, 3(3): 206 - 227.

［101］ CVL Color Face Database ［OL］. http://www. lrv. fri. uni - lj. si/facedb. html.

［102］ Dadgostar F, et al. , Affective Computing and Intelligent Interaction ［M］. Berlin:Springer, 2005.

［103］ Singh R,Vatsa M,Noore A. Face Recognition with Disguise and Single Gallery Images［J］. Image and Vision Computing,2009,27(3):245 - 257.

［104］ 李岩. 基于自动取款机视频的人脸伪装检测［D］.哈尔滨:哈尔滨工业大学,2011.

［105］ Homeland Security News Wire ［OL］. www. homelandsecuitynewswire. com/biometrics-replaces-traditional-means-identification.

内 容 简 介

本书重点介绍稀疏算法及其改进方法在人脸识别中的应用,共分三部分。第一部分介绍降维方法等经典人脸描述与识别方法。第二部分介绍"局部"人脸描述与识别方法,重点介绍应用于人脸识别的原始稀疏方法原理、后来发展的稀疏方法以及基于稀疏描述思想的常规方法的改进,分析该类方法的本质特点。第三部分介绍彩色人脸识别、视频人脸识别和广义人脸识别范畴的人脸伪装判识技术,以及自主研发的人脸识别系统。

本书既可供自动化、计算机、电子工程等专业研究人员使用,又可供模式识别、机器学习、计算机视觉和图像处理等开发人员参考。

This book focuses on sparse representation and its improvement with the application on face recognition. It contains three main parts. The first part introduces the typical face representation and recognition methods involving dimensionality reduction. The second part mainly presents local representation for face recognition. Specifically, this part introduces typical face recognition methods based on sparse representation and its variation, as well as the improvement of classical recognition methods that are based on the basic idea of sparsity. The third part introduces two aspects of the face recognition system. The first aspect includes color face recognition, video face recognition, and the face disguise recognition technique. The second one is the face recognition system we developed.

This book not only is suitable for researchers in the fields of automation, computer and electronic engineering, but also is very helpful for practitioners in the pattern recognition, machine learning, computer vision and image Processing communities.